Instalaciones Eléctricas Seguras

JORGE SARMIENTO EDITOR - UNIVERSITAS

Ing. Rubén Roberto Levy

Instalaciones Eléctricas Seguras.
Diseño, Proyecto y Montaje

- Quinta Edición - 2018 -

Soluciones normalizadas para proyectar y ejecutar instalaciones eléctricas de baja tensión en viviendas, oficinas y locales comerciales de acuerdo a la Reglamentación para la Ejecución de Instalaciones Eléctricas de Inmuebles AEA 90364, Parte 7, Sección 771, y Parte 770 (Edición 2017) de la Asociación Electrotécnica Argentina.

Jorge Sarmiento Editor - Universitas

Obispo Trejo 1404. 2° "B". Barrio Nueva Córdoba – Tel. 0351-3650681- Email: universitaslibros@yahoo.com.ar – www.universitaseditorial.com

Rubén Roberto Levy

Créditos de la Presente Edición:

Diseño de Carátula:	*Jorge Sarmiento.*
Diagramación y Diseño:	*Jorge Sarmiento – Rubén Levy*
Dibujos, Tablas y Gráficos	*Rubén Levy*
Producción Gráfica:	*Jorge Sarmiento Editor*
Tirada:	*1.000*
Año de Edición:	*2018* Año de Impresión: *2018*

El cuidado de la edición estuvo a cargo de *Jorge Sarmiento*

Levy, Rubén
   Diseño y protección de las instalaciones eléctricas seguras / Rubén Levy. - 1a ed . - Córdoba : Universitas - Editorial Científica Universitaria, 2020.
   Libro digital, PDF

   Archivo Digital: online

   1. Instalaciones Eléctricas. 2. Diseño de Sistemas. I. Título.
   CDD 621.3028

Miembro de la

Socio Número 1843

Jorge Sarmiento Editor
Obispo Trejo 1404. 2 B. Córdoba. Argentina. Te: +54 9 351 3650681
Email: universitaslibros@yahoo.com.ar – www.universitaseditorial.com.ar

Distribución en el exterior: Editorial Brujas. Email: publicaciones@editorialbrujas.com.ar
Venta Directa: Email: universitaslibros@yahoo.com.ar – www.universitaseditorial.com.ar
© 2004 Primera Edición. UNIVERSITAS.
© 2005 Segunda Edición. UNIVERSITAS.
© 2007 Tercera Edición. JORGE SARMIENTO EDITOR – UNIVERSITAS.
© 2010 Tercera Edición. Ampliada. JORGE SARMIENTO EDITOR – UNIVERSITAS. ©
2012 Cuarta Edición. JORGE SARMIENTO EDITOR – UNIVERSITAS.
© 2018 Quinta Edición. JORGE SARMIENTO EDITOR – UNIVERSITAS.

Índice

LA ELECTRICIDAD. VALORES CARACTERÍSTICOS. CORRECCIÓN DEL FACTOR DE POTENCIA. 17
   1.1. LA ELECTRICIDAD 17
   1.2. VALORES CARACTERÍSTICOS 22
   1.3. CORRECCIÓN DEL FACTOR DE POTENCIA 27

INTERPRETACIÓN CONCEPTUAL DE TÉRMINOS. DETERMINACIÓN DEL GRADO DE ELECTRIFICACIÓN Y DE LA CARGA TOTAL POR MEDIO DE LOS PUNTOS MÍNIMOS DE UTILIZACIÓN. EJEMPLOS EN VIVIENDAS, LOCALES Y OFICINAS. ESQUEMAS PERMITIDOS Y PROHIBIDOS DE CONEXIÓN DE NEUTRO 29
   2.1. INTERPRETACIÓN CONCEPTUAL DE TÉRMINOS 29
   2.2. DETERMINACIÓN DEL GRADO DE ELECTRIFICACIÓN Y LA CARGA TOTAL EN VIVIENDAS, OFICINAS Y LOCALES 54
   2.3. PROCEDIMIENTO PARA EL GRADO DE ELECTRIFICACIÓN 56
   2.4. EJEMPLO DE APLICACIÓN DE CANTIDADES MÍNIMAS DE PUNTOS DE UTILIZACIÓN PARA CADA GRADO DE ELECTRIFICACIÓN 57
   2.5. TIPO Y CANTIDADES DE CIRCUITOS PARA CADA GRADO DE ELECTRIFICACIÓN 58
   2.6. EJEMPLOS DE APLICACIÓN DEL MÉTODO DEL GRADO DE ELECTRIFICACIÓN 63
   2.7. ESQUEMAS DE CONEXIÓN A TIERRA 70

CRITERIOS DE PROYECTO PARA LAS EDIFICACIONES. CRITERIOS PARA ESPACIOS COMUNES Y SERVICIOS GENERALES. CÁLCULO DE CORRIENTES ELÉCTRICAS DE MOTORES TRIFÁSICOS (ASCENSORES, BOMBAS DE AGUA) Y DE SISTEMAS DE ILUMINACIÓN PARA SERVICIOS GENERALES DE EDIFICIOS. EJEMPLO. PROTECCIONES DIFERENCIALES. 75
   3.1. CRITERIOS DE PROYECTO PARA LAS EDIFICACIONES 75
   EN CUANTO A LA ILUMINACIÓN DE EMERGENCIA: 77
   LAS NO AUTÓNOMAS SE DEBEN ALIMENTAR DESDE UN CIRCUITO DEDICADO Y LAS AUTÓNOMAS PUEDEN ESTAR VINCULADAS AL CIRCUITO NORMAL DE ILUMINACIÓN DE SERVICIO. 77
   3.2. CRITERIOS DE PROYECTO PARA LOS ESPACIOS COMUNES Y SERVICIOS GENERALES 76
   3.2. MOTORES TRIFÁSICOS UTILIZADOS EN EDIFICIOS TIPO PROPIEDAD HORIZONTAL (PH) 86
   3.4. EJEMPLO DE CÁLCULO ELÉCTRICO DE CARGA, SELECCIÓN DE CONDUCTORES Y PROTECCIONES DE SERVICIOS GENERALES 89
   3.5. EJEMPLO DE PROTECCIONES DIFERENCIALES SUGERIDAS PARA EL SISTEMA DE SERVICIOS GENERALES 93

EJEMPLO DE CÁLCULO DE LA CARGA TOTAL DE UN CONJUNTO MULTIVIVIENDA CON LOCAL COMERCIAL Y OFICINAS. 95
   4.1. EJEMPLO DE CÁLCULO DE LA CARGA EN EDIFICIOS 95

CRITERIOS DE UTILIZACIÓN DE CONDUCTORES Y CABLES. SELECCIÓN DE ACUERDO A LA RIEI. CANALIZACIONES, BANDEJAS, INSTALACIONES DE ILUMINACIÓN. 99
   5.1. CRITERIOS DE UTILIZACIÓN DE CONDUCTORES, CABLES Y CANALIZACIONES 99
   5.2. SELECCIÓN DE CONDUCTORES DE ACUERDO A LA RIEI (771.16) 110
   5.3. SELECCIÓN POR CORRIENTE ADMISIBLE 116
   5.4. VERIFICACIÓN DE SECCIONES POR MÁXIMA CAÍDA DE TENSIÓN 119
   5.5. VERIFICACIÓN DE SECCIONES POR CORRIENTE DE CORTOCIRCUITO 127
   5.6. EJEMPLO DE CÁLCULO DE CARGA EN EDIFICIO 128
   5.7. PROCEDIMIENTO DE SELECCIÓN DE CONDUCTORES POR CORRIENTE ADMISIBLE 129
   5.8. VERIFICACIÓN DE SECCIONES MÍNIMAS POR MÁXIMA CAÍDA DE TENSIÓN 132
   5.9. MÉTODO GENERAL DE SELECCIÓN DE CONDUCTORES DE ACUERDO A LO ESTABLECIDO POR LA RIEI 135
   5.9. TIPOS Y ESPACIOS DISPONIBLES DE CAÑOS 142
   5.11. MODELOS DE CANALIZACIONES Y SU APLICACIÓN 143
   5.12. INSTALACIÓN DE LOS CONDUCTORES EN LAS CANALIZACIONES 146

Rubén Roberto Levy

5.13. Luminárias e instalaciones de iluminación 147

SELECCIÓN DE PROTECCIONES ELÉCTRICAS, INTERRUPTORES AUTOMÁTICOS, PROTECCIONES DIFERENCIALES. CONDICIONES DE SEGURIDAD EN INSTALACIONES ELÉCTRICAS. 149

6.1. Introducción, conceptos relacionados con interruptores automáticos 149
6.2. Características y ensayos de interruptores automáticos: 156
6.3. Comentarios de características y modelos 163
6.4. Definición de sobrecargas 166
6.5. Selección de interruptores automáticos para proteger cables de circuitos seccionales (TP-TS) o en circuitos terminales. Selección de corriente asignada de interruptores diferenciales. 167
6.6. Selectividad de protecciones 175
6.7. Seguridad en instalaciones eléctricas 177
6.8. Seguridad por evitar el traslado de tensiones peligrosas 205
6.9. Seguridad en el trabajo en instalaciones eléctricas 206
6.10. Protección contra las sobretensiones transitorias (atmosféricas) desde el ambiente externo 207

EJEMPLOS DE DISEÑO DE INSTALACIONES 209

7.1. Ejemplos de viviendas 209
7.2. Establecimientos escolares (771.8.4) 243

PROYECTO ELÉCTRICO DE UN EDIFICIO DE VIVIENDAS EN PH SEGÚN MÉTODO DE LA RIEI 257

8.0. MEMORIA DESCRIPTIVA 257
8.1. Puntos de utilización en departamentos y locales 258
8.2. Carga de departamentos y locales 258
8.3. Carga de servicios generales 258
8.4. Carga del edificio 259
8.5. Tipo de circuitos en departamentos 259
8.6. Cálculo de la carga en departamentos y locales 259
8.7. Tipo de suministro para departamentos y local B 261
8.8. Tipo de suministro para local A 261
8.9. Recorrido, tipo de conductores y canalización 261
8.10. Protecciones en tableros seccionales 262
8.11. Protecciones diferenciales instaladas en tableros seccionales y circuitos seccionales 262
8.12. Esquema eléctrico. Normas de Materiales. 262
8.13. Cálculos de la carga 263
8.14. Descripción general de la instalación 265
8.15. Descripción del sistema de PAT de protección 268
8.16. Descripción del sistema de servicios generales 268
8.17. Descripción del sistema de protección 269
8.18. Sistema de servicios 269
8.19. Materiales 270
8.20. Verificación de secciones mínimas de conductores por corriente admisible 271
8.21. Verificación de conductores por máxima caída de tensión (utilización de programa DiCab 2 de Prysmian) 273

BIBLIOGRAFÍA 279

Legislación, Normativa, Bibliografía. 279
Reglamentación de Instalaciones eléctricas 279
Contacto con el autor para intercambio de opiniones 279

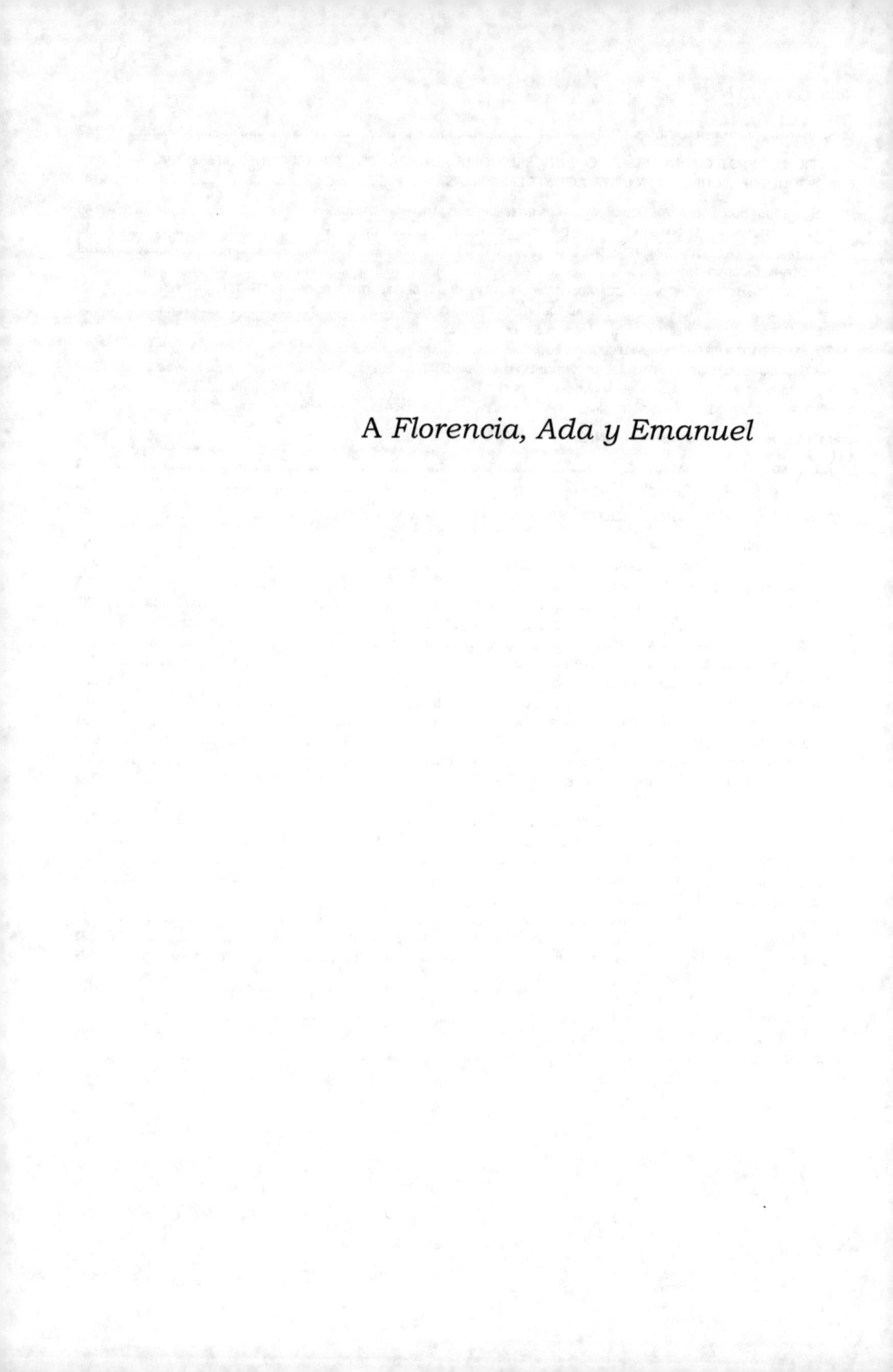

A Florencia, Ada y Emanuel

Prólogo

Esta nueva Edición responde a los lineamientos de la Reglamentación para la Ejecución de Instalaciones Eléctricas en Inmuebles de la Asociación Electrotécnica Argentina AEA 90364, que en adelante denominaremos RIEI, que comprende la Parte 7 y la Sección 771 y Parte 770 (Edición 2017) para Viviendas y locales unitarios y sus actualizaciones. El marco normativo AEA tiene diversas partes y algunas superponen criterios, por eso me parece interesante poner todas las posibilidades y que el proyectista decida su criterio de proyecto de acuerdo a la información AEA disponible.

Incluye un CD con información técnica y con proyectos y planos en Autocad en su versión original de modo que el lector los pueda utilizar en sus tareas.

Esta edición incorpora algunos temas que me han sugerido los lectores de las ediciones anteriores y otros que resultan de explicar mediante ejemplos lo indicado por la RIEI, por ejemplo:

- Para relacionar la seguridad eléctrica con los esquemas de conexión a tierra (ECT).

- Para la utilización de cañería de material sintético bajo ciertas condiciones de instalación.

- Para establecer la imposibilidad en el sistema TT de proteger contactos indirectos mediante protecciones de sobrecorriente.

- Para la justificación del valor de la puesta a tierra de protección (PATP, ver más adelante) de 40 ohm en inmuebles.

Como la RIEI indica métodos de protección hacia las personas y bienes, el proyectista o instalador debe conocer algunos fundamentos de su aplicación para:

> *a)* *Evitar el pasaje de una corriente eléctrica de falla a través del cuerpo de cualquier persona o animal mediante:*

- La utilización de una aislación que se **preserve** en el tiempo. Por ejemplo con la aislación de cableados y equipos y las correspondientes protecciones de sobrecorriente. Una aislación que se deteriore por una incorrecta instalación o por una sobrecarga mayor al límite térmico de los cableados o equipos, puede quedar dañada y originar un pasaje de corriente de falla por una persona o animal.

- Los bloqueos en tableros, en tomacorrientes con acceso a niños, en interruptores de efecto, etc.; que por tener partes con tensión pueden poner en riesgo de contactos en personas que no conocen el peligro de la electricidad.

- El diseño de Clase II en circuitos seccionales con posibles contactos indirectos (este tema será tratado más adelante).

> *b)* *Limitando la corriente de falla que pueda atravesar el cuerpo de cualquier persona o animal a una intensidad inferior a aquella que provoca un choque eléctrico.*

1

> *La* Reglamentación AEA 90364, Sección 771 *en página 216 define como choque eléctrico al **efecto fisiológico** resultante del paso de una corriente eléctrica a través del cuerpo humano o de un animal.*

- La aislación de los cableados y equipos, que no es perfecta, limita la corriente a valores que no originan daños ni sensaciones molestas ni efectos fisiológicos.

- La utilización obligatoria del interruptor diferencial de sensibilidad diferencial de $I_{\Delta n} \leq 30mA$ en circuitos utilizados por personas BA1, BA2 y BA3 **no limita la corriente de falla**, pero opera ante la mayoría de los contactos eléctricos en un tiempo que impide que una corriente eléctrica peligrosa origine un efecto fisiológico y daño en la persona o animal.

> *c) Desconectando automáticamente la alimentación en un tiempo determinado por las Normas, de modo que el choque eléctrico no represente un riesgo de electrocución. Ante un contacto directo se evita la electrocución y ante la puesta en tensión de una masa que represente un riego (contacto indirecto) **se debe desconectar** la alimentación automáticamente.*

La utilización de la electricidad origino el desarrollo de la humanidad pero también obligó a los científicos a buscar una solución concreta a los riesgos de contactos eléctricos sobre todo en personas que por su desconocimiento fueron y son víctimas de electrocuciones. Las denominadas masas electrificadas fueron uno de los motivos de mayor preocupación pues era difícil detectar esa situación de peligro hacia personas que por desconocimiento o imprudencia quedaban sometidas a tensiones peligrosas.

Desconexión automática en instalaciones eléctricas de inmuebles:

- El denominado **contacto indirecto** con una masa electrificada, fue y es una de las situaciones que presento y presenta la mayor cantidad de electrocuciones. Se dispone en forma comercial del interruptor diferencial que de acuerdo al modelo nos puede ofrecer una desconexión preventiva y automática (y sin riesgos) de la alimentación ante contactos eléctricos y/o fallas, por ejemplo, ante una masa que adquiera tensión peligrosa. Con las masas puestas eficientemente a tierra (valor de Ra en AEA 90364 en esquema de puesta a tierra TT) se puede lograr la **acción preventiva** y la desconexión automática del peligro de masas electrificadas

- En la actualidad tecnológica se considera obligatorio utilizar en inmuebles un dispositivo que detecte la falla a tierra "antes que la persona" tome contacto con una tensión peligrosa desde la masa. Las puestas a tierra (PAT) de las masas (de valor máximo de 40 ohm en inmuebles) permite la actuación de desconexión "preventiva" (valor de tensión de masa para desconexión ver más adelante) de los interruptores diferenciales ante fallas a tierra con los modelos de $I_{\Delta n} \leq 30mA$ hasta $I_{\Delta n} \leq 300mA$.

- Ante el contacto directo las puestas a tierra no intervienen. La garantía que ofrece el interruptor diferencial de $I_{\Delta n} \leq 30mA$ instalado en el circuito donde se origina el contacto directo es la **desconexión automática correctiva**; la persona sufre una electrización pero no sufre una electrocución (ver más adelante).

La puesta a tierra de las masas fue y sigue siendo el recurso técnico para reducir la tensión de contacto indirecto desde una masa electrificada y limitar la corriente hacia una persona o a la propia instalación, **pero la puesta a tierra no garantiza limitar la tensión de una masa electrificada a un valor que no sea peligroso.**

En inmuebles y con interruptores diferenciales de hasta $I_{\Delta n} \leq 300mA$ y una PATP (Ra) máxima de 40 ohm se puede asegurar que la tensión de contacto será desconectada en forma automática y antes que supere el 50% de 24 V (ver más adelante la relación entre PATP con sensibilidad del interruptor diferencial).

De hecho que si la falla es simultánea con el contacto (situación muy improbable) el contacto indirecto podrá ocurrir pero será despejado por el interruptor diferencial.

Esta **fundamental** medida de seguridad logra que no existan en tensiones en masas y un posible contacto indirecto mayor a 12 V aun ante la falta de control de la puesta a tierra y el escaso y pobre mantenimiento.

Es fundamental comprender que la seguridad eléctrica en el ámbito de inmuebles permite evitar los contactos eléctricos y fallas por medio de:

- Bloqueos.
- Preservando la aislación de cableados y equipos por medio de protecciones de sobrecorriente.
- Desconectando la alimentación por medio de interruptores diferenciales ante fallas o contactos peligrosos.

Es interesante destacar el proceso evolutivo que ha tenido la RIEI y revisar particularmente el punto 771.18.4.3 donde se indica en forma clara y sin lugar dudas que:

> *"en los sistemas denominados TT (ver más adelante) es impracticable lograr una resistencia del lazo de falla a tierra que garantice la acción de las protecciones de sobrecorriente".*

Esta situación de imposibilidad es la conclusión de diversas iniciativas que trataron de imponer resistencias de PAT de protección impracticables en las instalaciones de inmuebles, pues se buscaba la alternativa de no imponer las protecciones diferenciales. En la actualidad el estado de la técnica nos permite asegurar que la forma más concreta de proteger a las personas ante contactos directos e contactos indirectos es estableciendo un sistema equipotencial y continuo de PAT de protección y la instalación de interruptores diferenciales.

También me parece importante recalcar que debemos utilizar el "idioma técnico" que establece la RIEI pues son definiciones propias de nuestras Normas; y evitar utilizar el "idioma técnico" de otras Normas. Por ejemplo al dispositivo "interruptor diferencial" no denominarlo Disyuntor.

Existe una historia de propuestas y desencuentros en el tema de instalaciones eléctricas de inmuebles que nos indica que así como muchos queremos, proponemos y buscamos un sistema de Reglamentos Técnicos (Documentos de observancia obligatoria vinculados a una legislación) también hay muchos que no quieren esto y pretenden continuar un sistema de "libre albedrío eléctrico".

De todos modos me ofrezco para que entre todos fundemos un sistema de intercambio de información mediante los recursos del intercambio vía mail; pues creo que no se progresará en los temas de aplicación y explicación de las Normas y Reglamentaciones si los que hemos tenido la posibilidad de conocerlos no los brindamos generosamente a quienes tendrán que seguir después de nosotros.

La experiencia de iniciativas y esfuerzos nos dice que para lograr los cambios es imprescindible una intensa tarea de difusión y capacitación, que realizada con dedicación y responsabilidad, generará la necesidad de establecer obligaciones vinculantes entre quienes por su incumbencia elaboran un proyecto de instalación y quienes lo realizan; de modo que los destinatarios reciban un servicio legítimo en el marco de la ley. Tenemos mucha tarea por delante, pues como dice la RIEI

> *"a pesar de los esfuerzos, los accidentes originados en fallas en las instalaciones eléctricas en inmuebles continúan en un número inaceptable para el estado actual de la tecnología".*

Se ha demostrado internacionalmente que con proyectos y montajes establecidos y realizados mediante Reglamentaciones y controles de ejecución, se mejora la calidad y seguridad de las instalaciones eléctricas. La utilización en las obras de materiales que no responden a Normas de producto a veces se presentan como más económicas a la inversión inicial pero llevan a peligrosas situaciones ante las cuales los destinatarios "quedan solos" y deben hacerse cargo de las consecuencias de estos "ahorros intelectuales y de ejecución".

Sabemos que las Reglamentaciones indican "lo que se debe hacer" y "lo que hay que cumplir" entendiéndose que deben existir documentos del "cómo hacer", y de ello trata esta propuesta.

La educación técnica y social y la obligación del cumplimiento de las Normas es importante pues de nada vale educar si después nadie controlara lo que se hace, se construye o se vende; y ya sabemos a dónde llevan "esas comodidades" donde las víctimas son los que nada saben de riesgos eléctricos pero sufren las consecuencias del "libre albedrío eléctrico". De poco vale invertir dinero del estado en educar y crear derechos y obligaciones si el mismo estado no se preocupará en hacer respetar el cumplimiento de las Normas y documentaciones técnicas en instalaciones eléctricas.

Estado actual de las Normas y documentaciones técnicas relacionadas para los proyectos y ejecuciones de instalaciones eléctricas:

√   La Reglamentación para la Ejecución de Instalaciones Eléctricas en Inmuebles AEA 90364.

√   La Ley 19587 de Higiene y Seguridad en el Trabajo que toma como referencia la RIEI **y establece su uso obligatorio** en todo tipo de instalaciones eléctricas.

√   La Resoluciones del ENRE (Ente Nacional Regulador de la Electricidad) donde se establecen certificaciones obligatorias de las instalaciones eléctricas en inmuebles a partir del año 1996 y mediante la utilización de la RIEI.

√   Las Normas IRAM (Instituto Argentino de Normalización) y Normas IEC (International Electrotechnical Commission). La RIEI establece que los productos, componentes, trabajos y verificaciones deben cumplir la Norma IRAM, Norma IEC, etc.

√   La Resolución 92/98 y la actual 508 del 2015 a nivel nacional de la ex - Secretaria de Industria, Comercio y Minería, que exige un proceso de certificación obligatorio de productos para verificar que cumplan los requisitos esenciales de seguridad y de funcionamiento.

√   La ley 10281 de Seguridad Eléctrica en Córdoba Argentina.

En Argentina existen variadas propuestas superadoras para que los proyectos y ejecuciones de instalaciones eléctricas respondan a lo establecido por la RIEI y sería deseable que con el esfuerzo de autoridades, profesionales, no profesionales, comerciantes; acordar un sistema "de cambio de conducta" fundado en "la confianza y la ética". Las iniciativas, cuando parten de los ciudadanos y cuentan con el apoyo oficial pueden mejorar el estado de las instalaciones eléctricas y esclarecer lo que los medios de comunicación denominan "un lamentable accidente por un cortocircuito", que sabemos es la consecuencia de conductas donde prevalece la falta de voluntad en establecer reglas claras para que las instalaciones eléctricas sean confiables y seguras.

En este libro y mediante una estructura de módulos se presentan criterios de uso práctico para viviendas, departamentos en edificios tipo PH, oficinas y locales de todo tipo, pero estos criterios siempre están referidos a lo indicando por la RIEI (cuando en el texto se citen puntos y tablas de referencia los mismos pueden ser consultados en la RIEI).

La metodología que aquí se propone se basa en el proceso que realiza un proyectista de instalaciones eléctricas para establecer la demanda y carga total, seleccionar los conductores, canalizaciones y protecciones eléctricas asociadas para adecuar sus proyectos a lo establecido por la RIEI para viviendas o conjuntos multivivienda de departamentos, locales de todo tipo y servicios generales eléctricos asociados.

Entiendo que respetar lo indicado en la RIEI es un proyecto superior que los profesionales, técnicos e instaladores electricistas podemos ofrecer a la sociedad, dejando de lado sistemas de "planos dibujados" cuyo mecanismo fundado en una supuesta libertad ha llevado a deteriorar el sistema de derechos y obligaciones que garantizan la calidad de vida y la seguridad eléctrica de una sociedad organizada.

Establecer una referencia obligatoria por medio de la RIEI significa poner en pie de igualdad el costo de una tarea, aumentar la eficiencia y evitar mantenimientos por mala calidad de materiales no aprobados y trabajos de dudosa calidad de ejecución. La obligación de cumplir la RIEI, tanto de productos como de instalaciones eléctricas, tiene como objetivo el uso seguro del avance tecnológico que nos ofrece la electricidad que es un bien sin el cual no se podría concebir la sociedad moderna. Cuando mencionamos a la seguridad eléctrica lo hacemos en cuanto a la necesidad de proteger a las personas, animales domésticos y bienes.

Se debe insistir además que el proyecto de una instalación tiene una entidad propia y los profesionales están capacitados para responder a la sociedad que ha invertido e invierte ingentes recursos en los sistemas educativos de formación, que deben ser complementados con los controles correspondientes de una sociedad moderna. Por ejemplo, un producto tecnológico y fundamental para la salvaguarda de vidas y bienes como el interruptor diferencial en inmuebles **no funcionará en forma preventiva** si las masas no están vinculadas a una eficiente PATP.

Es fundamental que los autores propongamos nuevas ediciones de los libros técnicos pues si la tecnología se actualiza constantemente no podemos seguir utilizando libros técnicos que no se actualicen.

Deseo reconocer la meritoria tarea de la Asociación Electrotécnica Argentina por el detallado y arduo trabajo realizado en los años previos a la emisión del RIEI.

Deseo agradecer a quienes han confiado en mis publicaciones y alentarme a seguir con esta tarea en un país donde se valora muy poco a los autores de libros técnicos pues parece que para algunos funcionarios responsables de la cultura no existe la "cultura técnica" como instrumento de trabajo necesario para tecnificar nuestra Argentina. Si persistimos es posible mejorar los beneficios que nos ofrece el RIEI en cuanto a la tecnología aplicada, por ejemplo, a la seguridad, funcionalidad y eficiencia energética en las instalaciones eléctricas.

Rubén Roberto Levy

La nómina de agradecimientos podría ser más extensa tanto en Córdoba como en otras provincias del país y países vecinos donde encontré eco y relaciones de amistad que son más importantes que esta propuesta, y es mi homenaje a quienes trabajan para una sociedad mejor y más justa para todos.

La energía ni se crea ni se destruye, sólo se transforma. (Albert Einstein)

Ing. Rubén Roberto Levy

Módulo 1

LA ELECTRICIDAD. VALORES CARACTERÍSTICOS. CORRECCIÓN DEL FACTOR DE POTENCIA.

1.1. La Electricidad

¿Es un efecto o el flujo de una sustancia?

Estrictamente en lo técnico es un movimiento (flujo) de electrones. Aunque no sea un flujo de algo material, así lo consideramos para poder interpretar la corriente eléctrica en forma comprensible.

La electricidad es una forma de energía que se percibe por sus efectos (lumínica, calorífica, potencia mecánica de los motores, etc.).

Los electrones en la materia se mueven en forma "desordenada", pero si a un conductor se le aplica una fuerza (tensión eléctrica) los electrones libres pasan a tener un movimiento ordenado y se origina el efecto denominado electricidad. Para que se origine ese movimiento, denominado a veces flujo, necesitamos aplicar tensión eléctrica a un material conductor, por ejemplo, un conductor de cobre.

Designaciones de las unidades de origen eléctrico

Existen criterios diversos sobre la forma de designar las unidades eléctricas que derivan de nombres propios. Por ejemplo, la Real Academia Española indica que se deben designar a las que provienen de nombres propios en minúscula; como volt, ampere, etc. Pero en general hay acuerdo en designar la unidad con mayúscula en la abreviatura, como ampere (A), volt (V), watt (W), etc.

Por lo tanto, en este trabajo y con un fin práctico se designan las unidades, siempre que sea posible, por su abreviatura. Por ejemplo, A, V, W, VA, etc.

Designaciones normalizadas RIEI

Como se debe designar	Algunas designaciones incorrectas
Interruptor diferencial (ID)	Disyuntor
Interruptor automático (IA) o pequeño interruptor automático (PIA)	Interruptor termomagnético
Interruptor de efecto	Llave de luz

Envolventes sintéticas	Envolventes plásticas
Conductor IRAM 2178, IRAM 62266, etc.	Cable subterráneo, cable doble aislación, etc.
Circuitos seccionales	Líneas seccionales
Tableros seccionales	Tableros generales
Fases L1, L2, L3	Fases R, S, T

¿Es posible una analogía entre la hidráulica y la electricidad?

A menudo se compara el "flujo de electrones" (intensidad de corriente eléctrica) impulsados por la diferencia de potencial (tensión eléctrica aplicada a un conductor) con el flujo del agua en una cañería impulsada por una presión hidráulica originada por la diferencia de altura en un tanque de agua. En esta analogía, si se desea aumentar el flujo de agua, se necesitará un tubo de mayor diámetro y en ciertos casos empujar el agua con mayor presión. Vemos a diario el efecto de la presión hidráulica en la salida de agua por una canilla o una manguera donde el caudal y velocidad del agua resultan del valor de la presión aplicada y el diámetro del caño.

En la electricidad el efecto es similar pues a mayor tensión aplicada a un circuito (camino cerrado) mayor corriente resultante. La "presión" es, en esta analogía, la tensión que se expresa en V.

A mayor tensión aplicada a un "circuito" la corriente resultante (A) será mayor de acuerdo a las relaciones de la conocida Ley de ohm.

¿Cómo son los efectos hidráulicos?

De la necesidad de flujo de agua a una presión determinada, resulta la necesaria sección transversal de la tubería.

Si se instalan y abren más canillas en una red de agua, se demuestra que el mayor flujo de agua implica una energía calorífica resultante de la presión, del flujo y del tiempo que no se nota, pues el calor no se acumula en la cañería, se "va" con el flujo del agua. En esta analogía, si queremos variar o anular el caudal, instalamos una "llave de paso para variar o hasta cortar el paso de agua".

Si fuera necesario proteger a la cañería de una "sobrepresión", es posible y a veces se impone una válvula de las denominadas "de alivio de presión".

¿Cómo son los efectos eléctricos?

Siguiendo con esta analogía, si queremos que no exista "flujo o corriente (eléctrica)" instalamos una "llave de apertura" del circuito, es decir lo cortamos, para que los electrones no puedan continuar su movimiento y su efecto.

Si quisiéramos variar el flujo o la corriente en un circuito, ¿qué debemos hacer? Un recurso sería variar la tensión, ya que aquí no podemos poner una "llave de paso" que varíe el flujo de electrones.

Si se conecta una lámpara, circulará una determinada corriente en esa lámpara, pero si se conectan varias lámparas, cada lámpara tomará su correspondiente corriente y por el cable de la alimentación general de todas las lámparas circulará cada vez más corriente con la mayor cantidad de lámparas "en paralelo" se conecten. El efecto resultante del movimiento de electrones es la acumulación de una creciente cantidad de calor que será soportado principalmente por los conductores hasta un límite denominado intensidad máxima de corriente admisible o "corriente admisible".

En la realidad es la aislación de los cables, y no el conductor de cobre o aluminio, lo que impone la corriente admisible que indican las tablas de selección de conductores y cables. Si se originan sobrecargas (mayor corriente admisible que la especificada para un determinado tipo cable) se pasará el límite de capacidad térmica de la aislación de los cables y se originaran puntos o zonas de calentamiento térmico y el posible inicio de fallas. Esta posibilidad, totalmente factible en las instalaciones eléctricas, proviene de las características únicas y propias de la electricidad donde prácticamente toda la corriente que demande la carga a un conductor será brindada por la fuente de energía.

Este fenómeno a veces se menciona con una analogía sorprendente:

> *"los conductores eléctricos serían como un caño que se adapta a un mayor diámetro a medida que se le exige mayor corriente".*

Es interesante reflexionar sobre esta propiedad de la electricidad pues nos brinda la posibilidad de disponer de la corriente (eléctrica) necesaria que la carga demande "con la misma sección de conductor". En este sentido otros tipos de instalaciones como las de agua, gas, etc. son más rígidas y no es posible pretender que con un mismo diámetro de cañería que el flujo general aumente para mantener el mismo caudal con diversos consumos.

Pero esta interesante propiedad exige la necesidad de disponer de las adecuadas protecciones "en serie" que cuando los consumos crecientes demanden sobrecargas, actúen y desconecten los cables ante temperaturas mayores a las que pueden soportar, de acuerdo a su tipo de aislación e instalación. Se debe resaltar que la corriente admisible (intensidad de corriente máxima que puede circular en forma continua por un conductor o cable) no resulta solo por el tipo de conductor o cable, pues también está condicionada por el método de su instalación. Por ejemplo, no es lo mismo que un cable este enterrado directamente o que ese mismo cable este dentro de un caño y enterrado, pues si está dentro de un caño y, por el efecto del aislamiento térmico del aire que lo rodea, no podrá disipar la misma cantidad de calor que si estuviera instalado directamente en el terreno.

Hay que evitar también sobreproteger a los cables con protecciones menores a su corriente admisible en las condiciones de su instalación, pues si se ha realizado una importante inversión en cables, ¿por qué no utilizarlos a su máxima capacidad de transmisión?

Estudios relacionados con los efectos térmicos de disipación en cables instalados en tableros a veces obliga al proyectista a sobredimensionar los cables, pues a veces su aislación llega a temperaturas máximas de 70° C o en algunos tipos hasta 90 °C y esto puede originar que las protecciones instaladas en el tablero reciban temperaturas que las "desclasifiquen" y operen con corrientes menores a las asignadas por su fabricante originando desconexiones de cargas que deberían ser transmitidas con la funcionalidad establecida por AEA 90364.

Se dice que una protección de menor valor nominal protege con más precisión la carga instalada, pero también sabemos que la protección de sobrecarga y cortocircuito de un circuito en general funciona como **protección del cable** y no para proteger una de las cargas instaladas en el circuito. Otro sería el caso de una carga única, pues se puede seleccionar una protección adecuada para esa única carga.

En electricidad también puede aparecer una sobretensión (similar a la sobrepresión en la cañería de agua), pero también aquí tenemos dispositivos para aliviar su efecto sobre los materiales y equipos instalados. Si la sobretensión es de frecuencia industrial, existen equipos que desconectarán la parte afectada (dispositivos de protección por sobretensión). Si la sobretensión es de alto valor pero de rápido desarrollo (sobretensión de origen atmosférico), podemos instalar dispositivos que la derivan a tierra para evitar que "circulen" y dañen componentes sensibles a ese efecto (componentes electrónicos).

A los circuitos de las instalaciones eléctricas se conectan consumos y si esos consumos le "piden" más corriente al circuito este la proveerá hasta el recalentamiento y posible destrucción de sus conductores; si no existe algún dispositivo de sobrecarga que límite y corte esa circunstancia propia de la electricidad.

Un ejemplo interesante lo plantea la RIEI que indica que si se conoce la corriente total de proyecto (calculadas con un método que se revisará más adelante) ese cálculo debe ser respetado, eligiendo una protección adecuada que permita que pueda ser suministrada y en caso de sobrecargas y cortocircuitos inadmisibles se interrumpa la alimentación.

Pero las cosas no son tan exactas, si se determinó que la corriente de un circuito es, por ejemplo 30 A, y no disponemos de protecciones de corriente asignada de 30 A (los valores normalizado próximos son 25 A o 32 A) ¿Qué criterio de selección utilizamos?

Si seleccionamos una protección de 25 A no le permitimos al circuito trasportar los 30 A y si seleccionamos una protección de 32 A le permitimos al circuito transportar algo más de los 30 A.

En definitiva, ¿qué corriente admisible debería soportar el conductor del circuito? Si se decide la protección de 32 A, esa protección impone que el modelo de conductor y su forma de instalación para ofrecer la capacidad de transmitir los 32 A.

En resumen, hay que considerar a las corrientes de proyecto como necesidad, al conductor como solución de la necesidad y a la protección como límite de seguridad ante variaciones de las condiciones establecidas. Más adelante, en los módulos se indicarán las relaciones entre corrientes de proyecto, corriente admisible de conductores y corrientes asignadas de las protecciones asociadas.

¿Cómo son las relaciones eléctricas?

La conocida "**Ley de ohm**" establece las relaciones entre la tensión (V), la corriente (A) y la resistencia de carga (ohm).

En general, en este tipo de instalaciones la tensión es constante y lo que puede variar es la corriente ante las diversas cargas en un circuito (dos lámparas iguales consumen el doble de corriente que una sola), o porque la carga "pida" más corriente (Ejemplo: motor sobrecargado).

En un motor la potencia mecánica (HP) implica una determinada relación entre el trabajo y el tiempo (kgm / segundo). Se puede demostrar que en un motor la potencia mecánica tiene una relación directa con la potencia eléctrica que requiere para funcionar. Por ejemplo, 1 HP equivale a 746 W.

La corriente eléctrica se entiende como "circulación" de una cantidad de electrones en la unidad de tiempo, pero esa circulación no se podría originar si no se aplicara una tensión eléctrica; siendo la potencia el resultado de la acción conjunta de la tensión aplicada y la corriente resultante. El efecto de la acción conjunta se mide en diversas unidades de igual origen (W, VA, VAr). Decimos que es el resultado de las dos acciones, pues si el circuito está "abierto" la corriente "no circulará" y si no se aplica tensión no se originara la circulación de la corriente.

El W es la unidad de medida de la potencia que determina el tamaño (eléctricamente hablando) de una carga. Por ejemplo, una lámpara de 100 W "es mayor" en potencia que una de 75 W.

Otra unidad de medida muy común es el KW.

Carga

¿Qué es una carga?

Visto desde el transformador de potencia será la solicitación a la que está sometido.

La carga para el proyectista de instalaciones eléctricas de inmuebles resulta de la previsión de potencia en VA que debe considerar en las bocas o circuitos de acuerdo al RIEI

Consumos

En cuanto a los efectos, una carga de 1 W conectada durante una hora consumirá un 1 Wh de energía, una de 100 W conectada por dos horas consumirá 200 Wh y así sucesivamente.

El efecto de una carga de 220 W conectada a 220 V es una corriente de 220 W/220 V = 1 A "circulando" por los cables y un consumo de energía de 220 Wh.

¿Qué tiene de interesante la electricidad?

Es una forma de energía que se puede transmitir de un punto geográfico a otro, es decir se puede generar desde los lugares donde se dispone de algún tipo de energía, transmitir por las redes y aprovechar sus beneficios en otro lugar geográfico, en una ciudad, en un barrio, etc. Esa es la gran importancia de la electricidad, pues se puede trasportar desde la fuente de energía hasta los consumidores, es decir se puede "trasladar energía por los conductores y cables".

Cómo se transmite la electricidad; conductor y aislación

Todos los cuerpos pueden transmitir energía eléctrica, pero existen algunos materiales que son más aptos y económicamente masivos para utilizarlos como trasmisores de energía (cobre, aluminio, etc.).

Necesitamos también materiales que no sean conductores (aisladores, aislación de cables, etc.) que con tensión aplicada no originen circulación de corrientes u originen valores reducidos (no existe un aislante perfecto). Estos materiales se utilizan como aislación, por ejemplo, el PVC o XLPE en cables, aisladores de redes, envolventes sintéticas de tableros, cablecanales sintéticos, etc.).

Es decir que necesitamos conductores y materiales de aislación de esos conductores. Más adelante revisaremos la denominada Clase II en las aislaciones de los componentes de las instalaciones eléctricas, pues esa condición está relacionada con la seguridad eléctrica y los modelos de protecciones ante posibles contactos eléctricos.

¿Se deteriora un conductor por transmitir electricidad?

Si se vuelve a la analogía hidráulica-eléctrica, el flujo de agua por un caño lo puede desgastar en sus paredes, oxidarlo, etc. Pero un "flujo" de electrones se puede establecer y se puede cortar y el conductor no cambiará a través del tiempo por esa circunstancia, siempre que no se supere su corriente admisible.

1.2. Valores característicos

Energía

Como resultado del funcionamiento, los generadores transforman algún tipo de energía mecánica, térmica, etc. en energía eléctrica. Esta transformación permite que la energía, ahora eléctrica, sea transmitida por las redes del sistema eléctrico para llegar a usuarios y consumidores.

Tensión (eléctrica) alterna (V)

En las redes relacionadas con las instalaciones eléctricas de utilización masiva es generada con valores de alternancia denominados ciclos (50 ciclos / segundo o 50 Hz). Cuando se aplica entre dos puntos de un circuito eléctrico, también es conocida por diferencia de potencial.

Corriente alterna (A)

La corriente es la consecuencia de la aplicación en un circuito de una tensión alterna (diferencia de potencial). Como es la consecuencia también responde a la alternancia de 50 Hz.

La Ley de ohm y la resistencia eléctrica

La diferencia de potencial entre dos puntos de un conductor es directamente proporcional a la corriente que circula por él.

$$Va-Vb = I \times R$$

R es la resistencia del conductor (oposición) que ofrece el conductor al paso de la corriente. También intervienen las reactancias inductivas y capacitivas de los circuitos y cargas pero estos valores los consideraremos en forma puntual para no agregar complicaciones de cálculo que nos harían perder el objetivo conceptual de este libro.

La unidad de resistencia es el ohm, resistencia que ofrece un circuito cuando por él circula un ampere y entre sus extremos se aplica un volt.

La resistencia, por ejemplo, de un conductor depende de su naturaleza (valor fijo), de su longitud y sección que son valores variables.

A mayor longitud, mayor resistencia. A mayor sección, menor resistencia.

$$R = \rho \times \frac{L}{S}$$

La resistividad depende del material conductor (cobre, aluminio, etc.), los demás valores como L y S dependen del conductor donde se quiere calcular la R.

En los cálculos básicos de caída de tensión (más adelante) utilizaremos la resistencia de los conductores que por otro lado es el valor preponderante frente a la impedancia en los tipos de circuitos tratados en este libro.

Circuito

Conforma un "camino cerrado" al cual se le aplica tensión para originar la corriente eléctrica. Cuando en un circuito se aplica una tensión eléctrica, de inmediato "circula" una corriente eléctrica. Decir que "una corriente circula en un circuito" no es estrictamente correcto, pero se utiliza a diario para la comprensión intuitiva del fenómeno.

En la realidad, cuando se aplica una tensión a un material conductor, se origina un efecto de movimiento de electrones internos de la materia que vuelve a su estado primitivo si suspendemos la aplicación de la tensión. La materia (cobre o aluminio) de un circuito no se desgasta por el efecto de la corriente eléctrica, puede haber pequeños cambios en la materia que no influenciaran en el valor de su corriente admisible que resultara de la sección de material del conductor, del tipo de aislación del conductor y de las condiciones de instalación (ver más adelante).

Potencia

Magnitud física que representa la capacidad para realizar un trabajo o la cantidad de trabajo realizada en la unidad de tiempo.

En los circuitos eléctricos la potencia es el producto del valor de tensión aplicada por la corriente que lo recorre.

Circuito de corriente alterna, compensación de factor de potencia (coseno de φ)

Un circuito está formado por componentes (cables, accesorios de conexión, etc.) más las cargas que a él se conecten (luminarias, tomacorrientes, motores, etc.).

En un circuito de corriente alterna las reactancias internas de componentes y sobre todo las cargas reactivas originan un efecto denominado defasaje entre las tensiones aplicadas y las corrientes resultantes.

Por ejemplo:

El atraso de la corriente respecto de la tensión es el efecto de las reactancias inductivas de las cargas (motores, luminarias de descarga gaseosa, etc.).

El adelanto de la corriente respecto de la tensión es el efecto de las reactancias capacitivas. Estas cargas en general se instalan para corregir el factor de potencia (Ejemplo: Capacitores de compensación de defasaje inductivo).

Al ser aplicada una tensión alterna en los circuitos eléctricos, sus resistencias y reactancias imponen el valor de las corrientes resultantes y los defasajes. Como en general existen defasajes entre corrientes y tensiones aplicadas, existen en mayor o menor magnitud las potencias activas y reactivas resultantes de los defasajes mencionados. Estas potencias originan en el tiempo las energías activas y reactivas, siendo las energías activas las que se transforman en un efecto útil y las reactivas en energía "entretenida" que en cada ciclo se entretienen entre la carga y la generación (ciclo negativo en el diagrama de defasajes).

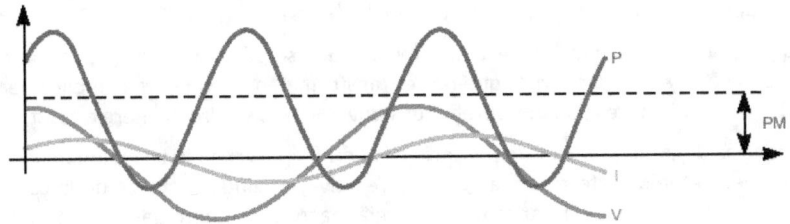

flujo de potencias en una instalación con cos φ = 0,78.

13

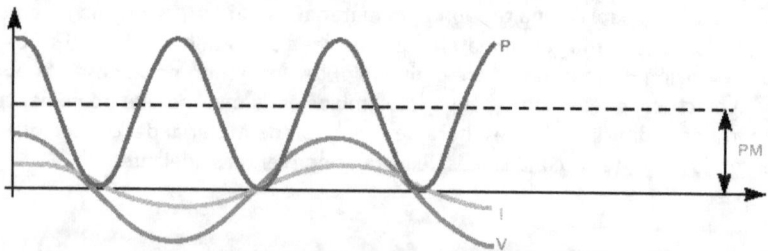

flujo de potencias en una instalación con cos φ = 0,98.

En los diagramas de ondas se puede observar que la potencia y energía en el tiempo se presenta "positiva" cuando sus ciclos están sobre el eje tiempo y "negativa" cuando están debajo del eje tiempo. Conceptualmente se dice que la energía activa es la que se sitúa como positiva y la reactiva o entretenida la negativa.

La preponderancia de las energías depende del defasaje y se comprende que un mayor factor de potencia reduce la energía entretenida.

Desde el punto de vista de la energía lo que factura la medición es la energía activa (que es la energía que el utilizador transforma en un efecto útil, iluminación, movimientos de motores, etc.), pero desde el punto de vista de la selección de cableados de la instalación eléctrica debemos considerar las corrientes denominadas aparentes (corrientes activas más reactivas)

La resistencia de los componentes de estos circuitos no depende de la frecuencia de la tensión y son valores que solo dependen de características internas de los componentes y aparatos que componen el circuito (tipo de material conductor, longitud de los cables, resistencia interna de los aparatos conectados, etc.). En un circuito puramente resistivo (circuito ideal) la tensión y la corriente se encuentran en fase y el factor de potencia es la unidad

Es factor de potencia representa la relación entre las magnitudes de resistencias y reactancias de la carga. Es un valor que califica la eficiencia de los circuitos, pues el defasaje implica una pérdida de eficiencia entre la energía que entrega la red de servicio y la energía efectiva que la carga transforma en trabajo útil.

En un circuito real, existen inductancias, capacidades y capacitores de compensación que producen desfases entre la tensión, la corriente y un determinado factor de potencia (que estará entre 0 y 1).

Desde el punto de vista del usuario, la denominada potencia activa es la única que se transforma en una forma de energía útil (energía lumínica, trabajo de un motor, etc.).

La potencia reactiva establece la "energía entretenida" que se puede asimilar a una circulación de energía entre el generador y las cargas que no se transforma en energía útil e implica pérdidas de energía en las redes y la necesidad de sobredimensionarlas para esa inútil energía reactiva.

Las consecuencias de un bajo factor de potencia es que no aprovecha la inversión de las redes, ya que la energía entretenida (efecto de la potencia reactiva) origina que parte de la capacidad de transmisión de la red se ocupe en transmitir la energía reactiva y las perdidas (efecto Joule).

En instalaciones eléctricas pueden existir cargas que originen corrientes reactivas inductivas (luminarias de descarga gaseosa, motores).A veces esas cargas disponen de su propia compensación de factor de potencia reactivo mediante una compensación capacitiva (por medio de capacitores fijos).

Como el factor de potencia de los consumos de sus clientes lleva a corrientes aparentes que exigen sobredimensionar los cableados, la Empresa de Distribución (ED) exige corregir esa condición en las instalaciones eléctricas consumidoras y es responsabilidad del cliente realizar esa corrección en un orden de factor de potencia en algunas ED de mínimo de 0,95.

Para corregir estos efectos, las ED penalizan a sus clientes por medio de un aumento de costo de la energía (cargos en la facturación) a las instalaciones con un bajo factor de potencia. Para el usuario es igualmente desventajoso un bajo factor de potencia ya que lo obliga a sobredimensionar los conductores de su propia red por encima de sus necesidades.

Mejorar significa aumentar el factor de potencia colocando baterías de condensadores en la instalación a mejorar o compensar para lograr que el efecto de las cargas inductivas se compense con el efecto capacitivo de las baterías de capacitores.

Cuando son conjuntos de cargas reactivas de utilización variable (por ejemplo ascensores, equipos de bombeo, iluminación de utilización variable, etc.) el factor de potencia varia en conexiones y desconexiones, y se hace necesario un equipo que interprete y realice la compensación de un modo de incorporar las necesarias cargas capacitivas de manera "inteligente" conformando un equipo compensador automático que debe ser seleccionado en cuando a tamaños de capacitores y modelos. Este equipo establece la medición y comparación entre las tensiones y corrientes de la carga conectada y mediante un módulo específico dispone la conexión y desconexión automática de los capacitores de modo de cumplir con un factor de potencia ajustado previamente.

Estos temas son muy conocidos en la literatura técnica, pero quiero recalcar algunos aspectos que se relacionan con su aplicación desde la RIEI.

Criterio de diseño: *Seleccionar los cableados y protecciones de sobrecarga en base a las potencias aparentes en VA (por ejemplo ver más adelante la potencia en VA en bocas de iluminación y de circuitos de tomacorrientes).*

En cuanto a los cableados de circuitos seccionales que alimentan tableros seccionales con compensación; seleccionar los cableados y la protección de sobrecarga de esos cableados con la corriente aparente resultante de la suposición de la desconexión de la compensación. Esto ofrece una margen de seguridad ante la plena corriente aparente (no compensada).

Los motores cuando están sobredimensionados en potencia, también se presentan con un bajo factor de potencia reactivo.

cálculo práctico de potencias reactivas

tipo de circuito	potencia aparente S (kVA)	potencia activa P (kW)	potencia reactiva Q (kVAr)
monofásico (F + N)	S = V₃ I	P = V₃ I₃ cos φ	Q = V₃ I₃ sen φ
monofásico (F + F)	S = U₃ I	P = U₃ I₃ cos φ	Q = U₃ I₃ sen φ
ejemplo: carga de 5 kW cos φ = 0,5	10 kVA	5 kW	8,7 kVAr
trifásico (3 F o 3 F + N)	S = √3 U₃ I	P = √3 U₃ I₃ cos φ	Q = √3 U₃ I₃ sen φ
ejemplo: motor de Pn = 51 kW cos φ = 0,86 rendimiento = 0,91	65 kVA	56 kW	33 kVAr

Los cálculos del ejemplo trifásico se han efectuado de la siguiente forma:

$$Pn = \text{potencia suministrada en el eje} \qquad = 51 \text{ kW}$$
$$P = \text{potencia activa consumida} = Pn/\eta = 56 \text{ kW}$$
$$S = \text{potencia aparente} = P/\cos\varphi = P/0,86 = 65 \text{ kVA}$$

de donde:

$$Q = \sqrt{S^2 + P^2} = \sqrt{65^2 - 56^2} = 33 \text{ kVAr}$$

Se indican a continuación valores medios de factor de potencia de distintos receptores.

factor de potencia de los receptores más usuales

aparato	carga	cos φ	tg φ
motor asíncrono ordinario	0 %	0,17	5,8
	25 %	0,55	1,52
	50 %	0,73	0,94
	75 %	0,8	0,75
	100 %	0,85	0,62
lámparas de incandescencia		1	0
lámparas de fluorescencia		0,5	1,73
lámparas de descarga		0,4 a 0,6	2,29 a 1,33
hornos de resistencia		1	0
hornos de inducción		0,85	0,62
hornos de calefacción dieléctrica		0,85	0,62
máquinas de soldar por resistencia		0,8 a 0,9	0,75 a 0,48
centros estáticos monofásicos de soldadura al arco		0,5	1,73
grupos rotativos de soldadura al arco		0,7 a 0,9	1,02
transformadores-rectificadores de soldadura al arco		0,7 a 0,9	1,02 a 0,75
hornos de arco		0,8	0,75

Este motor convencional probablemente sobredimensionado y con carga del cuarto de su potencia nominal origina un factor de potencia de 0,55.

fig. 4: cos φ de los aparatos más usuales.

reducción de la sección de los conductores

La instalación de un equipo de corrección del factor de potencia en una instalación permite reducir la sección de los conductores a nivel de proyecto, ya que para una misma potencia activa la intensidad resultante de la instalación compensada es menor.

La tabla de la fig. 7 muestra el coeficiente multiplicador de la sección del conductor en función del cos φ de la instalación.

cos φ	factor multiplicador de la sección del cable
1	1
0,80	1,25
0,60	1,67
0,40	2,50

fig. 7: coeficiente multiplicador de la sección del conductor en función del cos φ de la instalación.

Para la corrección automática de sistema de cargas variables con factor de potencia inductivo (las cargas convencionales son de factor de potencia inductivo), se ofrecen comercialmente sistemas correctores automáticos del factor de potencia que deben garantizar: calidad de prestación y seguridad de funcionamiento, pues en general son sistemas que se los programa para mantener el factor de potencia al valor exigido y deben funcionar en forma inteligente y autónoma.

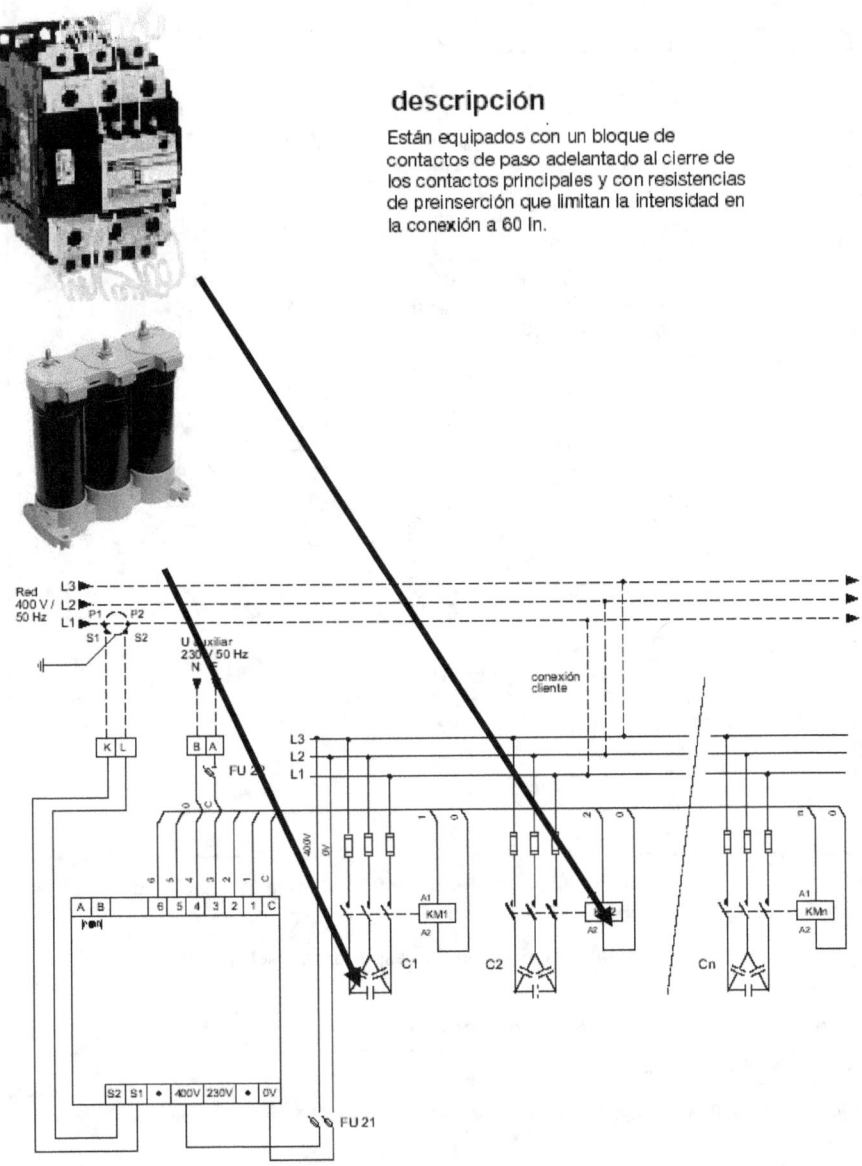

descripción

Están equipados con un bloque de contactos de paso adelantado al cierre de los contactos principales y con resistencias de preinserción que limitan la intensidad en la conexión a 60 In.

1.3. Corrección del factor de potencia

Uso de la Tabla. Desde la potencia activa (kW) y su factor de potencia existente se obtiene la potencia capacitiva necesaria (kVAr) para elevar el factor de potencia al deseado.

Factor depotencia existente (porcentual)	Factor de potencia deseado (porcentual)					
	100%	95%	90%	85%	80%	75%
50	1.732	1.403	1.247	1.112	0.982	0.850
52	1.643	1.314	1.158	1.023	0.983	0.761
54	1.558	1.229	1.073	0.938	0.808	0.676
55	1.518	1.189	1.033	0.898	0.768	0.636
56	1.479	1.150	0.994	0.859	0.729	0.597
58	1.404	1.075	0.919	0.784	0.654	0.522
60	1.333	1.004	0.848	0.713	0.583	0.451
62	1.265	0.936	0.780	0.645	0.515	0.383
64	1.201	0.872	0.716	0.581	0.451	0.319
65	1.168	**0.839**	0.683	0.548	0.418	0.286
66	1.139	0.810	0.654	0.519	0.389	0.257
68	1.078	0.749	0.593	0.458	0.328	0.196
70	1.020	0.691	0.535	0.400	0.270	0.138
72	0.964	0.635	0.479	0.344	0.214	0.082
74	0.909	0.580	0.424	0.289	0.159	0.027
75	0.882	0.553	0.397	0.262	0.132	-
76	0.855	0.526	0.370	0.235	0.105	-
78	0.802	0.473	0.317	0.182	0.052	-
80	0.750	0.421	0.265	0.130	-	-
82	0.698	0.369	0.213	0.078	-	-
84	0.646	0.317	0.161	-	-	-
85	0.620	0.291	0.135	-	-	-
86	0.594	0.265	0.109	-	-	-
88	0.540	0.211	0.055	-	-	-
90	0.485	0.156	-	-	-	-
92	0.426	0.097	-	-	-	-
94	0.363	0.034	-	-	-	-
95	0.329	-	-	-	-	-

Ejemplo: Se desea elevar el factor de potencia existente de 0,65 de una instalación de 100 kW, a un factor de potencia de 0,95. ¿Qué potencia total deben tener los capacitores?

Solución: De la tabla obtenemos el valor 0,839 que corresponde al factor existente (0,65) y al deseado (0,95).

Multiplicando este valor por la potencia activa instalada se obtiene la potencia reactiva necesaria:

$$0.839 \times 100 \text{ kW} = 83,9 \text{ kVAr,}$$

que es la potencia capacitiva para lograr el efecto deseado.

Módulo 2

Interpretación conceptual de términos. Determinación del Grado de Electrificación y de la carga total por medio de los puntos mínimos de utilización. Ejemplos en viviendas, locales y oficinas. ECT permitidos y prohibidos en inmuebles.

2.1. Interpretación conceptual de términos

Es **no formal** y en relación a temas específicos. No pretende suplir ni reemplazar las interpretaciones oficiales indicadas en la RIEI y las Normas.

Alturas recomendadas para colocación de cajas y bocas.

Las cajas para tomacorrientes con arista inferior a no menos de 0,15 m de nivel de solado terminado. Las cajas para interruptores de efectos, las cajas para interruptores de efectos y tomacorrientes vinculados a circuitos de iluminación y los tableros seccionales con centro entre 0,90 m y 1,30 m de solado terminado. Otras condiciones específicas están indicadas en 771.8.6 de la RIEI.

Ámbito de aplicación de la RIEI

A partir de los bornes de entrada del tablero principal (TP) de la instalación de una vivienda, oficina o local (unitarios), abarcando la totalidad de los tableros seccionales (TS) y todos los circuitos conectados eléctricamente a los tableros.

En algunos dispositivos, por ejemplo en interruptores automáticos, las Normas comprenden diversos ámbitos. Por ejemplo los interruptores de IEC 60898 se utilizan en ámbito de personas BA1 y también en ámbitos de BA4 y BA5 donde se utilizan interruptores automáticos de IEC 60947-2.

Ejemplo de aplicación relacionado con las Normas y funciones de los interruptores automáticos (IA, ver más adelante):

- En los circuitos del TSG inmediato a la transformación, los IA de Norma IEC 60947-2 deben garantizar la seguridad eléctrica y de servicio entre el TSG y el TS1 y TS2 (ver diseño en Clase II más adelante).
- En los circuitos del TS2 relacionado con personas BA4 y BA5 (ver más adelante) los IA de Norma IEC 60947-2 deben garantizar la seguridad de servicio y disponer de detección de posibles contactos indirectos en masas electrificadas.
- En los circuitos terminales destinados a personas BA1 (ver más adelante) se debe garantizar la seguridad eléctrica ante contactos directos e indirectos mediante ID de $I_{\Delta n} \leq 30mA$ y la funcionalidad mediante los IA de la Norma IEC 60898.

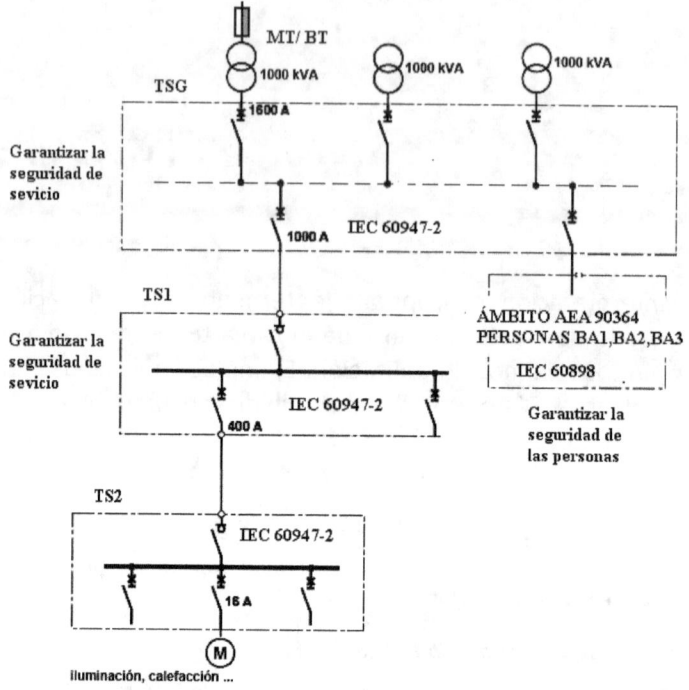

Acometida

En la vinculación de la instalación eléctrica con la red pública, algunas Empresas de Distribución (ED) q**ue colaboran con la seguridad** especifican acometidas con componentes aislados (Clase II).

> *Conceptos (que se ampliarán más adelante):*
>
> *La denominada Clase II en las acometidas es la solución técnicamente posible para garantizar la seguridad eléctrica ante posibles contactos indirectos eliminado las masas en la acometida (ver masa más adelante). La RIEI establece que la ED debe garantizar la desconexión de una masa que adquiera una tensión mayor a 24 V. Como la ED no dispone de protecciones sensibles a esa anormalidad y posible peligro, una solución técnica es instalar la Clase II en las acometidas y tableros de medición donde es de responsabilidad de la ED la seguridad eléctrica ante posibles contactos eléctricos.*

En los esquemas que siguen se observa un ejemplo de un tipo de acometida aislada donde las especificaciones técnicas las indica la ED para la instalación del medidor de energía. Posteriormente al TP se debe cumplir lo establecido por la RIEI:

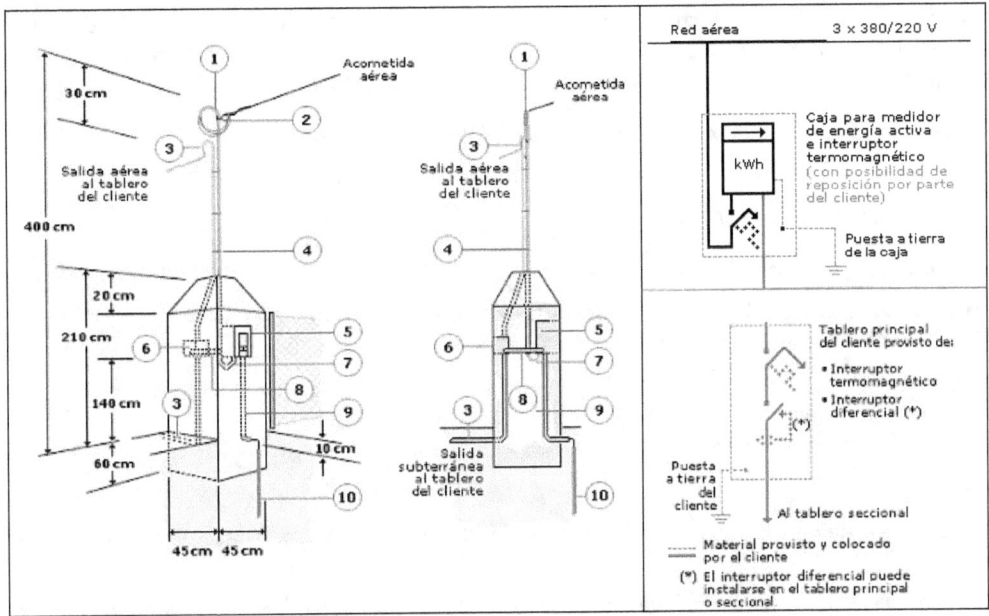

Pos. **Descripción de los materiales a emplear**

1. Caño cilíndrico de retención de hierro galvanizado pesado. Diámetro interior = 38 mm y codo de 180° de material aislante apto para intemperie, **con caño corrugado sintético en su interior** (ver pos.7) hasta la caja de medidor.

2. Grapa de sujeción

3. Salida del Tablero Principal al Tablero Seccional del cliente (alternativa aérea y subterránea).

4. Abrazadera.

5. Caja de **material sintético** para medidor trifásico y protección (370 x 200 x 220 mm).

6. Tablero principal del cliente.

7. Caño flexible corrugado 25 mm de diámetro exterior (IRAM 2206) y acople para unir caja de medidor (Pos.5)

8. **Caño sintético** para vinculación de caja de medidor y tablero principal. Diámetro exterior = 25 mm. (IRAM 2206).

9. **Caño sintético** diámetro exterior = 19 ó 25 mm (IRAM 2206). Con conductor de puesta a tierra: cable unipolar flexible, sección mínima 10 mm2 Cu, aislado en PVC no propagante de llama, con colores verde-amarillo (IRAM 2183).

10. Jabalina cilíndrica IRAM de 1.500 mm.

Aparato utilizador y circuitos terminales

El aparato utilizador está destinado a convertir energía en otra forma de energía. Por ejemplo; luminarias, motores, estufas, etc. Un aparato "consume" energía de la red de acuerdo a su potencia en VA.

En instalaciones de inmuebles los consumos son en general aleatorios (tomacorrientes e iluminación de conexión diversa). Por esa circunstancia los denominados circuitos terminales (ver más adelante) son diseñados mediante valores en VA establecidos por la RIEI para cada tipo de circuito.

La RIEI establece diversas tipologías de circuitos terminales e indica los valores de carga en VA para cada tipo de circuito.

Aparato fijo

Está previsto para un puesto fijo (heladeras, lavarropas, lavavajillas, etc.).

No poseen manijas para su traslado y tienen una masa (18 kg o más por Norma IEC) tal que no permite ser movido fácilmente. Ubicados generalmente en zona de cocina y/o lavadero, por sus características son de uso prácticamente fijo por lo que el proyectista debe instalar tomacorrientes adicionales ubicados para ese fin (ver la RIEI para todos los Grados de Electrificación en zona de cocina).

Aislación básica (se denomina aislamiento en las Normas Europeas)

Aplicada a las partes activas, asegura la protección básica contra los choques eléctricos.

Por ejemplo: aislación de cables.

Aislación suplementaria

Aislación, además de la básica, que asegura la protección contra choques eléctricos en caso de falla de la aislación básica.

Aislación doble

Comprende la básica y la suplementaria.

Bocas

Es importante definirlas, pues intervienen en el cálculo del denominado Grado de Electrificación de la RIEI.

En adelante se denominará a la boca de iluminación de circuitos para usos generales como BI y a la de tomacorrientes como BT; y en circuitos para usos especiales como BIE y BTE. Las bocas de todo tipo están ubicadas en cajas en general de tamaño 50 mm x 100 mm o 100 mm x 100 mm. Las de iluminación pueden conectar cargas unitarias, ventiladores de techo o extractores por medio de conexiones fijas o tomacorrientes 2P+ T para ese fin.

La RIEI permite instalar interruptores de efectos (opera luminarias) y tomacorrientes en una misma caja, pero se debe consultar la RIEI en cuanto a las condiciones para cada caso, pues no se permiten a menos de 0,90 m de nivel del solado terminado. Otras condiciones se indican en 771.8.5.

La RIEI establece un límite (teórico) de corriente por boca, por lo que el proyectista debe conocer el tipo y cantidad de luminarias, artefactos o tomacorrientes que se conectarán a un tipo de boca. Es posible instalar 2 tomacorrientes 2P + T en una caja de 50 mm x 100 mm y hasta 4 tomacorrientes en una caja de 100 mm x 100 mm.

Cuando se cotiza la ejecución de mano de obra por medio de número de bocas, se debe aclarar que no todas las cajas son bocas. Por ejemplo una caja de paso, derivación, efecto, etc. es una boca cuando en ella existe una conexión de 220 V (boca de iluminación o tomacorriente). Así, una cotización de "boca" de ejecución de iluminación en losa es el resultado de instalar la caja de la losa más la caja del interruptor de efecto; es decir que el instalador, cotizando la ejecución de boca de iluminación, **incluye** la caja del interruptor de efecto de esa luminaria. Una boca de tipo escalera, que se debe accionar desde dos cajas, se puede cotizar como **una boca y media**. Una caja que albergue un interruptor de efecto y un tomacorriente se considera una boca.

Una boca puede ser al mismo tiempo una caja de paso o derivación si tiene un circuito único. Las ubicadas en losa y de tamaño hasta 100 mm x 100 mm serán consideradas bocas a los efectos del cálculo del Grado de Electrificación.

Canalizaciones y cables no permitidos

Cables sobre canaletas de madera, listones, zócalos o revestimientos de material combustible.

Cables bajo canaletas, listones, zócalos o revestimientos que no cumplan con el ensayo de no propagación de la llama.

Cables directamente embutidos en paredes, techos y pisos de cualquier material.

Cables aislados sin envoltura de protección fijados sobre mampostería, yeso, cemento u otros materiales.

Cables con envoltura de protección fijados sobre mampostería, yeso, cemento u otros materiales por debajo de 2,5 m.

Conductores (desnudos), excepto si se utilizan como electrodos dispersores en el sistema de puesta a tierra.

Conductores (desnudos) o cables sin envoltura de protección, instalados en forma aérea en interiores

Cables construidos con conductores macizos (un solo alambre).

Cables sin envoltura de protección en el interior de elementos estructurales, tabiques huecos, cielorrasos suspendidos, mamparas, etc.

Cables, con o sin envoltura de protección, sueltos sobre cielorrasos suspendidos.

Cordones flexibles (tipo taller o similares) y cables según IRAM-NM 247-5; IRAM 2039 e IRAM 2188, en instalaciones fijas. Los cordones flexibles no son aptos para instalaciones eléctricas fijas, siendo su aplicación la alimentación de aparatos utilizadores portátiles o móviles o fijos pero retirables, para operaciones de mantenimiento, por ejemplo, luminarias con cordón y ficha.

Caños lisos o corrugados de material sintético o aislante propagantes de la llama, generalmente de color naranja, de acuerdo con la cláusula 7.3 de IRAM 62386-1 o IEC 61386-1. Esta restricción alcanza también a productos que, independientemente del color fijado por esta norma ("naranja" o "anaranjado") y siendo de cualquier otro color, no cumplen con la característica requerida de no propagante de la llama.

Cajas (no confundir con bocas)

Pueden ser de paso, paso y derivación o derivación.

Paso: ingresan y egresan igual número de circuitos sin que en ninguno existan derivaciones.

Paso y derivación: ingresan y egresan igual número de circuitos, pudiendo tener alguno de ellos derivaciones.

Derivación: ingresan y egresan igual número de circuitos, teniendo todos alguna derivación.

Canalización

Conducto o bandeja de tipo "metálico" o "sintético" que deben ser seleccionados de acuerdo con su utilización y requerimientos exigidos por la RIEI. Permiten contener en forma segura los cableados y elementos de la instalación eléctrica de 380220 V, de telefonía, de video, de alarmas, de MBTS, etc. con las condiciones que se indicaran más adelante.

En instalaciones eléctricas denominamos canalización al conjunto de caños, cablecanales, bandejas, etc. que permiten instalar y contener los cableados.

La selección de los diámetros mínimos de los caños se puede resolver por medio del conocido criterio de que el conjunto de cables con su aislación no ocupen más del 35% de la sección interna de un caño, o se pueden seleccionar por medio de Tabla 771.12.IX.

La canalización entre TP y TS, incluidas las denominadas columnas montantes (vinculaciones entre tableros de medidores y tableros seccionales en edificios), serán de tipo mínimo R19 (3/4") de diámetro interno (otras condiciones en 771.12.3.13.4 de la RIEI).

Característica $i^2.t$ de un interruptor automático

Información que debe ser ofrecida por el fabricante, se expresa en A^2 s.

Los fabricantes de dispositivos bajo Normas ofrecen gráficos de valores máximos de $I^2\,t$ en función de la intensidad de corriente de cálculo prevista (valor eficaz de la componente periódica en corriente alterna) hasta el valor máximo de la intensidad de corriente que corresponde al poder asignado de corte en cortocircuito del interruptor automático. Se brindarán ejemplos de selección en Módulo 6.

El proyectista debe verificar que el valor I^2t del interruptor automático sea igual o menor que el K^2S^2 del conductor a proteger, para asegurar que en el conductor no se sobrepasará su temperatura máxima permitida (por ejemplo 160 °C con aislación de PVC o 250 °C con aislación XLPE).

Características de un esquema de conexión a tierra TT

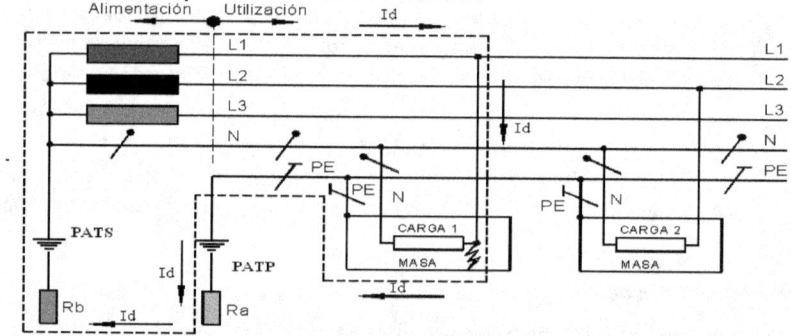

El ECT -TT es el exigido por la RIEI para las instalaciones eléctricas de inmuebles alimentadas desde la red pública de baja tensión (380/220V). El valor Ra es la PATP (máximo 40 ohm) y el valor Rb es la PATS (lo define la ED).

Explicación de símbolos de acuerdo con la Norma IEC 60617-11	
	Conductor neutro (N)
	Conductor de protección (PE)
	Conductor neutro y de protección combinados (PEN)

En la figura se puede observar que una pérdida de aislación entre el PE y el neutro genera el peligro de llevar el esquema TT a un seudo esquema TN-C y así quedar invalidada la protección diferencial. Esta es, entre otros motivos, la razón de utilizar conductores aislados como PE en instalaciones eléctricas de inmuebles donde el esquema obligatorio es el TT.

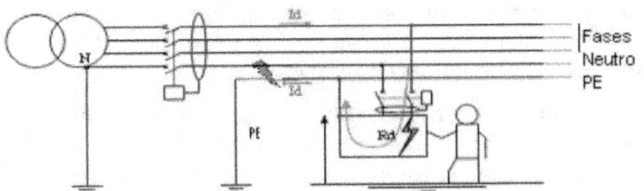

Consultando la RIEI se puede observar que exige un conductor aislado (verde amarillo) para la puesta a tierra (PAT) cuando en la canalización se utilicen conductores de simple aislación (IRAM NM247-3). Pero permite un conductor desnudo cuando la PAT esta en conjunto (por ejemplo en bandejas portacables) y conductores IRAM 2178 (doble aislación y Clase II).

La RIEI establece esta diferencia, pues se entiende que existe alguna posibilidad que una PAT se vincule por una falla con un conductor IRAM 247-3 de simple aislación y es prácticamente imposible que esa situación se origine con un conductor de doble aislación (IRAM 2178).

> **Concepto**: *Si por una falla se vincula la PAT con el neutro del circuito queda invalidada la protección del interruptor diferencial (ver más adelante), que solo funciona cuando la corriente de falla retorna por la tierra desde la PATP a la PATS.*

En el ECT -TT la PATP (puesta a tierra de las masas de la instalación eléctrica) deberá tener características de "**tierra lejana o tierra independiente**" frente a la PATS (puesta a tierra de servicio) de la red de alimentación. Ejemplo en acometidas: utilizando jabalinas convencionales de 1,5 metros y 12,6 mm de diámetro exterior la separación entre la PATS de la ED de distribución y la PATP de las masas del inmueble debe ser del orden de 3,2 metros. Esta separación garantiza que el ECT- TT se diferencie del ECT-TN-S.

Característica de un esquema de conexión a tierra TN-S

En este esquema el conductor neutro y el PE están separados en toda la instalación y están conectados en el origen del sistema de distribución o PAT de servicio. En este esquema las corrientes de falla se trasforman en cortocircuitos metálicos y el proyectista debe considerar esos valores de corriente de falla para dimensionar los conductores y protecciones asociadas. La utilización de este esquema está prohibida para las instalaciones internas de baja tensión de inmuebles desde la red pública (ver 771.3.3.2.1 para otras condiciones de sistema TN-S).

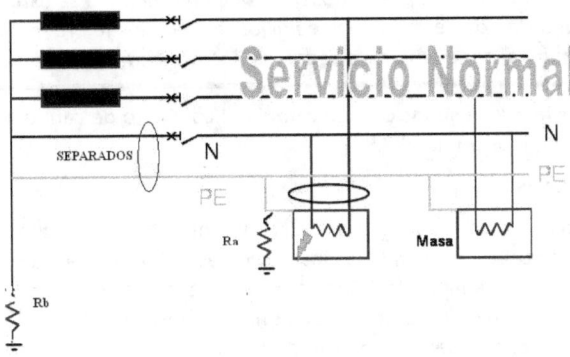

El ECT TN-S se utiliza para cargas que requieran derivar las corrientes de "perdidas normales" directamente al neutro del transformador. El cliente no debe vincular el ECT TN-S al ECT de la ED y debe instalar su propio trasformador de MT/ BT o BT/ BT.

Se puede observar que el interruptor diferencial ubicado en la carga monofásica opera y desconecta las pérdidas de aislación pero como el retorno se establece por vía metálica (sin intervenir Ra + Rb) la corriente de falla a tierra puede ser mucho mayor que la capacidad de corte del interruptor diferencial, que es del orden de 500 A

> **Concepto:** *En instalaciones vinculadas a ECT TN-S se deben utilizar modelos de interruptores automáticos asociados con un dispositivo de detección diferencial donde la apertura siempre la realiza el interruptor automático. Más adelante se ofrecen detalles de estos modelos.*

Carga total de una vivienda, oficina o local

Resulta de la sumatoria de:

Demanda de potencia máxima simultánea (DPMS) correspondiente al Grado de Electrificación, más la DPMS de los circuitos dedicados a cargas especificas (valor de proyecto). Ver ejemplos de aplicación más adelante.

Carga total de un edificio de departamentos y locales con servicios generales

En un edificio de tipo PH de departamentos y servicios generales con departamentos, oficinas y/o locales, se requiere establecer en principio la carga de departamentos, oficinas y/o locales y afectar al conjunto de un coeficiente de simultaneidad de Tabla 771.9.III de la RIEI. Por ejemplo un conjunto de más de 25 unidades con coeficientes entre 0,4 y 0,5 de acuerdo al Grado de Electrificación de las unidades. Pero este criterio no es absoluto pues la proliferación de equipos individuales de aire acondicionado puede aconsejar la utilización de factores de simultaneidad diferentes incluso cercanos a la unidad.

Al valor anterior se le agregan las cargas específicas de los servicios generales (carga de iluminación, de servicios de ascensores, de bombeo, de agua, etc.), con la simultaneidad que indique el proyectista.

Con el valor de la carga total del edificio, el proyectista puede determinar la corriente total y seleccionar los conductores y protecciones para toda la carga del edificio.

> *En la actualidad se puede observar que en argentina se está limitando la factibilidad de gas de red en los edificios, así que es de prever un aumento de los consumos, por ejemplo en departamentos y locales, en edificios de tipo PH.*

Habrá que observar esta nueva situación que cambia el concepto de cantidades y tipología de los circuitos terminales definidos por la RIEI.

Cercas electrificadas

Las cercas electrificadas o barreras de disuasión contra intrusos, deben cumplir con IEC 60335-2-76. Su montaje se debe realizar siguiendo las instrucciones determinadas por el fabricante y deben estar instaladas a una altura mínima de 2,5 m sobre el nivel de solado terminado. La alimentación se trata como un circuito independiente, no pudiéndose prescindir del interruptor diferencial de alta sensibilidad 30 mA), como medida de protección complementaria contra contacto directo. La demanda de potencia máxima simultánea se calcula de acuerdo a las especificaciones e técnicas del fabricante. Deben contar con señalización por carteles.

Circuitos terminales

Vincula los bornes de salida del dispositivo de maniobra y protección asociado con los puntos de utilización (puntos de iluminación, de tomacorrientes, etc.). Comprende los conductores activos y de PAT de protección (PE) y los aparatos de maniobra y protección.

Circuitos para usos generales (ver 771.7.6.a) de la RIEI)

La RIEI los designa con la sigla IUG y TUG.

En las bocas de los circuitos IUG la corriente máxima (teórica) por boca es 10 A, de 15 bocas máximas y calibre máximo de 16 A de la protección de sobrecarga. Las cargas de iluminación también pueden ser conectadas por medio de tomacorrientes 2P + T (ventiladores de techo y extractores). Si fuera necesario instalar cajas para bocas de salida combinadas (interruptor de efecto y tomacorriente) el tomacorriente estará marcado con ideograma según se indicará más adelante. Este tomacorriente se conectará al circuito IUG presente en la caja y a los efectos de la DPMS. A este circuito se lo considera como circuito TUG (Ver Tabla 771.9.I).

En los circuitos TUG, la corriente máxima (teórica) por boca es 10 A, de 15 bocas máximas y calibre máximo de 20 A de la protección de sobrecarga y se deben utilizar tomacorrientes normalizados tipo 2P + T.

Circuitos para usos especiales

Alimentan cargas unitarias (con un máximo de doce bocas) o consumos mayores a los admitidos en los circuitos para usos generales y para cargas o consumos a la intemperie (parques y jardines). Más adelante en Módulo 7 se darán ejemplos de aplicación práctica de carga máxima en base al calibre máximo de 32 A de la protección de sobrecarga.

Los circuitos IUE conectan bocas de iluminación por medio de conexiones fijas o por medio de tomacorrientes 2P + T de 10 A o 20 A (IRAM 2071) o 16 A (IRAM-IEC 60309) recomendándose el cumplimiento del grado IP54 para la intemperie, IP44 en espacios semicubiertos y IP55 como condición ante chorros de agua. Los circuitos TUE pueden conectar cargas unitarias hasta 20 A por medio de tomacorrientes 2P + T de 10 A o 20 A (IRAM 2071) o 16 A (IRAM-IEC 60309).

Circuitos para usos específicos

Alimentan cargas monofásicas o trifásicas definidas. Por ejemplo, bombas de agua, circuitos de tensión estabilizada, circuitos de fuentes de baja tensión, etc. Se instalan por medio de conexiones fijas (circuito ACU de tablero a tablero para equipos de bombeo o ascensores) o por medio de tomacorrientes "previstos para esa sola función" en circuitos MBTF, APM, ATE, etc. Los circuitos de uso específico "se agregan" para el cálculo de la carga total pero no intervienen en el cálculo del Grado de Electrificación.

Los circuitos de uso específico que alimentan cargas cuya tensión de funcionamiento **no** es la de red de alimentación (por ejemplo los de MBTS de 24 V) se deben diseñar por medio de conexiones fijas, fichas o tomacorrientes de la tensión correspondiente asignándole una identificación de color. La alimentación de MBTS se realizará por medio de un circuito de alimentación de carga única (ACU) y no existen limitaciones, por lo que son de diseño y responsabilidad del proyectista.

Los de alimentación de tensión estabilizada (ATE) requieren de sistemas de energía ininterrumpible (UPS). Parten de tableros específicos y se pueden utilizar tomacorrientes modelos 2P + T de 10

A, 16 A o 20 A. Para evitar errores operativos y conexiones indebidas en los tomacorrientes se designarán de color rojo con el logotipo indicado por la RIEI (tomacorriente con tensión estabilizada ininterrumpida), con un máximo de 15 bocas y con diseño y responsabilidad del proyectista. La alimentación de la UPS se realizará por medio de un circuito de carga única ACU con sus correspondientes protecciones.

Los de uso específico que alimentan cargas cuya tensión de funcionamiento **es** la de red de alimentación (220 V o 380 V) pueden definirse como:

Alimentación monofásica para pequeños motores (APM). Están destinados a ventilación, accionamiento de puertas, heladeras comerciales, etc. Se diseñan por medio de conexiones fijas o tomacorrientes 2P + T de 10 A, 16 A o 20 A con corriente máxima (teórica) por boca de 10 A, de 15 bocas máximas y calibre máximo de 25 A de la protección de sobrecarga.

Alimentación monofásica o trifásica de carga única (ACU) sin derivaciones y a partir de cualquier tablero. Diseño y responsabilidad del proyectista. También estos circuitos se deben establecer para baños o lugares con hidromasajes empleándose como protección contra contactos un interruptor diferencial exclusivo de corriente diferencial (residual) de $I_{\Delta n} \leq 30 mA$, cañería aislante y conexiones tipo IPX5 (771.8.5.s) de la RIEI).

Circuitos donde la RIEI establece la DPMS (IUG, TUG, TUE y IUE)

Como a este tipo de circuitos se les conectarán cargas "aleatorias", los debemos diseñar para cargas que "van a ocurrir" cuando los usuarios las utilicen (iluminación de diversos tipos, tomacorrientes con cargas diversas, etc.). Con un criterio lógico la RIEI establece valores mínimos en VA (Tabla 771.9.I) para este tipo de circuitos de modo que los usuarios dispongan de circuitos que les permita utilizar en forma segura y eficiente sus instalaciones. Los valores en VA se determinan en el procedimiento del Grado de Electrificación. Si el proyectista estima consumos mayores a los mínimos establecidos para cada punto de utilización (iluminación) o para conjuntos (tomacorrientes), puede aumentar los valores establecidos en Tabla 771.9.I. En el marco de la RIEI no se deben disminuir los valores asignados en VA ni tampoco disminuir los puntos mínimos de utilización para cada ambiente, pues son valores mínimos obligatorios.

Circuito seccional

Vincula los bornes de salida de un dispositivo de maniobra y protección de un tablero con los bornes de entrada del siguiente tablero. Desde los bornes de salida del TP a todos los cableados "aguas abajo" del TP, la RIEI los denomina "circuitos".

> **Comentario importante:** *He observado en algunas provincias de argentina la adhesión a una Resolución del ENRE que establece la obligatoriedad de instalar un interruptor diferencial de corriente diferencial de $I_{\Delta n} \leq 30 mA$ en el **TP** (que generalmente no es apto para BA1) ubicado inmediatamente "aguas abajo" del medidor de energía. Esta protección no resuelve el peligro de la puesta en tensión de las masas de la acometida y se superpone con el interruptor diferencial obligatorio ubicado en el TS de circuitos de un inmueble.*
>
> *La acción de desconexión del interruptor diferencial ubicado en el TP a veces obliga a personas BA1 a su reposición en un TP que, por ejemplo en un edificio tipo PH, está en un recinto a veces vedado a maniobras desde personas BA1.*

> *Como ya se ha mencionado una solución técnica eficiente, por ejemplo en inmuebles contenidos en edificios de tipo PH; es establecer **la Clase II en la acometida** y en todos los circuitos seccionales y a partir de los TS establecer las correspondientes protecciones ante contactos directos e indirectos.*

Clasificación de las viviendas, oficinas y locales por el Grado de Electrificación

La RIEI establece el procedimiento de cálculo que define el tipo y número mínimo de circuitos, su DPMS y el Grado de Electrificación resultante.

El Grado de Electrificación permite clasificar a las viviendas, oficinas o locales por medio de un valor en VA que establece límites de aplicación y de tipología de circuitos que están además condicionados por límites de superficies.

Los datos de superficies de los ambientes (superficie cubierta y semicubierta), el uso del ambiente y el tipo de uso del inmueble (vivienda, vivienda en uso de oficina, local comercial, etc.) le permite al proyectista definir o redefinir las cantidades de circuitos mínimos exigidos al calcular o recalcular el Grado de Electrificación resultante.

Todo tipo de inmueble dispondrá de un Grado de Electrificación y se lo puede afectar por coeficientes de simultaneidad indicados en Tabla 771.9.II.

Los circuitos específicos (si existen) "se agregan" a los cálculos para determinar la carga total y se pueden utilizar coeficientes de simultaneidad que son responsabilidad del proyectista.

Choque eléctrico

Es el efecto fisiológico del paso de la corriente a través del cuerpo humano o de un animal.

Los circuitos eléctricos de las instalaciones eléctricas de frecuencia 50 herz pueden establecer, por una falla o por un contacto eléctrico, una "energía" que en determinadas condiciones de contacto y de corriente- tiempo pueden originar una electrización (la persona sobrevive) y hasta una electrocución (la persona muere).

El circuito de 50 herz implica un riesgo pues puede impulsar una corriente por las masas musculares y generalmente implicar al corazón. Cada situación requiere un análisis particular pues las resistencias del ser humano dependen de numerosas variables que comprenden el camino de contacto, la situación física de la persona, las resistencias de la piel, etc. ¡Pero el riesgo existe!

El RIEI establece reglas técnicas para evitar los contactos eléctricos, pero la realidad nos indica que existen contactos eléctricos por imprudencia o por fallas, que pueden ser minimizados utilizando las reglas que establece el RIEI. La historia de la electricidad muestra la preocupación que la electrocución planteó e inquietó a los investigadores y no se entiende lo difícil que resulta concretar en numerosos lugares de argentina la utilización de la RIEI para proteger a los ciudadanos de los riesgos de la electricidad.

Debemos insistir en difundir que la RIEI tiene como objetivo ofrecer la necesaria seguridad a las personas y los bienes. Pero también sabemos que a las Reglamentaciones a veces las bloquean los que entienden que estas imposiciones les implica cambiar actitudes y así, no la respetan, se olvidan de ellas, buscan transgredirlas e incluso desprestigiarlas para que no sean utilizadas en forma obligatoria.

> El choque eléctrico definido como contacto indirecto puede ser evitado mediante la desconexión automática resultante de la asociación de un interruptor diferencial y la correspondiente puesta a tierra de las masas. Un choque eléctrico definido como contacto directo puede llevar a una electrización; pero existiendo el interruptor diferencial de corriente diferencial de $I_{\Delta n} \leq 30mA$ se evitará la electrocución, salvo el caso de contacto fase- neutro con el cuerpo aislado de tierra (situación de escasa ocurrencia).

Código de colores normalizados

Si el instalador no cumple esta condición, la instalación esta propensa a las consecuencias de conexiones incorrectas, complicaciones en el mantenimiento y búsqueda de fallas.

Contacto directo

Es un contacto con "partes vivas" bajo tensión originado por defectos de aislación, defectos en bloqueos (grado IP de Norma IRAM 2444) o imprudencia de las personas. Ante un contacto directo respecto de tierra (caso más habitual) la persona queda sometida a la corriente que impone la resistencia de la parte del cuerpo por donde se establece. Si tiene o no calzado puede influir en el circuito de falla. La protección diferencial de corriente diferencial $I_{\Delta n} \leq 30mA$ es la única solución conocida ante este peligro y desconectará el circuito de "manera correctiva" ante una situación que en general no debería suceder si se han establecido los bloqueos correspondientes que indica la RIEI.

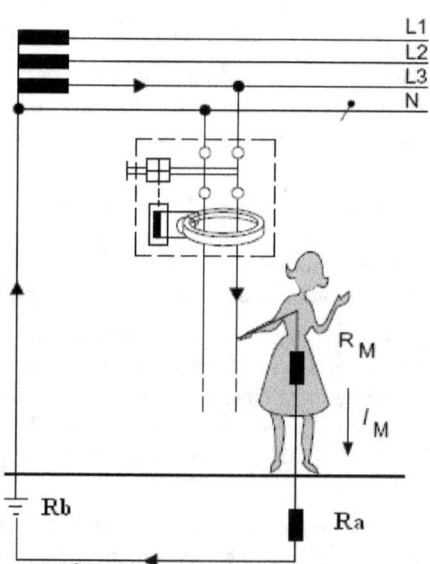

CONTACTO DIRECTO CON PARTE ACTIVA

Contacto indirecto, las masas y la seguridad eléctrica

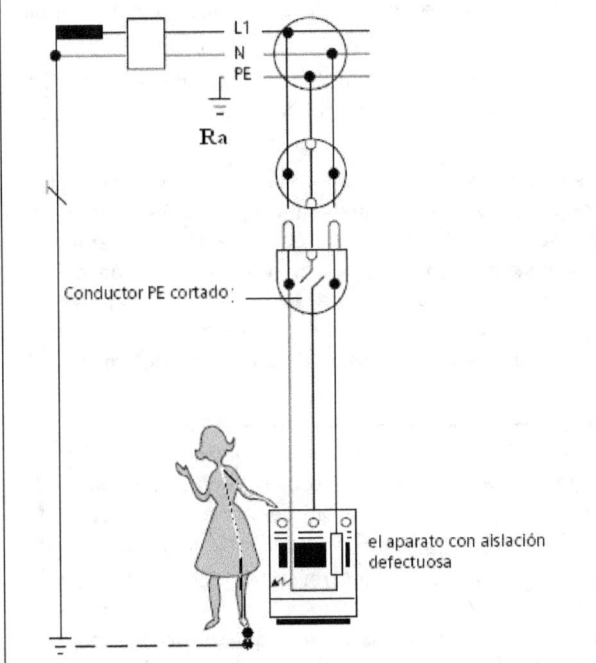

Se puede observar que por la presencia de un "adaptador" se pierde la continuidad del PE como PAT de la masa del aparato.

Ante una pérdida de aislación se origina una tensión de defecto que origina una corriente de defecto que se cierra por la Rb de la alimentación.

El peligro del contacto indirecto podrá ser despejado por la existencia de un interruptor diferencial de corriente diferencial $I_{\Delta n} \leq 30mA$ en forma de acción correctiva, pero no se logró la "acción preventiva" del interruptor diferencial pues la masa no dispone de la PAT que le brinda el PE de la instalación eléctrica.

Es un contacto con partes metálicas o masas que normalmente están sin tensión, pero que se ponen en tensión por defectos de aislación.

Suponiendo que la masa esta puesta a la PATP la situación es peligrosa pues a pesar que la tensión de defecto es la parte que presenta Ra en el circuito serie de Ra + Rb, no es técnicamente posible asegurar un máximo de 24 V de contacto en la masa electrificada.

Desde el origen de la distribución de la electricidad se comprendió la necesidad de poner las masas a tierra con la idea de que la circulación de corriente entre Ra y Rb lograra reducir la tensión de contacto y en lo posible accionar una protección de defecto a tierra. Hace 50 años se indicaba un conductor de cobre desnudo y generalmente la mejor puesta a tierra no lograba accionar los fusibles que eran los dispositivos de aquellos años.

Afortunadamente la tecnología ofreció el interruptor diferencial de corriente diferencial, que si es de modelo de corriente diferencial $I_{\Delta n} \leq 30mA$, establece una detección y desconexión de la puesta en tensión de una masa cuando la tensión de defecto alcance un valor de 1,2 V o mayor con una Ra de 40 ohm (valor máximo de la RIEI).

Tensión de defecto de desconexión = 30 mA x 40 ohm = 1,2 V

La RIEI exige implementar dentro de su ámbito de aplicación un sistema de vigilancia permanente de defecto por medio de interruptores diferenciales que disponen de la necesaria sensibilidad para la detección y desconexión de defectos en las masas antes que la tensión de defecto alcance el valor de seguridad de máximo 24 V en el ECT TT (obligatorio en inmuebles vinculados a la red pública de distribución).

La correcta instalación de PAT de protección con la respectiva continuidad es la primera condición de seguridad necesaria e imprescindible y no debe estar condicionada o reemplazada por ninguna otra medida.

La PAT de protección "es sagrada", pues permite la desconexión del contacto indirecto que no debería ocurrir si se asegura que la instalación ha sido proyectada con la idoneidad que establece la RIEI de modo de preservar la vida de las personas.

El proyecto y la instalación en un inmueble deben establecer la PAT de protección y la protección de falla a tierra asociada (interruptor diferencial) que garantice la vigilancia y desconexión preventiva ante los contactos indirectos. Una vez establecida la PAT equipotencial se debe implementar la protección diferencial (según el ECT de la instalación) para garantizar que la falla se despejará ante la existencia de una tensión de contacto en las masas (electrificación de una masa) que supere los 24 Vca (Ley 19587 de H. y S. del Trabajo). Más adelante se mencionara que los ID de hasta $I_{\Delta n} \leq 300mA$ y con Ra de PAT máxima de 40 ohm limitan la tensión de una masa electrificada al valor máximo de 12 Vca.

> **Importancia de la PATP**: *Una pérdida de aislación en una masa que esté "sin PAT" puede originar que la tensión de defecto se convierta en la tensión de contacto directo (por ejemplo 220V). Si la instalación cuenta con el interruptor diferencial de corriente diferencial $I_{\Delta n} \leq 30mA$ esta peligrosa situación será despejada en forma "correctiva" y no en forma "preventiva" por la acción del interruptor diferencial "antes que ocurra un contacto peligroso", pero una persona puede sufrir una electrización. Pero si esa misma situación de puesta en tensión de una masa sin pat ocurre en un circuito seccional protegido al contacto indirecto por interruptor diferencial de corriente diferencial 300 mA ubicado aguas arriba del circuito seccional (por ejemplo en un TS en los cables de ingreso de conexión del ID de 30 mA) se puede originar un contacto directo con 220 V y un interruptor diferencial de 300 mA no es apto para preservar la vida de una persona que estableciera ese contacto.*

Corriente de choque

Atraviesa el cuerpo de una persona o animal y es capaz de provocar efectos fisiológicos. Puede originarse en un contacto directo o indirecto (el de mayor posibilidad). La IEC 60479 brinda un gráfico que relaciona la fibrilación ventricular respecto de la corriente eléctrica que la pueda originar considerando que no son valores exactos pues dependen del tipo de contacto y de las condiciones de las personas ante el contacto (ver más adelante).

Corriente diferencial (residual) indicada como $I_{\Delta n}$

Suma algebraica o vectorial en un punto de la corriente que fluye a través de todos los conductores activos de un circuito. En un circuito monofásico, el valor de $I_{\Delta n}$ resulta de la diferencia entre los valores de corriente de "ida y retorno", y en un circuito trifásico con neutro de la composición vectorial de los valores de corriente de las tres fases y el valor de corriente de neutro. En definitiva, las corrientes de falla a tierra originarán corrientes eléctricas $I_{\Delta n}$, lo que nos permite detectarlas y desconectarlas por los interruptores diferenciales obligatorios y normalizados que deben funcionar aun en condiciones de desequilibrio de corrientes eléctricas de fases, baja tensión de alimentación o faltas de fase. Los denominados "diferenciales electrónicos" no cumplen estas últimas condiciones, no actúan y ponen en peligro a las personas y bienes.

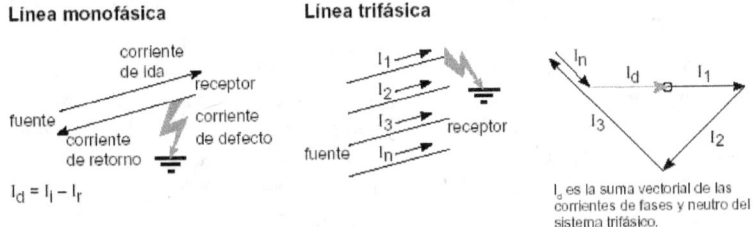

Línea monofásica

corriente de ida

receptor

fuente

corriente de retorno

corriente de defecto

$I_d = I_i - I_r$

Línea trifásica

I_1
I_2
I_3

receptor

fuente I_n

I_n
I_d
I_1
I_3
I_2

I_d es la suma vectorial de las corrientes de fases y neutro del sistema trifásico.

Cortocircuitos

Son fallas entre dos conductores denominados "vivos" (fase- neutro o fases entre sí o fases entre si y tierra).

Conductor PE

Es un conductor aislado (verde amarillo) continuo de mínima sección 2,5 mm^2 que se vincula a la PAT de protección de la instalación y no es interrumpido por ningún tipo de protección.

Conductores de fase y neutro

El sistema de distribución se establece por medio de conductores de fases y de neutro, para ofrecer 380 V entre fases y 220 V entre cualquier fase y el neutro. El neutro se conecta a la PAT de servicio en el transformador de distribución y a veces, en varios lugares de los recorridos de las redes de energía.

En teoría, la tensión de neutro respecto a tierra debería ser cero. En la práctica, por razones de asimetría de cargas o de corrientes armónicas, la tensión de neutro respecto a tierra puede tener un valor no nulo. **Por ello, al neutro se lo considera un conductor activo, y como tal debe estar aislado y no vinculado a masas, tableros, etc.**

Corriente de falla en esquema de conexión a tierra TT

En este tipo de sistema entre un conductor activo (fase o neutro) y la masa se pueden originar corrientes de cortocircuito de pocos ampere o de pocos miliampere originadas la mayoría de las veces en fallas internas de aislación de equipos o de instalaciones. Esta corriente, aunque sea reducida, puede dar lugar a la aparición de tensiones peligrosas que deben ser despejadas en forma preventiva por las protecciones de desconexión por fallas a tierras establecidas por la RIEI.

Corriente de cortocircuito franco

Resultante de fallas de impedancia despreciable entre puntos que en servicio normal presentan potenciales eléctricos distintos. A veces se origina por falla de aislaciones o por conexiones incorrectas. Un cable, al cual se le ha deteriorado su aislación (por ejemplo, por un pasaje incorrecto o por cañerías con acoples no normalizados que lo han lastimado) o un cable de mala calidad donde su aislación esta "descentrada" esta propenso a originar un cortocircuito.

Corriente de actuación de un dispositivo de protección

Valor que provoca la actuación de un dispositivo dentro de un tiempo que está establecido en la Norma de producto. Para los interruptores automáticos es la "corriente convencional de operación o funcionamiento".

Por ejemplo la corriente de actuación de un interruptor automático debe garantizar y preservar la seguridad de funcionamiento de la instalación ante las denominadas sobrecargas y fallas de acuerdo al modelo de dispositivo. El proyecto debe resolver en forma correcta la garantía de actuación de los dispositivos ante sobrecargas y o cortocircuitos, por lo cual se debe revisar la mecánica de trabajo indicada en 771.9 de la RIEI (ejemplos más adelante).

Corriente asignada de un dispositivo de protección

Corriente indicada por el fabricante que puede soportar el dispositivo en servicio ininterrumpido (permanente) bajo determinadas condiciones establecidas en la Norma de producto, sin que su temperatura de régimen permanente supere un valor especificado.

Conexión equipotencial

Coloca las masas y elementos conductores ajenos a un mismo potencial. Por ejemplo, la vinculación por conectores normalizados a compresión o por soldadura cuproaluminotérmica de un conductor PE con los hierros de una estructura metálica embebida en el hormigón.

Conductor PE

Conductor de protección que recorre y conecta todas las partes metálicas para asegurar la conexión equipotencial. Asegura la vigilancia y desconexión de fallas a tierra por medio de interruptores diferenciales obligatorios en instalaciones de inmuebles. Se exige de tipo aislado bicolor en circuitos terminales y tableros. Se permite desnudo en bandejas portacables, por ejemplo, en circuitos seccionales desde TP al TS.

Demanda de Potencia Máxima Simultánea (DPMS)

Procedimiento de cálculo que permite determinar el Grado de Electrificación de un inmueble.

Desviación de esquema de conexión a tierra TT (exigido)

En ciertos casos, la ED conecta el neutro de la red pública en las cercanías del origen (acometida) de la instalación del usuario. En ese caso es probable que una falla a tierra origine una corriente de cortocircuito por **vinculación metálica** y por ello mayor a la que ocurre en el esquema de conexión a tierra TT (lazo de vinculación por medio de la tierra). Ante esta posibilidad, el proyectista debe arbitrar los medios para lograr la **separación** entre los electrodos de PAT de protección de la instalación del inmueble y la PAT de servicio de la red de distribución.

El criterio de separación consiste en verificar las distancias entre jabalinas (la de instalación y la de la red) según 771.5.1 de la RIEI.

Designación de las fases de conexión

La RIEI las designa como L1, L2, L3, N a las anteriores designaciones de R, S, T, N.

Designaciones conceptuales importantes de Anexo 771-H de la RIEI

El valor I_B de corriente de proyecto se obtiene de los cálculos de demanda de potencia máxima simultánea (DPMS) y carga de un inmueble y permite elegir los conductores y la corriente asignada del dispositivo de protección en el origen de la instalación (cabecera del TP).

El valor I_Z indica la corriente admisible del conductor elegido en las condiciones particulares de su instalación.

El valor In indica la corriente asignada del dispositivo de protección de sobrecargas y cortocircuitos que se debe seleccionar respecto del valor I_Z del conductor protegido.

Las condiciones a cumplir son: $I_B \leq I_n \leq I_Z$ (771-H de la RIEI).

La revisión conceptual de la Tabla 771-H muestra el camino a seguir para definir la corriente de proyecto y seleccionar paso a paso los conductores y las protecciones asociadas.

Dispositivo de maniobra y protección

Realizan una o más de las siguientes funciones: protección, maniobra, seccionamiento, etc.

Dispositivo de seccionamiento

Permite separar por razones de seguridad o mantenimiento toda una instalación o parte de ella de toda fuente de energía eléctrica.

Dispositivo de protección contra sobreintensidades

Interrumpe un circuito cuando la corriente en los conductores protegidos sobrepasa un valor determinado durante un tiempo establecido. La metodología de selección por medio de interruptores automáticos permite establecer un método simple de selección para cumplir esta condición (ejemplos más adelante).

Dominio de aplicación de la RIEI

Comprende las instalaciones eléctricas de viviendas oficinas o local (unitario), "aguas abajo" del denominado TP en la RIEI. El vocablo "local" incluye un recinto en el cual se realiza cualquier actividad humana fuera de las específicas de una vivienda o de una oficina.

Documentación técnica de proyecto

Memoria técnica de la instalación con sus particularidades y datos necesarios para su ejecución.

Síntesis de la instalación con la demanda de potencia, grado de electrificación, cantidad y destino de los circuitos, cantidad de bocas definidas por proyecto y por ambiente, verificación de secciones de conductores en el punto de suministro y en los lugares de selección de materiales y dispositivos.

Esquema unifilar: contiene los resultados de los cálculos de verificación y características nominales de accionamiento de los dispositivos de maniobra y protección, corriente asignada, curva de actuación, capacidad de ruptura, tipo y sección de conductores de circuitos y conductores PE.

Planos de la instalación y de tableros con indicación de la superficie de cada ambiente, las canalizaciones con sus medidas, cableados y circuitos a los que pertenecen, ubicación y destino de tableros y su relación con circuitos terminales y bocas, ubicación de la toma de tierra de protección y de los conductores del sistema equipotencial y PE.

Listado de materiales de la instalación indicando las marcas de materiales, Norma de aplicación y forma de acreditación de la conformidad con las Normas.

Elemento conductor ajeno a la instalación eléctrica

No forma parte de la instalación y puede introducir un potencial hacia la instalación.

Un ejemplo detallado más adelante muestra que si se vincula la puesta a tierra de la acometida con la PAT de protección interna de la instalación y ocurre una falla a tierra **no resuelta** en la acometida (situación habitual por no utilizar la ED protecciones de falla a tierra) se originará "el ingreso" de una tensión respecto de tierra peligrosa hacia la instalación interna.

También son conductores extraños las cañerías metálicas de sistemas de calefacción, de agua, de gas, hierros de la estructura, etc.

Electrodo de tierra

Elemento conductor adecuado en contacto íntimo con tierra que asegura una conexión eficiente y durable.

Envolvente

Asegura la protección de contactos directos con partes activas materiales o equipos de la instalación eléctrica. Por ejemplo las envolventes de los tableros.

Fallas a tierra

La estadística las menciona del orden del 90% del total de fallas en una instalación eléctrica. Ante esta realidad surge la necesidad de ofrecer un sistema concreto de seguridad por medio de protecciones que detecten y desconecten en forma eficiente las fallas a tierra y las tensiones peligrosas que se generan en los componentes metálicos de la instalación. En el esquema de conexión tierra TT la falla a tierra origina una corriente de defecto que se cierra por la PAT de protección, la tierra y la PAT de servicio del transformador de distribución.

Fallas de origen eléctrico

Se originan en una instalación cuando dos partes que están a potenciales diferentes entran en contacto entre sí y/o en contacto con la tierra.

Corriente admisible

Valor máximo que puede circular en forma permanente por un conductor bajo condiciones definidas (temperatura, tipo de instalación, etc.) sin originar temperaturas en la aislación superiores a las especificadas según el tipo de conductor aislado o cable.

Instalación segura

La que cumple simultáneamente la RIEI y las Normas de productos.

Interruptor automático

Dispositivo que por Norma de producto es capaz de establecer, soportar e interrumpir corrientes en las condiciones normales del circuito, así como soportar durante un tiempo determinado e interrumpir corrientes en condiciones anormales como las de cortocircuito. Los definidos en el ámbito de aplicación de la RIEI para inmuebles son de accionamiento en todos los polos y de modelo bipolar (2P) para circuitos monofásicos y tetrapolar (4P) para circuitos trifásicos con neutro. Para otros ámbitos, por ejemplo en el industrial destinado a personas que conocen los riesgos de la electricidad, es posible utilizar interruptores automáticos unipolares normalizados, que están restringidos en el ámbito de la RIEI.

Interruptor automático limitador

Por medio de su tecnología (cámara apagachispas) establece un tiempo de corte que logra que la corriente de cortocircuito **no** alcance su máxima amplitud. La aptitud a sobrecargas y/ o cortocircuitos se revisarán más adelante.

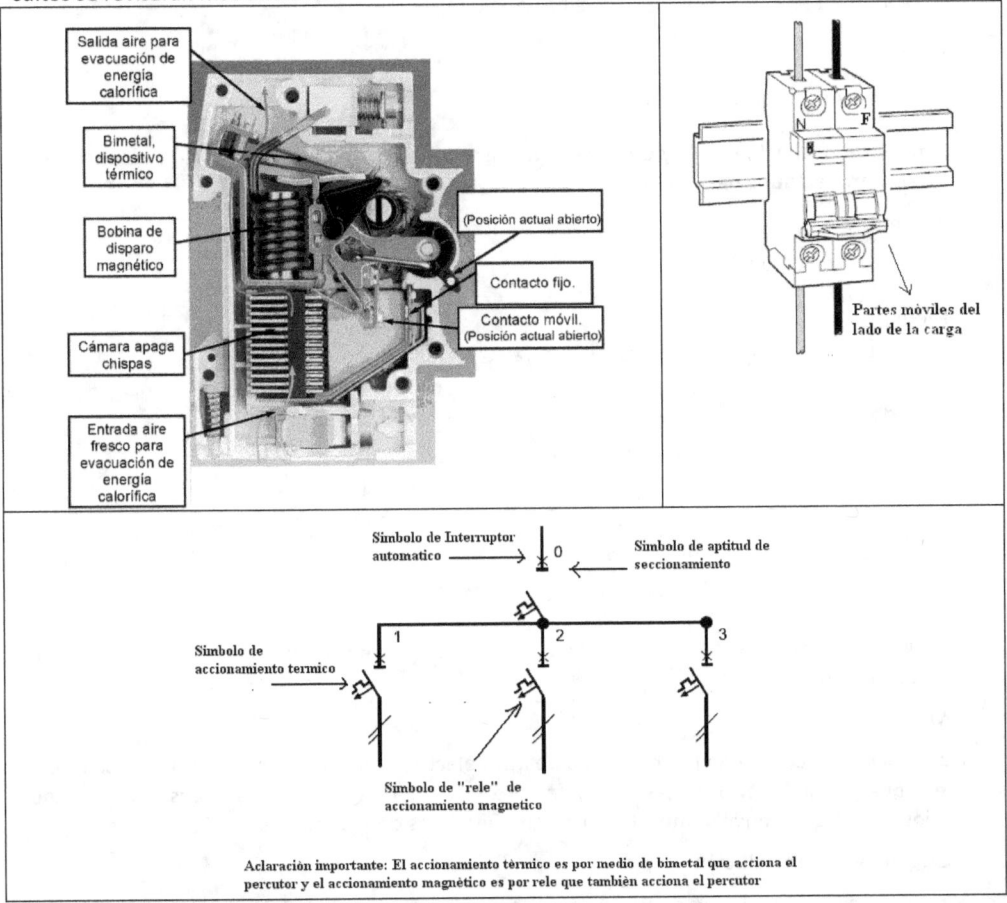

Línea de alimentación

Vincula la red de la ED con los bornes de entrada del medidor de energía.

Línea principal

Vincula los bornes de salida del medidor de energía con los bornes de entrada del tablero principal. El tablero principal (TP) constituye **el origen** o ámbito de aplicación de la RIEI para la instalación de viviendas, oficinas o locales.

Límites de potencia en VA y de superficie, para cada Grado de Electrificación en viviendas

Mínimo:

Hasta 3700 VA, y hasta 60 m^2.

Medio:

Hasta 7000 VA, más de 60 m^2 hasta 130 m^2.

Elevado:

Hasta 11000 VA, más de 130 m^2 hasta 200 m^2.

Superior:

Más de 11000 VA, más de 200 m^2.

Límites de potencia en VA y de superficie, para cada Grado de Electrificación en oficinas y locales proyectados para tal fin

Mínimo:

Hasta 4500 VA, y hasta 30 m^2.

Medio:

Hasta 7800 VA, más de 30 m^2 hasta 75 m^2.

Elevado:

Hasta 12200 VA, más de 75 m^2 hasta 150 m^2.

Superior:

Más de 12200 VA, más de 150 m^2.

Local

Es un recinto en el cual se realiza cualquier actividad humana fuera de las específicas de una vivienda o de una oficina.

Masa

Parte **conductora** accesible de un material o aparato eléctrico que normalmente no está bajo tensión pero que puede estarlo en caso de defecto o falla. Ejemplo: caños metálicos (aun estando embutidos), conductos, envolventes, tableros, empuñaduras de mando, etc.

Origen de una instalación

Toda instalación tiene su origen donde se transfiere la energía desde la ED hacia la instalación del inmueble. Este origen también permite definir los límites de aplicación de la Norma de referencia. Por ejemplo "aguas arriba del borne de entrada del tablero principal (TP)", la instalación debe cumplir las Especificaciones Técnicas de la ED y "aguas abajo", cumplir con la RIEI de instalaciones eléctricas de inmuebles.

Obstáculo

Impide un contacto directo fortuito, pero no un contacto por una acción deliberada. Por ejemplo la acción deliberada de remover la contratapa de un tablero permite acceder a partes activas y un posible contacto directo. También si se remueve la tapa exterior de un interruptor de efecto, se pierde la condición de seguridad establecida por el grado bloqueo IP4X.

Parte Activa

Todo conductor o parte conductora destinada a estar bajo tensión en condiciones normales de servicio, incluyendo el conductor neutro.

Potencia de circuitos para cargas específicas, APM, ATE, MBTS, ACU, etc.

Este tipo de circuitos son para cargas definidas por proyecto. Estos circuitos resultan necesarios para cargas de pequeños motores, alimentación de tensión estabilizada, cargas a tensión estabilizada, cargas únicas, etc. También se debe definir su DPMS, pero no responden al método de valores mínimos, Sus valores en VA son de responsabilidad del proyectista.

Proyecto eléctrico

Debe considerar la protección de las personas, los animales domésticos y de cría y los bienes y el correcto funcionamiento de la instalación para el uso previsto.

Protección parcial al contacto eléctrico

Se utiliza una protección parcial, por ejemplo grado IP0, en recintos industriales **donde sólo tienen acceso las personas autorizadas** y es necesario acceder para una rápida reparación o mantenimiento bajo tensión. El sentido práctico de estas medidas es posibilitar la acción en situaciones de emergencia y con personal capacitado a tal efecto (BA4, BA5).

Punto de utilización

Se entiende por punto a toda caja (no tablero) que por necesidad de conexión de luminarias o tomacorrientes se instala en los recorridos de los circuitos. La RIEI exige cantidades mínimas de acuerdo al tipo de ambiente en viviendas o locales (ver **boca**).

Puesta a tierra de servicio

Establece un potencial de referencia en el conductor neutro. En el esquema de conexión a tierra TT la ED instala una PAT de servicio en centro-estrella de transformador de distribución y a veces en varios lugares del neutro de la red de distribución.

En el esquema de conexión a tierra TT o TN-S es posible que en el neutro circulen corrientes de armónicas o corrientes desequilibradas que originen una tensión de neutro respecto a tierra mayor a la tensión máxima peligrosa que establece la RIEI (24 V). Si la ED realiza una PAT de servicio en las cercanías del inmueble deberá respetar el concepto de diez radios equivalentes de separación (Tabla 771.3.II de la RIEI) para que las masas de la instalación del inmueble conformen una tierra independiente.

Una situación peligrosa es la que se origina cuando se produce una falla en el transformador de distribución que vincula la red de media tensión con la red de baja tensión. Si no existen las separaciones indicadas anteriormente se pueden originar sobretensiones en las puestas a tierra de protección de las instalaciones eléctricas de los inmuebles.

Retornos

Así denominan los electricistas a los tramos de cableado desde cajas en losas a cajas de interruptores de efectos. El color de los cables de retorno no está definido en la RIEI pero no deben ser de los colores asignados a fases, neutro y PE (marrón, negro, rojo, celeste, verde o amarillo).

Selectividad

El funcionamiento coordinado de los dispositivos de protección conectados en serie logra una desconexión escalonada que delimita los efectos de una falla (de modo a desconectar la falla a costa de la menor parte posible para despejarla). La acción selectiva de las protecciones logra que desconecte el aparato de protección preconectado (aguas arriba) más cercano al lugar donde se produjo el cortocircuito.

Suministro monofásico o trifásico

Las ED pueden definir el valor de potencia a partir del cual un suministro debe ser trifásico. El proyectista y cuando la carga total calculada supere los 7 kVA o los 32 A, puede recomendar un suministro trifásico para el inmueble.

El riesgo eléctrico y el inquietante asunto de los calefones eléctricos

Es un equipo que requiere energía (resistencia sumergida en agua) en una zona de ducha o de bañadera. Los conceptos básicos de seguridad eléctrica exige de los equipos una conexión garantizada ya sea con ficha 2P o 2P + T según la cubierta del mismo. Además resulta obvio que necesitamos que se vincule el equipo a la seguridad preventiva y/ o correctiva del interruptor diferencial.

¿Existe algún contacto más peligroso que el de una persona desnuda y descalza bajo un chorro de agua y en contacto con la electricidad? Siendo el agua conductora y estando las resistencias sumergidas el peligro es evidente.

Hay modelos de calefones tipo "tachitos de acumulación" donde **se supone** que se debe colocar un prolongador para la conexión eléctrica, conexión que aparte de ser irracional del punto de vista de la seguridad eléctrica no cumple la de ser IPX5.

Revisemos algunos puntos del asunto:

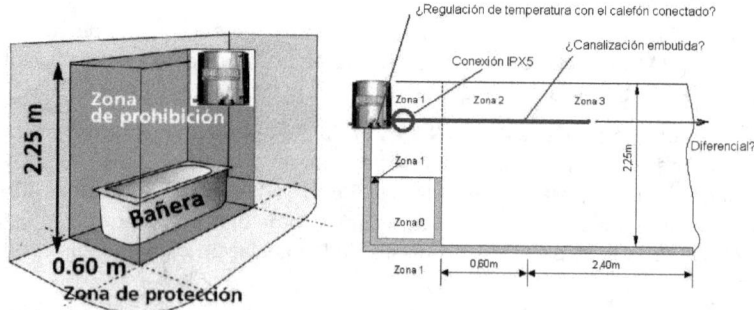

¿Esta embutida la canalización del equipo?

¿La conexión es de grado IPX5?

¿Tiene una regulación de temperatura accesible desde la ubicación de cuerpo mojado?

¿Es apto para la protección diferencial de $I_{\Delta n} \leq 30mA$?

Se dice que el peligro se reduce ya que primero se calienta el agua luego se desconecta el prolongador (vaya a saber en qué zona del baño) y después se toma la ducha pero...

He visto anuncios donde dice "éste calefón es compatible con los **disyuntores (mal llamados por supuesto)**", lo que significa que existen otros que directamente lo harían actuar en condiciones normales de funcionamiento. Por lo tanto "si instala ciertos modelos quite el interruptor diferencial pues de lo contrario salta por cualquier cosa que viene a ser como una invitación a una electrocución segura."

Consultando la versión de la AEA 701 de baños editada en el 2006 se observa lo siguiente:

El calefón se puede utilizar en la zona 1 si cumple con las Normas específicas y que estos equipos deben poseer el grado IPX5 (donde el 5 se refiere a un ensayo de chorro de agua en todas direcciones para su aptitud en la zona donde se supone se utiliza).

El ensayo del chorro de agua y el grado IPX5 no figura en ninguno de los modelos que he tratado de conocer.

Revisemos algunos consejos básicos
Nunca utilice artefactos eléctricos en lugares húmedos.
Nunca conecte un aparato eléctrico cuando está tomando un baño.
No toque partes metálicas de aparatos eléctricos con las manos mojadas o descalzo.
Si utiliza una la ducha eléctrica, no toque la llave que regula la temperatura si usted está mojado. Si necesita hacerlo, apáguela primero.

Existen modelos con una especie de llave de comando de temperatura que de alguna manera establece resistencias diferentes para lograr mayor o menor temperatura del agua donde están sumergidas las resistencias. Pero esa llave de operación ¿dónde está respecto a la zona 1 de un baño donde no se pueden ubicar comandos de artefactos eléctricos?

La AEA indica en un esquema una ducha prefabricada con una puerta corrediza que se integra a la zona 0 y la convierte en zona 1. Es decir que establece tácitamente que en la zona 1 no se pueden colocar un accionamiento del calefón. Pero la RIEI da a entender que si la distancia se cumple se puede ubicar un accionamiento en zona 2. Pero según he observado en ningún momento se ofrecen los calefones indicando la distancia de su conexión.

Finalmente me queda claro que no se debe instalar ningún aparato eléctrico en la zona de la ducha y mucho menos si su modo de funcionamiento es durante la misma.

En definitiva los ingenieros estudiamos las cosas pero no somos magos. La RIEI establece la zona de exclusión de los calefones y deriva el asunto al IRAM, los comerciantes le derivan el asunto al instalador y Lealtad Comercial no hace aplicar la Res 92/98 para un artefacto que se utiliza en zonas donde el cuerpo humano está más expuesto a las electrocuciones.

Pero yo me remito al Código Civil que establece la responsabilidad de los actos, pues en algún lado me debo parar como ciudadano y profesional para colaborar en ventilar estos asuntos y mejorar la sociedad que me dio la posibilidad de mi formación.

Selectividad parcial

En caso de sobrecorrientes, el dispositivo de protección aguas abajo asegura la protección hasta un nivel dado de sobrecorrientes sin provocar el funcionamiento del otro dispositivo de protección situado "aguas arriba".

Selectividad total reforzada por filiación

Existen sistemas de coordinación normalizados que se logran por medio de dos dispositivos de protección de sobrecorriente con mecanismos garantizados por los fabricantes. En estos casos, el dispositivo de protección que está situado en el lado de la fuente efectúa una operación que garantiza la selectividad total más un refuerzo de la capacidad de cortocircuito del dispositivo ubicado "aguas abajo". Esta última operación se denomina también filiación o protección por acompañamiento mientras que las dos funciones simultáneas se denominan "selectividad total reforzada por filiación".

Sobrecorriente

Toda corriente superior a la corriente asignada de un conductor o cable debe ser detectada y si es necesario desconectada. Por ejemplo, una sobrecarga puede superar la corriente admisible y debe ser desconectada por protecciones aptas para esa necesidad. Una sobrecorriente puede producir efectos térmicos (dependiendo de la magnitud y duración) y deteriorar la aislación de los materiales o la aislación de los conductores aislados o cables. Si se seleccionan las protecciones adecuadas de sobrecarga se evitan sus efectos térmicos (sobrecalentamiento de aislaciones).

Sobrecorriente y sus efectos

Corrientes eléctricas no previstas en el dimensionamiento de la instalación. Se pueden originar por cargas simultáneas mayores a las previstas o por cargas que excedan la capacidad de un circuito.

Visto desde el lado de un conductor, un valor de corriente que exceda su corriente admisible representa una sobrecorriente. Visto desde el lado de la protección del conductor; la sobrecorriente que debe "dejar pasar" y la que "debe cortar" están definidas por la RIEI, que mediante fórmulas indica la sobrecorriente que debe admitir y la que debe despejar por medio de la protección asociada.

El límite entre la sobrecorriente y el cortocircuito lo determina el tipo de consumidor eléctrico y no un valor absoluto múltiplo de la corriente nominal del circuito. Por ejemplo, el arranque de un motor o la corriente de energización de un transformador deben ser toleradas por las protecciones asociadas.

Sobrecorriente desde las protecciones

Como las sobrecorrientes no son valores definidos, se puede considerar como sobrecorriente a la corriente que hace funcionar un interruptor automático en su ajuste térmico. Por ejemplo, una protección modelo C20A (ver más adelante modelos de protecciones) admite sobrecorrientes dentro del orden de 5 a 10 veces su corriente asignada, en este ejemplo entre 100 A y 200 A.

Superficie semicubierta

Es aquella que está protegida de la lluvia por medio de aleros o techos y sin paredes o cerramientos (galerías, porches, etc.). Para estos espacios y si la instalación se entrega sin artefactos, el instalador deberá dejar constancia en la memoria técnica y con la referencia numérica de ubicación que a esas bocas sólo se deben conectar artefactos de grado mínimo IP44.

La superficie semicubierta interviene en un 50% en el cálculo del Grado de Electrificación de un inmueble (771.8.1.5.a) de la RIEI).

Tierra lejana

El proyecto debe cumplir la condición de situar la toma de tierra de protección de la instalación a una distancia (medida en cualquier dirección) de un orden diez veces superior a la jabalina de mayor longitud.

Temperatura ambiente

Temperatura del aire o medio donde el material será empleado. Incluye la influencia de todos los otros equipos y fuentes de calor que funcionan en el mismo lugar, sin tener en cuenta la contribución térmica del equipo considerado. Por ejemplo, en la **selección** de un conductor se debe definir la temperatura del ambiente y esa temperatura a veces es impuesta con un valor mínimo (Ejemplo: 40° C en área de concesión del ENRE, o lo que indique la **autoridad de aplicación).**

Tensión Nominal

Para una instalación monofásica (fase- neutro) es 220 V, para una trifásica (tres fases) es 380 V y para una que requiera tensiones monofásicas y trifásicas, en parte será de 380 V y en parte de 220 V. Como proviene de una red de distribución de energía, está sujeta a cargas variables y longitudes diversas, por lo que no se puede asegurar que en el punto de origen las tensiones tengan valores absolutos de 220 V o 380 V. Por ello pueden diferir de la nominal dentro de límites de tolerancia indicados en la Norma de referencia (por ejemplo lo que establece el ENRE o la Autoridad de Aplicación que indica los límites de tolerancia de los valores ideales de 220 V o 380 V).

Tensión de contacto

Por convención, este término es usado solamente respecto a los contactos indirectos. Por ejemplo, el hecho de tocar con una mano una masa metálica que adquiere tensión por una pérdida de aislación originada desde los circuitos activos de un motor, estando otra parte del cuerpo en contacto con la tierra.

Tierra

Masa de la tierra cuyo potencial eléctrico se toma por convención igual a cero.

Toilette

Cuarto de baño sin bañadera. En estos ambientes el tomacorriente podrá cargarse al circuito IUG (771.8.5.n) de la RIEI).

Toma de tierra eléctricamente independiente

Están suficientemente alejadas de modo que la corriente dispersada por una de ellas no modifique sensiblemente el potencial de las otras.

Tomacorriente (con ideograma) vinculado a circuito de iluminación

La RIEI indica que cuando un tomacorriente está en la misma caja que un interruptor de efecto, al tomacorriente se lo debe vincular al circuito de iluminación y **debe poseer una indicación de su situación** mediante un ideograma Nº 5012- IEC 60417. Esta señalización permite, por ejemplo, evitar que un operador que corte el circuito TUG entienda que puede operar en los contactos terminales de **ese** tomacorriente vinculado al IUG.

Tomacorriente (color rojo) vinculado a circuitos de energía ininterrumpible (UPS)

La RIEI exige que el tomacorriente para este tipo de circuitos sea de **frente rojo**, de modo que sea visible que en ese tomacorriente no se deben conectar cargas no necesarias en este tipo de circuitos.

2.2. Determinación del Grado de Electrificación y la carga total en viviendas, oficinas y locales.

Todo proyecto eléctrico, por más elemental que sea, debe establecer un método para conocer las cargas y corrientes resultantes.

Como los "**datos de carga**" son el inicio para la selección de los componentes de la instalación, en este Módulo revisaremos los criterios establecidos asegurando su comprensión mediante ejemplos de aplicación.

Para la determinación de la corriente debemos conocer la potencia **aparente en VA** de los variados aparatos y consumos que se utilizan en este tipo de instalaciones. En algunos casos son cargas aleatorias (tomacorrientes, iluminación) y en otros casos, cargas fijas (electrodomésticos, pequeños motores, sistema UPS, etc.).

¿Por qué debemos establecer un procedimiento normalizado de determinación de la carga?

¿Qué pasaría si nuestra estimación de la carga fuera incorrecta, ya sea sobredimensionando la instalación para una carga mayor a la máxima, o lo que es peor si fuera apta para un carga menor a la que se originará cuando la utilicen los futuros usuarios?

En el primer caso habremos hecho mal nuestro trabajo invirtiendo en mayores secciones de conductores, cañerías, etc., y en el segundo podemos haber inducido a un futuro daño por sobrecarga en los conductores o, en el mejor de los casos, diseñar una instalación que no permita al usuario un uso seguro ante su necesidad de consumo. Esto ocurre en algunas instalaciones que por situaciones circunstanciales y de crecimiento del poder adquisitivo de los usuarios son imposibles de utilizar a pleno porque **"desconectan las protecciones"** por sobrecarga. En estos casos, son necesarias modificaciones a veces complicadas y costosas en obras ya terminadas y habilitadas.

Es por eso que se debe establecer un método normalizado para **estimar** las cargas de los circuitos y las cargas totales en la etapa de proyecto cuando aún no conocemos con exactitud las cargas que conectarán en la instalación los futuros usuarios. La RIEI establece un método para estimar la carga de los diversos circuitos para usos generales y específicos.

Demanda de potencia máxima simultánea (DPMS) para la determinación del Grado de Electrificación

Se calcula sumando la potencia máxima simultánea de los circuitos para usos generales y especiales con los valores establecidos de DPMS de Tabla 771.9.I. Los circuitos se pueden afectar por el coeficiente de simultaneidad de Tabla 771.9.II para los circuitos que intervienen en el cálculo del Grado de Electrificación.

Si los consumos de los circuitos fueran conocidos y superasen los valores mínimos de potencia máxima simultánea se deberá proyectar en función de los mayores valores.

En resumen, el proyecto debe considerar:

El "cálculo de la DPMS correspondiente al Grado de Electrificación" y agregar la "DPMS de los circuitos específicos" para la "determinación de la carga total".

Con la carga total y la corriente de proyecto, el proyectista seleccionará el interruptor automático ubicado en TP y los componentes de la instalación para cumplir los requerimientos de la RIEI.

La forma de calcular el valor de **"carga total"** de viviendas, locales o edificios y oficinas se revisará, mediante ejemplos, más adelante.

2.3. Procedimiento para el Grado de Electrificación

Para cumplimentar el procedimiento es necesario contar con los planos de planta para predeterminar el Grado de Electrificación y con los detalles de la utilización de los espacios en viviendas, locales u oficinas, etc., establecer los puntos mínimos de utilización.

El proyectista debe realizar la secuencia que sigue:

GRADO DE ELECTRIFICACIÓN

1) Predeterminar el Grado de Electrificación *desde la superficie y tipo de inmueble.*

2) *Con los* **planos de planta, la utilización de los espacios y el tipo** *de inmueble (vivienda, oficina, local, etc.)* **establecer:**

2.1) Puntos mínimos de utilización: los **mínimos** o los **necesarios** *para iluminación y tomacorrientes para usos generales y especiales, en viviendas y oficinas proyectadas como viviendas, u oficinas y locales proyectados para ese fin, o locales comerciales destinados a depósitos.*

2.2) Número y tipo de circuitos mínimos: resultantes *de las* **cantidades de puntos de utilización** *para usos generales, especiales, etc. y del* **Grado de Electrificación preestablecido para** *viviendas y oficinas proyectadas como viviendas, o bien para oficinas y locales proyectados para tal fin.*

3) Con los resultados anteriores *realizar, si es necesario, el recalculo del Grado de Electrificación con los nuevos valores y rediseñar las nuevas cantidades y tipología de los circuitos establecidos para cada Grado de Electrificación.*

CARGA TOTAL:

Resultante del **Grado de Electrificación** *más la demanda de los eventuales circuitos para usos específicos.*

SELECCIÓN DE COMPONENTES:

Con la **CARGA TOTAL** *se determina* **Imo (*)** *denominada corriente asignada de la protección ubicada en la cabecera del TP.*

Con la **CORRIENTE MÁXIMA PERMANENTE DE CADA CIRCUITO (Imci)** *se selecciona el material de menor corriente admisible (conductores de circuitos).*

(*) *El valor* **I**mo es igual al valor I$_B$ definido en Tabla 771-H de la RIEI.

2.4. Ejemplo de aplicación de cantidades mínimas de puntos de utilización para cada Grado de Electrificación.

RESUMEN DE PUNTOS MÍNIMOS DE UTILIZACIÓN PARA VIVIENDAS				
Ambiente	**GE**	**Puntos mínimos de utilización**		
		IUG	**TUG**	**TUE (3)**
Sala de estar, comedor, etc.	Mínimo	1 BI c/18 m² o fracción (mínimo 1BI)	1 BT c/6 m² o fracción (mínimo 2)	
	Medio			
	Elevado			1 BTE para sup. > 36 m²
	Superior			
Dormitorio hasta 10 m²	Mínimo	1 BI	2 BT (aunque lo habitual es proyectar con 3 BT)	
	Medio			
	Elevado			
	Superior			
Cocina	Mínimo	1 BI	3 BT más 2 tomacorrientes (1)	
	Medio	2 BI	3 BT más dos tomacorrientes (1)	
	Elevado		3 BT más tres tomacorrientes (2)	1 BTE
	Superior		3 BT más tres tomacorrientes (2)	
Baño (en ambiente de toilette ver 771.8.5.n)	Mínimo	1 BI	1 BT	
	Medio			
	Elevado			
	Superior			
Vestíbulo, garaje, etc.	Mínimo	1 BI	1 BT	
	Medio		1 BT c/12 m² o fracción, mínimo 1BI	
	Elevado			
	Superior			
Pasillo, balcones, etc.	Mínimo	1BI cada 5 m de longitud	1BT para longitud > 2 m y cada 5 m 1BT	
	Medio			
	Elevado			
	Superior			
Lavadero	Mínimo	1 BI	1 BT	
	Medio			
	Elevado		2 BT	1 BTE
	Superior			

(1) En una caja o en cajas diferentes de 50 mm x 100 mm.

(2) En cajas de 50 mm x 100 mm para uno o dos tomacorrientes, o en cajas de 100 mm x 100mm hasta cuatro tomacorrientes.

(3) Además de estos criterios cuando se instalen equipos de AA en ambientes donde se indique ese confort, se diseñara un circuito TUE para el máximo de BTE y máximo de carga que establece la Norma AEA para los circuitos TUE

RESUMEN DE PUNTOS MÍNIMOS DE UTILIZACIÓN PARA OFICINAS Y LOCALES				
Ambiente	GE	Puntos mínimos de utilización		
		IUG	TUG	TUE
Salones generales	Mínimo	1 BI c/9 m^2 o fracción (mínimo 1BI)	1 BT c/9 m^2 o fracción (mínimo 2BI)	1 BTE cada 18 m de perímetro o fracción
	Medio			
	Elevado			
	Superior			
Sala de reuniones, etc.	Mínimo			
	Medio			
	Elevado			1BTE
	Superior			
Despachos privados	Mínimo	1 BI	2 BT	
	Medio			
	Elevado			
	Superior			
Cocina	Mínimo	1 BI		
	Medio		1 BT	
	Elevado	2BI	3 BT más un tomacorriente por c/ electrodoméstico de ubicación fija	1 BTE que puede estar destinada a un electrodoméstico de ubicación fija
	Superior			
Baño (en ambiente de toilette ver 771.8.5.n)	Mínimo	1 BI	1 BT	
	Medio			
	Elevado	1BI c/18 m^2 de sup. o fracción	2 BT	
	Superior			
Vestíbulo y recepción.	Mínimo	1 BI c/9 m^2 o fracción (mínimo 1BI)	1 BT c/18 m^2 o fracción (mínimo 1BT	1 BTE
	Medio			
	Elevado			
	Superior			
Pasillo	Mínimo	1 BI c/5 m de long. o fracción (mínimo 1BI)	1 BT c/5 m de long. o fracción para pasillos de long > 2 m	
	Medio			
	Elevado			
	Superior			

2.5. Tipo y cantidades de circuitos para cada Grado de Electrificación.

Una vez que el proyectista ha establecido los puntos mínimos de utilización debe definir los circuitos exigidos por la RIEI.

Circuitos para usos generales

Alimentan bocas para iluminación y para tomacorrientes en el interior de las superficies cubiertas y en el exterior en espacios semicubiertos.

Circuitos de iluminación para usos generales (IUG)

Alimentan artefactos de iluminación, de ventilación o combinaciones entre ellos con corriente permanente no mayor a 6 A. Se ejecutan **por medio de conexiones fijas o tomacorrientes** tipo 2P+T de 10 A (Norma IRAM 2071 o de 16 A Norma IRAM - Norma IEC 60309).

Circuitos de tomacorrientes para usos generales (TUG)

Alimentan bocas para cargas no mayores a 10 A. Se ejecutan **por medio de tomacorrientes** tipo 2P+ T de 10 A (Norma IRAM 2071 o de 16 A según Norma IRAM - Norma IEC 60309).

Circuitos para usos especiales

Alimentan bocas para cargas mayores que las máximas establecidas para los IUG o TUG o para conectar bocas a la intemperie.

Circuitos de iluminación para uso especial (IUE)

Alimentan exclusivamente artefactos de iluminación, por medio de conexiones fijas o tomacorrientes de 10 A o 20 A o de 16 A (IRAM-IEC 60309). Son aptos para la iluminación de parques y jardines o para instalación en espacios semicubiertos.

Para instalaciones a la intemperie no expuestas a chorros de agua, los tomacorrientes e interruptores de efectos serán de grado mínimo IP54 y en áreas semicubiertas no expuestas a chorro de agua serán de grado mínimo IP44.

Si deben ser aptas al chorro de agua serán de grado mínimo IP55.

Circuitos de tomacorrientes para uso especial (TUE)

Alimentan bocas para cargas unitarias de hasta 20 A. Se ejecutan por medio de tomacorrientes tipo 2P+ T de 20 A (Norma IRAM 2071) o de 16 A, (Norma IRAM - Norma IEC 60309). En cada boca de salida se podrá instalar un tomacorriente adicional de 10 A tipo 2P+ T (Norma IRAM 2071). Para instalaciones a la intemperie con los mismos condicionamientos indicados en circuitos IUE.

Circuitos para usos específicos

Alimentan cargas no comprendidas en las definiciones anteriores como las de fuentes de muy baja tensión para comunicaciones internas, para unidades evaporadoras de climatización central, para bombas elevadoras de agua, para tensión estabilizada, etc. Se ejecutan por medio de conexiones fijas o por tomacorrientes previstos para esa única función.

Circuitos con tensión máxima de 24 V (MBTS)

Por concepción de seguridad no tienen PAT de protección y son alimentados por medio de un circuito para carga única (ACU). Alimentan cargas cuya tensión de funcionamiento **no** es la de la red de la alimentación por medio de conexiones fijas o fichas y tomacorrientes conforme a Norma IRAM - Norma IEC 60309. No tienen limitaciones del tipo: número de bocas, potencia de salida de cada una, tipo de alimentación, ubicación, conexionado o dispositivos a la salida, ni de potencia total del circuito.

La tensión de Seguridad de 24 V se utiliza para ambientes secos, húmedos o mojados. En el caso de cuerpos sumergidos por ejemplo en piletas de natación o fuentes ornamentales con iluminación debajo del nivel del agua se deberá utilizar fuentes de MBTS de máximo 12 V.

El transformador debe cumplir los requisitos técnicos establecidos por el RIEI y disponer de una pantalla se separación entre bobinados que se debe poner a la PATP.

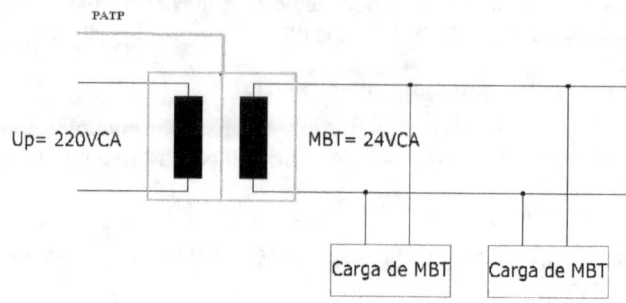

Circuitos de alimentación de tensión estabilizada (ATE)

Alimentan equipos o redes que requieran tensión estabilizada o sistemas de UPS. En las bocas pueden conectarse cargas monofásicas por medio de conexiones fijas o por tomacorrientes tipo 2P+ T de 10 A o de 20 A (Norma IRAM 2071), o de 16 A, (Norma IRAM -Norma IEC 60309), sin limitación de potencia de salida de cada una, tipo de alimentación, ubicación, conexionado o dispositivos a la salida, ni de potencia total del circuito. La alimentación a la fuente de tensión estabilizada o UPS se realizará por medio de un circuito de alimentación de carga única ACU. Los tomacorrientes tendrán una identificación por color o por medio de logotipo de acuerdo a su Norma de producto (771.7.6.c1) de la RIEI).

Circuitos de alimentación monofásica de pequeños motores (APM)

Alimentan bocas de cargas destinadas a ventilación, convección forzada, accionamientos para puertas, portones, cortinas, heladeras comerciales, góndolas refrigeradas, lavarropas comerciales, fotocopiadoras, etc., por medio de conexiones fijas o de tomacorrientes tipo 2P+ T de 10 A, conforme a Norma IRAM 2071, o de 16 A, conforme a Norma IRAM-Norma IEC 60309.

Circuitos de alimentación monofásica o trifásica de carga única (ACU)

Alimenta una carga unitaria a partir de cualquier tipo de tablero, sin derivación alguna de la línea. No tiene limitaciones de potencia de carga, tipo de alimentación, ubicación, conexionado o dispositivos a la salida.

Circuitos de alimentación monofásica de fuentes para consumos con muy baja tensión funcional (MBTF)

Alimentan consumos como los de portero eléctrico, centrales telefónicas, sistemas de seguridad, sistemas de televisión, etc. Las conexiones podrán ser efectuadas por medio de tomacorrientes tipo 2P+ T de 10 A, conformes a Norma IRAM 2071, o de 16 A, conforme a Norma IRAM- Norma IEC 60309 o por medio de conexiones fijas. Requieren de PAT de protección.

Circuitos de iluminación trifásica específica (ITE)

Alimentan sistemas de iluminación de oficinas y locales con presencia permanente de personal de mantenimiento (BA4, BA5). Conectan solo artefactos de iluminación por medio de conexiones fijas y tomacorrientes tipo 2P+ T de 10 A o 20A (IRAM 2071), o de 16 A (IRAM- Norma IEC 60309).

Cuando se emplean para iluminación exterior deben tener protecciones exclusivas siendo el dimensionamiento responsabilidad del proyectista (ver 771.7.6.IV.de la RIEI).

Circuitos específicos monofásicos o trifásicos (OCE)

Alimentan cargas no comprendidas en las descripciones anteriores. No tiene limitaciones de número de bocas, potencia de salida de cada una, tipo de alimentación, ubicación, conexionado o dispositivos a la salida, ni de potencia total del circuito.

RESUMEN DE TIPOS DE CIRCUITOS, MÁXIMA CANTIDAD DE BOCAS Y MÁXIMO CALIBRE DE LA PROTECCIÓN

Tipo de circuitos	Designación	Sigla	Máxima cantidad de bocas	Máximo calibre de la protección
Uso General	Iluminación uso general	IUG	15	16 A
	Tomacorrientes uso general	TUG	15	20 A
Uso Especial	Iluminación uso especial	IUE	12	32 A
	Tomacorrientes uso especial	TUE	15 o 12 (#)	32 A
Uso Especifico	Alimentación a fuentes de muy baja tensión funcional	MBTF	15	20 A
	Salidas de fuentes de muy baja tensión funcional	-	Sin límite	Responsabilidad del proyectista
	Alimentación pequeños Motores	APM	15	25 A
	Alimentación tensión Estabilizada	ATE	15	Responsabilidad del proyectista
	Circuito de muy baja tensión sin PAT de protección	MBTS	Sin límite	Responsabilidad del proyectista
	Alimentación carga única	ACU	No corresponde	Responsabilidad del proyectista
	Iluminación trifásica especifica	ITE	12 por fase	Responsabilidad del proyectista
	Otros circuitos específicos	OCE	Sin límite	Responsabilidad del proyectista

(#)AEA 90364-7-770 Edición 2017

Una vez que el proyectista ha establecido los tipos de circuitos, debe definir las cantidades mínimas de circuitos para cada Grado de Electrificación.

Electrificación	Cantidad mínima de circuitos	Tipo de circuitos AEA 90364-7-770 Edición 2017			
		Variante	Iluminación uso general (IUG)	Tomacorriente uso general (TUG)	Circuito de libre elección
Mínimo	2	Única	1	1	
Media	3	a)	1	2	
		b)	2	1	
Elevado	5	a)	2	3	
Elevado	5	b)	3	2	
Superior[1]	6	a)	2	3	1
Superior[2]	6	b)	3	2	1

Los valores indicados en la tabla precedente se deben considerar como mínimos, debido a la situación de incertidumbre en las cargas a conectar. Si los consumos fueran conocidos, y mayores a estos mínimos, la demanda de potencia máxima simultánea se debe calcular en función de los mayores valores.

En cuanto a cantidades de circuitos, las exigencias son las mismas para viviendas, locales u oficinas. En Grado de Electrificación medio, elevado y superior existe la posibilidad de proyectar en dos variantes de tipología de circuitos denominadas a) y b).

RECALCULO DEL GRADO DE ELECTRIFICACIÓN CONSIDERANDO LA CANTIDAD Y TIPO DE CIRCUITOS

Cuando el proyectista ha definido el número y tipo de circuitos mínimos para cada tipo de inmueble (vivienda, oficina o local comercial) debe calcular el Grado de Electrificación definitivo asignándole a los circuitos la carga en VA de la Tabla que sigue

CIRCUITO	VALOR MÍNIMO DE LA POTENCIA MÁXIMA SIMULTÁNEA	
	Viviendas (AEA 90364-7-770 Edición 2017):	Oficinas y locales
Iluminación para uso general sin tomacorrientes derivados	2/ 3 de lo que resulte al considerar todos los puntos de utilización previstos a razón de 60 VA cada uno es decir 40 VA por boca de iluminación	100 % de lo que resulte al considerar todos los puntos de utilización previstos a razón de 150 VA cada uno
Iluminación para uso general con tomacorrientes derivados	2200 VA por cada circuito	
Tomacorrientes para uso general	2200 VA por cada circuito	
Iluminación para uso especial	66% de lo que resulte al considerar todos los puntos de utilización previstos a razón de 500 VA cada uno	100% de lo que resulte al considerar todos los puntos de utilización previstos a razón de 500 VA cada uno
Tomacorrientes para uso especial	3300 VA por cada circuito	

---

1. El Proyectista deberá adicionar un circuito de libre elección para completar el número mínimo requerido de circuitos para el Grado de Electrificación Superior.
2. El Proyectista deberá adicionar un circuito de libre elección para completar el número mínimo requerido de circuitos para el Grado de Electrificación Superior.

Al resultado obtenido se puede aplicar un coeficiente de simultaneidad, según la cantidad mínima de circuitos que posea el inmueble, tomado de la siguiente   Tabla 770.8.11 para viviendas o según la AEA de referencia 90364-7-770 Edición 2017 #:

CANTIDAD MINIMA DE CIRCUITOS	COEFICIENTE DE SIMULTANEIDAD
2	1
3	0,9
5	0,7 o 0,8 (AEA 90364 Ed 2017)
6	0,6 o 0,7 (AEA 90364 Ed 2017)

2.6. Ejemplos de aplicación del método del Grado de Electrificación.

EJEMPLOS DE GRADO DE ELECTRIFICACION EN VIVIENDA HASTA 60 m2

Ejemplo sin tomacorrientes conectados a circuitos IUG.
(V1) Variante en Grado de Electrificación Mínimo (AEA 90364 7 770 ed 2017).
Se indica la boca de iluminación o tomacorriente, y sumadas las adicionales

Cant	AMBIENTE	S (m2)	MINIMO (V 1)	
			IUG	TUG
1	Sala y Comedor	18	1	3
1	Dormitorio	12,25	1	3
1	Cocina	12	1	3 + 1(*)
1	Baño	7,5	1	1
1	Vestíbulo	7	1	1
1	Pasillo (2 x 1,5) ml	3	1	1
	Totales	**59,7**	6 Bocas	13 Bocas
			240 VA	2200 VA
	DPMS.		2440 VA < 3700VA	

(*) Para ubicar dos tomacorrientes adicionales para electrodomesticos de ubicación fija

MARGEN DISPONIBLE hasta 3700 VA.		
Margen en VA	360 VA	1260
N° de bocas para IUG	360/40=9	
N° de bocas para TUG	15 - 13 =2	

EJEMPLOS DE GRADO DE ELECTRIFICACIÓN EN VIVIENDA HASTA 60 m2

Ejemplo con un tomacorriente en baño y uno en Sala conectados a IUG.
Imposible en GE Mínimo, pues se supera el valor de 3700 VA.
(V3) Variante agregando un segundo TUG (Medio)(AEA 90364 7 770 ed 2017).

Cant	AMBIENTE	S (m2)	MINIMO		MEDIO (V3)		
			IUG	TUG	IUG	TUG1	TUG2
1	Sala y Comedor	18	1+1	2	1+1	2	
1	Dormitorio	12,25	1	3	1	3	
1	Cocina	12	1	3	1		3
1	Baño	7,5	1+1		1+1		
1	Vestíbulo	7	1	1	1	1	
1	Pasillo (ml)	3	1	1	1	1	
	Totales	59,7	8 Bocas	10 Bocas	8 Bocas	7 Bocas	3 Bocas
			2200 VA	2200 VA	2200 VA	2200 VA	2200 VA
	DPMS.		4400 VA >3700VA		6600 VA < 7000 VA		
			IMPOSIBLE GE MINIMO				

MARGEN DISPONIBLE			hasta 7000 VA.
Margen en VA			400 VA
N° de bocas para IUG			7
N° de bocas para TUG1			8
N° de bocas para TUG2			12

EJEMPLOS DE GRADO DE ELECTRIFICACIÓN EN VIVIENDA HASTA 130 m2

Ejemplo sin tomacorrientes conectados a circuitos IUG
(V4) Variante en Grado de Electrificación Medio (AEA 90364 7 770 ed 2017).
(V5) Variante en Grado de Electrificación Elevado (AEA 90364 7 770 ed 2017).

Cant	AMBIENTE	S (m2)	MEDIO (V 4)			ELEVADO (V 5)				
			IUG	TUG1	TUG2	IUG1	IUG2	TUG1	TUG2	TUE
1	Sala y Com	40	3		7	3			7	1
3	Dormitorios	30	3	9		3		9		3
1	Cocina	20	2		5		2		5	1
2	Baño	15	2	2			2	2		
1	Lavadero	10	1	1	2	1	1	2		
1	Vestíbulo	10	1	1		1	1			
1	Pasillo (ml)	5	1	1		1	1			
	Totales	130	13 Bocas	14 Bocas	14 Bocas	6 Bocas	7 Bocas	14 Bocas	14 Bocas	5 Bocas
			520 VA	2200 VA	2200 VA	240 VA	280 VA	2200 VA	2200 VA	3300 VA
	DPMS.		4920 VA < 7000VA			8220 VA < 11000 VA				

MARGEN DISPONIBLE	hasta 7000 VA.	hasta 11000 VA.
Margen en VA	2080 VA	2780 VA
N° de bocas para IUG	15-13 = 2	9 + 8 = 17 bocas
N° de bocas para TUG	1 + 1 = 2	1 + 1 = 2
N° de bocas para TUE		12 - 5 =7

EJEMPLOS DE GRADO DE ELECTRIFICACIÓN EN VIVIENDA HASTA 130 m2

Ejemplo con tomacorrientes conectados a circuitos IUG.
(V6) Variante en Grado de Electrificación Medio (AEA 90364 7 770 ed 2017).

Cant	AMBIENTE	S (m2)	MEDIO (V 6)		
			IUG	TUG1	TUG2
1	Sala y Comedor	40	3		7
3	Dormitorios	30	3	9	
1	Cocina	20	2		5
2	Baño	15	2 + 2		
1	Lavadero	10	1	1	2
1	Vestíbulo	10	1	1	
1	Pasillo (ml)	5	1	1	
Totales		130	15 Bocas	12 Bocas	14 Bocas
			2200 VA	2200 VA	2200 VA
DPMS.			6600 VA < 7000VA		

MARGEN DISPONIBLE	hasta 7000 VA.	
Margen en VA	400 VA	
N° de bocas para IUG		
N° de bocas para TUG	3 + 1 = 4	

EJEMPLOS DE GRADO DE ELECTRIFICACIÓN VIVIENDA DE 130 m2 HASTA 200 m2

Ejemplo sin tomacorrientes conectados a circuitos IUG.
(V7) Variante en Grado de electrificación Elevado (AEA 90364 7 770 ed 2017).

Cant	AMBIENTE	S (m2)	ELEVADO (V 7)				
			IUG1	IUG2	TUG1	TUG2	TUE
1	Sala y Comedor	36	3		6		1
3	Dormitorios	30		3	6	3	3
1	Cocina	25		4		6	1
2	Baño	25	3		3		
1	Vestíbulo	10	1	2		1	
1	Lavadero	10		2		2	2
1	Pasillo	10	2			1	
1	Cochera	20	2			2	
Totales		166	11 Bocas	11 Bocas	15 Bocas	15 Bocas	7 Bocas
			440 VA	440 VA	2200 VA	2200 VA	3300 VA
DPMS.			8580 VA < 11000VA				

MARGEN DISPONIBLE	hasta 11000 VA.
Margen en VA	2420 VA
N° de bocas para IUG	4 + 4 = 8
N° de bocas para TUG	0
N° de bocas para TUE	12-7 = 5

EJEMPLOS DE GRADO DE ELECTRIFICACIÓN EN VIVIENDA MAS DE 200 m2

Ejemplo sin tomacorrientes conectados a circuitos IUG.
(V8) Variante en Grado de Electrificación Superior (AEA 90364 7 770 ed 2017).

Cant	AMBIENTE	S (m2)	SUPERIOR (V 8)							
			IUG1	IUG2	TUG1	TUG2	TUG3	TUE1	TUE2	IUE1
1	Sala y Comr	60	4		10			1		
4	Dormitorios	40		4			12		4	
1	Cocina	25		4		6		2		
3	Baño	25	3			3				
1	Vestíbulo	15	1	3		2				
1	Lavadero	15		2		2		2		
1	Pasillo (ml)	10		2	2					
1	Cochera	24	3		2					
1	Parque									4 (*)
Totales		214	11 Bocas	15 Bocas	14 Bocas	13 Bocas	12 Bocas	5 Bocas	4 Bocas	4 Bocas
			440 VA	600 VA	2200 VA	2200 VA	2200VA	3300 VA	3300 VA	1320 VA
DPMS.			15520 VA							

Por proyecto (*) 4 x 330VA = 1320VA

MARGEN DISPONIBLE	SUPERIOR
Margen en VA	SIN LIMITE
N° de bocas para IUG	4
N° de bocas para TUG	1 +2 + 3 = 6
N° de bocas para IUE1	8
N° de bocas para TUE	7 + 8(**) = 15

(**) Hay que considerar la condicion límite de la protección (32A)

EJEMPLOS DE GRADO DE ELECTRIFICACIÓN EN VIVIENDA MAS DE 200 m2

Ejemplo con tomacorrientes conectados a circuitos IUG1.
(V9) Variante en Grado de Electrificación Superior (AEA 90364 7 770 ed 2017).

Cant	AMBIENTE	S (m2)	SUPERIOR (V 9)							
			IUG1	IUG2	TUG1	TUG2	TUG3	TUE1	TUE2	IUE1
1	Sala y Comedor	60	4		10			1		
4	Dormitorios	40		4			12		4	
1	Cocina	25		4		6		2		
3	Baño	25	3 + 3							
1	Vestíbulo	15	1	3		2				
1	Lavadero	15		2		2		2		
1	Pasillo (ml)	10		2	2					
1	Cochera	24	3		2					
1	Parque									4
Totales		214	14 Bocas	15 Bocas	14 Bocas	10 Bocas	12 Bocas	5 Bocas	4 Bocas	4 Bocas
			2200 VA	600 VA	2200 VA	2200 VA	2200 VA	3300 VA	3300 VA	1320 VA (1)
DPMS.			17320 VA							

MARGEN DISPONIBLE	SUPERIOR
Margen en VA	SIN LÍMITE
N° de bocas para IUG	1
N° de bocas para TUG	1 + 5 + 3 = 9
N° de bocas para IUE	8
N° de bocas para TUE	7 + 8 = 15

Resumen de la aplicación del método de la RIEI para obtener la carga final de las viviendas de los ejemplos anteriores:

SELECCIÓN DE LA PROTECCION (771.4.4.a) Y CARGA FINAL DE VIVIENDAS

Metodo de proyecto
1) Para cada variante establecer la carga (en VA y en A) por el método 771.9.3.
2) Seleccionar la protección de valor normalizado más proxima (superior).
3) Establecer la carga final en base a la protección elegida en 2).
De la carga inicial en VA determinar la **Iom (771.4.4.a)** en sistema monofásico o trifasico.
Del valor de **Iom** elegir el valor nominal **Ip** de la protección (ubicada en TP).
Del valor de **Ip** indicar el valor final de carga **para cada variante.**
Verificar el tipo de conductor asociado en las condiciones de su instalación

VARIANTE	CARGA INICIAL (VA) / A	PROTECCION FINAL	CARGA FINAL (VA)
V1	2440 / 11,09	2 X 16 A CURVA D	16 A X 220 V = 3520VA
V2	5780 / 26,27	2 X 32 A CURVA D	32 A X 220 V = 7040 VA
V3	6600 / 30	2 X 32 A CURVA D	32 A X 220 V = 7040 VA
V4	4290 / 22,36	2 X 25 A CURVA D	25 A X 220 V = 5500 VA
V5	8220 / 37,36	2 X 40 A CURVA D	40 A X 220 V = 8800 VA
V6	6600 / 30	2 X 32 A CURVA D	32 A X 220 V = 7040 VA
V7-Monofasico	8580 / 39	2 X 40 A CURVA D	40 A X 220 V = 8800 VA
V7-Trifásico	8580 / 13,05	4 X 16 A CURVA D	1,73 x 16A x 380V = 10518,4 VA
V8-Trifásico	15520/ 23,60	4 X 25A CURVA D	1,73 x 25A x 380V = 16435 VA
V9-Trifásico	17320 /26,34	4 X 32 A CURVA D	1,73 x 32 A x 380V = 21036 VA

2.6.2. Ejemplos de aplicación para oficinas y locales comerciales

Resumen de la aplicación del método de la RIEI para obtener la carga final de los locales y oficinas de los ejemplos anteriores:

EJEMPLOS DE GRADO DE ELECTRIFICACION EN OFICINAS Y LOCALES HASTA 30 m2

Ejemplo:**LOCALES Y OFICINAS DISEÑADOS PARA ESE FIN.**
(V10) Variante en Grado de Electrificación Mínimo (AEA 90364-7-771 Edición 2006).

Cant	AMBIENTE	S (m2)	MINIMO (V 10)	
			IUG	TUG
<	Salon General	24	8 (1)	10 (2)
1	Baño	3	1	1
1	Kichnette	3	1	2 (3)
Totales		30	10 Bocas	13 Bocas
			1500 VA (4)	2200 VA
DPMS.			3700 VA	

MARGEN DISPONIBLE	hasta 4500 VA.	
Margen en VA	800VA	
N° de bocas para IUG	15-10= 5	5 x 150VA = 750VA < 800VA
N° de bocas para TUG	2	

(1) Mínimo 1 boca cada 9 m2
(2) Mínimo 1 boca cada 9 m2
(3) Mínimo 2 bocas
(4) 10 x 150 x 1 = 1500 VA

EJEMPLOS DE GRADO DE ELECTRIFICACIÓN EN OFICINAS Y LOCALES HASTA 75 m2

Ejemplo:LOCALES Y OFICINAS DISEÑADOS PARA ESE FIN.
(V11) Variante en GE Medio (AEA 90364-7-771 Edición 2006).

Cant	AMBIENTE	S (m2)	MEDIO (V 11)		
			IUG	TUG	TUE
1	Salon General	55	8 (1)	10 (2)	4
1	Baño	6	1	1	
1	Despacho	6	1	3	1
Totales		**66**	10 Bocas	14 Bocas	5 Bocas
			1500 VA (4)	2200 VA	3300 VA
DPMS.			7000 VA		

MARGEN DISPONIBLE	MEDIO hasta 7800 VA.
Margen en VA	800VA
Nº de bocas para IUG	5
Nº de bocas para TUG	1
Nº de bocas para TUE	7

(1) Mínimo 1 boca cada 9 m2
(2) Mínimo 1 boca cada 9 m2
(3) Mínimo 1 boca
(4) 10 x 150 x 1 = 1500 VA

EJEMPLOS DE GRADO DE ELECTRIFICACIÓN EN OFICINAS Y LOCALES HASTA 150 m2

Ejemplo:LOCALES Y OFICINAS DISEÑADOS PARA ESE FIN.
(V12) Variante en Grado de Electrificación Elevado (AEA 90364-7-771 Edición 2006).

Cant	AMBIENTE	S (m2)	ELEVADO (V12)				
			IUG1	IUG2	TUG1	TUG2	TUE
1	Salón General	60 (1)		8 (1)	7		4
2	Baño	15	1		2		
1	Despacho	15	1			3	1
1	Cocina	10	1		3		1
1	Sala de reuniones	18	2			4	2
1	Pasillo	12 (2)	1			2	
1	Cochera	18	1			2	
Totales		**148**	7 Bocas	8 Bocas	12 Bocas	11 Bocas	8 Bocas
			1050VA (3)	1200VA (3)	2200 VA	2200 VA	3300 VA
DPMS.			9950 VA				

(1) LOCAl de 10m x 6m, perímetro de 32 ml/ 9 = 4 bocas mínimas

(2) Pasillo de 5 ml   (3) Cada boca con 150VA

MARGEN DISPONIBLE	hasta 12200VA.
Margen en VA	12200VA - 9950VA = 2250VA
Nº de bocas para IUG	2250VA / 150 = 15
Nº de bocas para TUG	3 + 4 = 7
Nº de bocas para TUE	12-8= 4

EJEMPLOS DE GRADO DE ELECCCCTRIFICACION EN OFICINAS Y LOCALES MAS DE 150 m2

Ejemplo:LOCALES Y OFICINAS DISEÑADOS PARA ESE FIN.
(V13) Variante en Grado de Electrificación Superior (AEA 90364-7-771 Edición 2006).

Cant	AMBIENTE	S (m2)	SUPERIOR (V 13)								
			IUG1	IUG2	IUG3	TUG1	TUG2	TUG3	TUE1	TUE2	TUE3
1	Salon General	100 (1)	12 (1)			10			7		
2	Baño	20		4			4				
4	Despacho	40		8				12		4	
1	Cocina	20			6	4				2	
1	Sala de reunione	18			2		6				6
1	Pasillo	15			4		2				
1	Vestibulo recepción			2				2		1	
	Totales	275	12	14	12	14	12	14	7	7	6
			1800 VA	2100 VA	1800 VA	2200 VA	2200 VA	2200 VA	3300 VA	3300 VA	3300 VA
DPMS.			22200 VA								

(1) LOCAl de 20m x 5m, perímetro de 60 ml/ 9 = 7 bocas mínimas

MARGEN DISPONIBLE	SIN LÍMITE
Margen en VA	
N° de bocas para IUG	3 + 1 + 3
N° de bocas para TUG	1 + 3 + 1
N° de bocas para TUE	5 + 5 + 8

SELECCIÓN DE LA PROTECCION (771.4.4.a) Y CARGA FINAL DE LOCALES Y OFICINAS

Metodo de proyecto
1) Para cada variante establecer la carga por el método 771.9.3.(en VA y en A)
2) Seleccionar la protección de valor normalizado más proxima (superior).
3) Establecer la carga final en base a la protección elegida en 2).
De la carga inicial en VA **determinar** la **Iom (771.4.4.a)** en sistema monofásico o trifásico.
Del valor de **Iom elegir** el valor nominal **Ip** de la protección (ubicada en TP).
Del valor de **Ip establecer** el valor final de carga **para cada variante.**
Verificar el tipo de conductor asociado en las condiciones de su instalación

VARIANTE	CARGA INICIAL (VA) / A	PROTECCION FINAL	CARGA FINAL (VA)
V10	3700 / 16,81	2 X 20 A CURVA D	20 A x 220V = **4400VA**
V11	7000 / 31,81	2 X 32 A CURVA D	32 A x 220V = **7040VA**
V12-Monofasico	9950 / 45,22	2 X 50 A CURVA D	50 A X 220V = **11000VA**
V12-Trifásico	9950 / 15,13	4 X 16 A CURVA D	1,73 x 16A x 380V =**10518,4 VA**
V13-Trifásico	22200 / 33,76	4 X 40 A CURVA D	1,73 x 40A x 380V =**26296 VA**

En alimentación trifásica, cuando coexistan circuitos monofásicos y trifásicos, la corriente en el circuito seccional se debe calcular sumando las corrientes por fase y eligiendo aquella que corresponda a la fase más cargada.

2.7. Esquemas de conexión a Tierra

2.7.1. Esquemas obligatorios y prohibidos.

Esquema de conexión a tierra TT:

En este esquema una falla en la carga o consumo hacia las partes metálicas (masas propias) origina un valor de corriente que por medio del conductor PE se cierra hacia la PAT de protección de la instalación y la PAT de servicio de la red de distribución. Como en el circuito intervienen la resis-tencias de las puestas a tierra (no es totalmente metálico), las corrientes de falla están condicio-nadas por los valores de Ra y Rb, son moderadas y del orden que impongan las resistencias de puestas a tierra. Este sistema permite la detección de falla a tierra, que son de mayor ocurrencia pues en más natural que se pierda aislación en un conductor a que se origine un cortocircuito en-tre dos conductores. Permite la acción de desconexión de fallas a tierra **sólo** por medio de inte-rruptores diferenciales que preservan la seguridad de las personas y los bienes.

No se debe confundir el esquema de conexión a tierra de protección de las instalaciones eléctricas con los esquemas de conexión a tierra de las redes de alimentación utilizados por la ED; que por ejemplo pone el neutro de su transformador de distribución con las masas metálicas de su esta-ción transformadora.

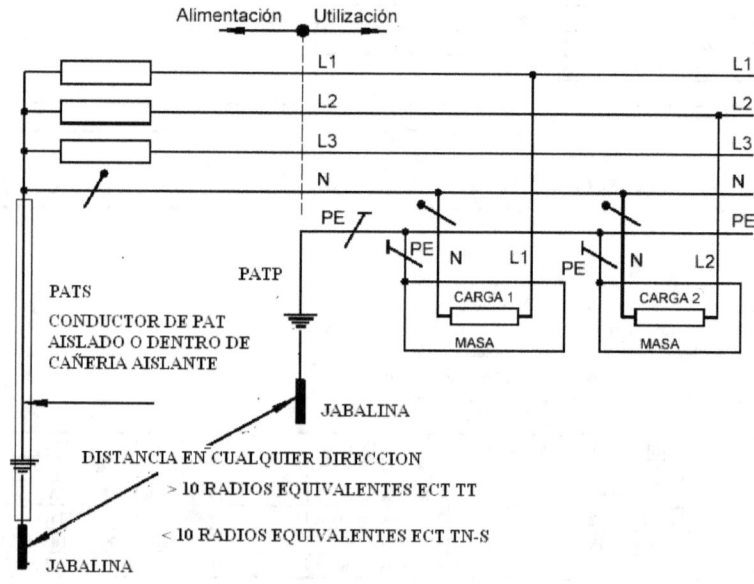

La RIEI denomina como "puesta a tierra eléctricamente independientes" al diseño que logra que la distancia entre la PAT de protección y la PAT de servicio de la red de alimentación más próxima a la utilización tengan una separación mínima. Ese diseño permite garantizar que las corrientes de falla a tierra no se conviertan en cortocircuitos fase-neutro y se pierdan las ventajas del esquema TT (cuando la separación es menor a 10 radios mínimos se lo considera un esquema TN-S).

El esquema muestra que, utilizando un conductor aislado de PAT de servicio o un conductor des-nudo en cañería aislante, se logra "aumentar la distancia necesaria de 10 radios mínimos". Esta solución bastante razonable de implementar en la estación transformadora no es tan fácil de lograr para una PAT de servicio en las cercanías de la acometida del inmueble pero nos sirve de referencia de las posibles soluciones para lograr el valor de 10 radios mínimos. El instalador debe resolver estas exigencias en conjunto con la ED, teniendo en cuenta que no todas las ED realizan puestas a tierra de servicio con este criterio.

Relaciones aproximadas entre el diámetro y longitud de algunas jabalinas y la necesaria separación 10 Re en metros entre la Ra y la Rb.

Diámetro Exterior de jabalinas	Longitud (m) de jabalinas	10 Re (m)
12,6 mm (1/2")	1,5	3,2
	2	4
16,2 mm (3/4")	1,5	3,2
	3	5,8

El instalador deberá coordinar y gestionar la separación ante la ubicación de la PAT de servicio Rb de la ED cercana al inmueble para verificar la separación respecto a la PAT de protección Ra del inmueble como lo establece la RIEI. Es decir, que si la ED decide poner el neutro de su red de servicio a tierra en las cercanías de la instalación del inmueble, se deben respetar estas separaciones que con jabalinas convencionales de diámetro 12,6 mm y 1,5 m de longitud es del orden de 3,2 metros. En general, cuando la ED establece una PAT de servicio adicional en las cercanías de un inmueble para mejorar su servicio ante cortes del conductor neutro, exige acometidas con componentes aislados.

Los componentes seleccionados como electrodos específicos, sean jabalinas, cintas, placas, cables o alambres, deben ajustarse a las normas IRAM correspondientes.

Las uniones enterradas entre estos elementos se deben realizar con soldadura cuproaluminotérmica o, si los componentes a unir tienen la misma sección, se pueden utilizar los métodos de compresión oval o hexagonal o las conexiones de cobre por compresión molecular con deformación plástica en frío conforme a IRAM 2349.

Para asegurar que el esquema de conexión a tierra sea TT, la toma de tierra de protección debe estar alejada de la toma de tierra de servicio más cercana de la empresa distribuidora, a una distancia superior a diez (10) veces el valor del radio equivalente de la toma de tierra de mayor profundidad. El conexionado entre la toma de tierra y el cable de puesta a tierra se debe efectuar dentro de una cámara de inspección, de manera tal que permita ejecutar cómodamente la transición entre el o los elementos sin aislación que conforman la toma de tierra y el cable de puesta a tierra (aislado). Debe constar de una tapa removible, que se instala a nivel de piso terminado, siendo recomendable que se ubique en un lugar no transitable permanentemente y libre de obstáculos a fin de permitir realizar inspecciones y mediciones periódicas. El conexionado de los elementos se debe efectuar en una barra de cobre electrolítico, con puentes removibles que permitan desconectar y conectar rápidamente en los momentos de efectuar las mediciones pertinentes. En los casos en que la toma de tierra esté conformada por un solo electrodo específico, del tipo jabalina cilíndrica 1RAM 2309, se puede efectuar la conexión del cable de puesta a tierra a la misma por medio de la pieza de bronce o latón, denominada tomacable, IRAM 2343.

Sistema TN-S (figura 771.3.D)

El sistema TN-S se utiliza a veces en Centros de Cómputos para asegurar en el mismo inmueble un sistema que derive al neutro las corrientes armónicas de servicio normal y proponer un sistema más estable de tensión de neutro. El instalador debe considerar esta decisión en las condiciones de su proyecto pues, entre otras consideraciones, debe tener en cuenta que la PAT de protección (Ra) debe ser de la calidad y capacidad tal que tolere las corrientes de neutro de la instalación ante un corte del conductor neutro "aguas arriba" de la utilización. Sistema permitido sólo con transformador de MT/ BT o BT/ BT de propiedad del cliente.

El conductor PE se vincula al origen a PAT de la alimentación que en este esquema está ubicado en el transformador propio del cliente. El conductor PE podrá estar conectado a tierra en varios lugares aguas debajo del origen de la alimentación.

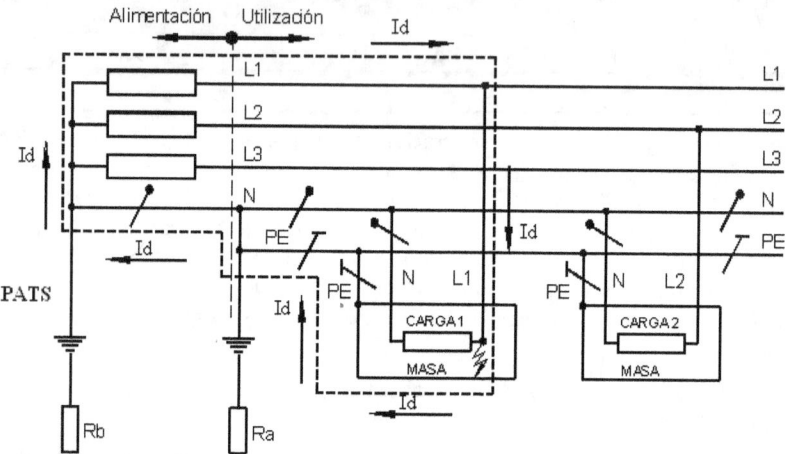

Las protecciones diferenciales **deben instalarse "aguas abajo"** del punto de encuentro del PE y N, y la instalación debe diseñarse de modo de garantizar la aislación entre PE y N. De no cumplirse estas premisas, la protección diferencial no podrá diferenciar entre la corriente de fase y la de falla que se transforma en corriente de neutro "aguas arriba" del punto de encuentro entre PE y N, situación de alto peligro.

En algunas instalaciones donde la estación transformadora de alimentación al inmueble está ubicada en el mismo edificio no es siempre posible diferenciar la PAT de servicio de la PAT de protección. En esta situación puede ocurrir que ante una falla a tierra, que en este esquema es elevada, la protección diferencial con tiempo de actuación del orden de 40 ms actúe antes que un interruptor automático y se destruya. La propuesta de solución ante estos casos es utilizar bloques (interruptores) diferenciales que comanden interruptores automáticos.

Esquemas prohibidos en inmuebles

En los esquemas TN-C o TN-C-S las masas se vinculan al conductor neutro que se denomina PEN. En estos esquemas no funciona la protección diferencial y no se pueden utilizar interruptores tetrapolares y o bipolares en instalaciones trifásicas y monofásicas respectivamente. El TN-C está totalmente prohibido para las instalaciones dentro de los inmuebles pues:

- No funcionan los interruptores diferenciales (el botón de prueba lo hace actuar, la falla **no**).

- No se puede hacer corte tetrapolar, pues se interrumpe la PAT de protección.

- No se pueden apantallar correctamente las señales débiles (las mallas suelen ser caminos de corrientes de neutro permanentes).

- En equipos fundados en el terreno se producen corrosiones galvánicas por corrientes de neutro entre estructuras.

Módulo 3

Criterios de proyecto para las edificaciones. Criterios para espacios comunes y servicios generales. Cálculo de corrientes eléctricas de motores trifásicos (ascensores, bombas de agua) y de sistemas de iluminación para servicios generales de edificios. Ejemplo. Protecciones diferenciales.

3.1. Criterios de proyecto para las edificaciones

La RIEI, de acuerdo al tipo de inmueble y su utilización, establece criterios de clasificación respecto, por ejemplo, del tipo de usuario o de las condiciones constructivas de las edificaciones.

Resumen de algunos códigos de Tabla 771.11.II		
Tipos de Usuario y Condiciones de Utilización	BD1 a BD4	Condiciones de evacuación ante un siniestro
	BA1 a BA5	**Capacidad de las personas**
	BE1 a BE4	Naturaleza de los materiales procesados o almacenados
Condiciones Constructivas	CA1 a CA2	Materiales de construcción de los edificios
	CB1 a CB4	Proyecto de los edificios

Cuando se establecen las condiciones de específicas de un proyecto, es de interés social y ante la pavorosa realidad de siniestros en edificios revisar atentamente los requerimientos para las condiciones de evacuación.

Criterios de punto 771.12.2.1 respecto a siglas para diversas condiciones de evacuación		
Baja densidad de ocupación y condiciones fáciles de evacuación.	**BD1**	Casas habitación, comercios y edificios de hasta 12 pisos de altura (excluyendo subsuelos).
Baja densidad de ocupación y condiciones difíciles de evacuación.	**BD2**	Viviendas y locales comerciales ubicados en subsuelos. Locales donde se deben tener en cuenta las capacidades de las personas (BA2, BA3) o por la restricción que impone la ley (comisarías, cárceles) y por ello están incapacitados de abandonar el lugar en caso de incendio en forma rápida.
Elevada densidad de ocupación y condiciones fáciles de evacuación.	**BD3**	Son locales de reunión, trabajo, ferias, salones, etc. con ocupación > 50 personas.
Elevada densidad de ocupación y condiciones difíciles de evacuación.	**BD4**	Edificios de uso sanitario, de espectáculos o entretenimientos y similares, de acuerdo a lo establecido en los proyectos por la Autoridad de Aplicación.
Nota: Estos criterios son generales y en todos los casos se debe consultar lo establecido por la Autoridad de Aplicación, pues los medios de socorro son diversos de acuerdo a los equipos disponibles en el lugar de las edificaciones.		

En cuanto a cantidades de circuitos, el proyectista debe responder a los criterios establecidos en su proyecto o los de la Autoridad de Aplicación. Por ejemplo, en los recintos de servicios se requiere una iluminación que responda a Normas y se necesitan tomacorrientes para el mantenimiento. En los pasillos de los edificios no se aconseja instalar tomacorrientes que pueden ser necesarios en los locales de acceso o lugares para encargados o porteros. La vivienda de un encargado, si bien puede estar vinculada a la medición de servicios, debe cumplir las reglas de seguridad de las viviendas. En cuanto a los tipos de tableros se debe considerar la aptitud del personal (BA1 o BA4) que realizara operaciones en esos TS pues su diseño puede tener en cada caso diferentes exigencias.

3.2. Criterios de proyecto para los espacios comunes y servicios generales.

Los espacios comunes, por ejemplo en edificios, son los vestíbulos de entrada, pasillos, zonas de tránsito, locales para tableros de ascensores, para equipos de bombeo de agua, etc.

El sistema de servicios generales habitualmente se conecta a un suministro que en general es trifásico con neutro.

En edificios que contienen cocheras no utilizadas por todos los propietarios (servicios generales no comunes), se aconseja establecer un TS para las cocheras desde un medidor de energía que contabilice sólo esa energía, diferenciándola de la medición de servicios generales comunes de todo el edificio.

Los servicios generales comunes comprenden:

- El sistema de bombeo de agua.

- El sistema de ascensores.

- Sistemas de emergencia (sistemas autónomos y no autónomos).

- Los sistemas de iluminación de espacios comunes (iluminación permanente y/o automática).

En cuanto a la iluminación de emergencia:

Las **no** autónomas se deben alimentar desde un circuito dedicado y las autónomas pueden estar vinculadas al circuito normal de iluminación de servicio.

Se entiende como servicios generales a los servicios comunes (un mismo medidor) y a los servicios de emergencia del edificio.

Un edificio en propiedad horizontal tiene circuitos para sus servicios generales que deben estar diferenciados de los circuitos seccionales de los departamentos, locales u oficinas; de modo que cada medidor registre consumos de energía en forma diferenciada.

Con la estimación del consumo de agua diaria, con los requerimientos de cantidades de personas a transportar en ascensores y con las necesidades de iluminación establecidas en proyecto se determina la carga en todos estos sistemas y se eligen los conductores y protecciones asociadas a los **servicios generales**.

Si el sistema es trifásico con neutro, se dispone de líneas trifásicas con neutro para motores trifásicos (ascensores, compactadores, bombeo de agua, etc.) y se pueden diseñar circuitos de fase-neutro en diferentes fases para los sistemas de 220 V conectados al servicio general.

Estas cargas de servicios generales son **potencias de diseño** en VA, y por lo tanto, es el proyectista el que establece las potencias en VA para bocas de iluminación o para bocas de tomacorrientes de servicios, salvo que la Norma de referencia indique otro criterio.

En este Módulo y como ejercitación se consideró 100 VA por boca de iluminación, 300 VA por tomacorriente de servicio general y 1000 VA por tomacorriente trifásico de servicio general (mantenimiento en sala de bombeo y ascensores).

Comentario de interés sobre la tipología de los motores: es de destacar que en este tipo de instalaciones los motores de ascensores, compactadores, bombeo de agua y líquidos, etc. son trifásicos por seguridad de mantenimiento y funcionamiento (no tienen dispositivos de arranque como los monofásicos) y no originan excesivas caídas de tensión por arranques. La utilización de motores trifásicos, aun en instalaciones que se suponen de inmuebles, crece en todo el mundo pues son más eficientes y durables. Pero hay que tener en cuenta que un motor trifásico en los países que utilizan sistemas de 380 V / 220 V implicaría un sistema de 380 V en una instalación de inmueble, situación que se observa en principio como peligrosa a los contactos eléctricos. Claro que, en países donde se utilizan sistemas de 110 V / 220 V y el sistema trifásico es de 220 V, este problema no existiría y de hecho en esos países se fomenta la instalación de motores trifásicos donde generalmente la conexión es en triángulo de 220 V.

Servicios generales comunes

Son aquellos cuyos consumos eléctricos son prorrateados entre todos los copropietarios. En general, corresponden a la alimentación de los ascensores, bombas de agua, iluminación de emergencia, iluminación de la recepción, pasillos, escaleras, circulaciones y palieres, accesos, balizamiento, etc.

Servicios generales no comunes

Son aquellos cuyo consumo eléctrico es prorrateado **sólo por una parte** de los propietarios (cocheras no comunes a todos los propietarios, sistema de aire acondicionado para locales comerciales de un complejo de departamentos, etc.).

Servicios de emergencia

En algunas provincias la Dirección de Bomberos (que generalmente tiene a su cargo la habilitación de los edificios) exige una derivación para un TS de emergencia establecida en forma directa y "aguas arriba" de la caja de protección general del edifico. Es derivación debe tener medidor de energía (que solo contabilizara energía en una emergencia). El TS de emergencia puede alimentar los sistemas de bombeo de agua de emergencia, presurización de escaleras, tablero de alarmas, etc.

Los servicios de emergencia deben garantizar el suministro durante situaciones de corte de energía, por ejemplo, para la detección y/o combate de incendios, iluminación y señalización de ruta de escape, etc. Estos servicios generalmente se conectan en forma directa desde la red de distribución, de modo que estén disponibles aun ante un corte general del servicio.

Características de la alimentación y de los servicios generales

Se deberá consultar a la ED los requisitos de instalación entre la red de alimentación y los bornes de entrada del tablero donde están los medidores de cada usuario y el medidor de servicios generales del edificio. La ED establece las condiciones técnicas y de espacio para alojar medidores y canalizaciones de ingreso.

Es de práctica utilizar el método de columnas montantes, **en general metálicas**, para vincular los tableros de medidores con los TS. En cuanto a la seguridad ante posibles contactos indirectos en los circuitos seccionales es recomendable lograr la Clase II. De otro modo en los circuitos seccionales y hasta los TS se deben instalar interruptores diferenciales "selectivos" de corriente diferencial $I_{\Delta n} \leq 300mA$ para lograr selectividad respecto de los interruptores diferenciales de corriente diferencial de $I_{\Delta n} \leq 30mA$ instalados en forma obligatoria en los TS.

El proyectista debe definir la forma de operación de los servicios generales ante emergencia o mantenimiento. Tratándose de personas **BA1** o **BA4, BA5** (si se conoce ese dato) el tablero de servicios generales será ubicado en locales adecuados según el caso. Por ejemplo, el personal BA1 no es conveniente que ingrese a zonas de tableros industriales protegidos según indica la Ley 19587 (recinto cerrado). Si los tableros de servicios generales serán operados por personal BA4 o BA5 es lógico que estén en un recinto de tableros de características de tipo industrial.

De todos modos, este planteo es sólo para establecer el debate de la importancia de elaborar el proyecto por medio de especialistas responsables ante la Ley de Higiene y Seguridad en el Trabajo 19587. En instalaciones de edificios es habitual la presencia de encargados, porteros, etc. cuya integridad física, cuidado, responsabilidad civil y penal ante la ley están a cargo del contratante, generalmente el consorcio de propietarios.

Cortes de cargas en edificios tipo PH

El corte general será instalado en un lugar de fácil acceso y de acuerdo a lo establecido por la ED.

Algunas ED indican un corte general por medio de fusibles tipo ACR (denominación habitual NH) ubicados en una caja metálica instalada con libre acceso al personal de la ED. Como se trata de protecciones "aguas arriba" de los medidores de energía, es decir dentro del ámbito de incumbencia de la ED, "no cortan el neutro por protecciones".

Posterior a los medidores y en circuitos seccionales monofásicos o trifásicos con neutro, se deben instalar interruptores automáticos de modelo 2 P (dos polos protegidos) o 4 P (cuatro polos protegidos), no se admite corte unipolar y el neutro debe ser cortado en conjunto con la acción de las fases.

Deberá estar montado en un gabinete independiente del gabinete de medidores. El tablero que lo contenga deberá tener una identificación clara que su accionamiento sólo lo pueden realizar los bomberos o la ED sin necesidad de retirar cubiertas y con letras que indiquen "Accionamiento exclusivo por bomberos y/o distribuidora". Las maniobras realizadas por el personal de la ED no deben interrumpir los servicios de emergencia.

Actuales exigencias establecen que determinados TS dispongan de un contactor general que se pueda operar por "un golpe de puño" incluso si existen varios tableros relacionados dedicados vincular los contactores de cada TS dedicado a una central, por ejemplo, de incendio.

Posibles circuitos de servicios generales comunes, servicio normal:

- √ Circuitos de iluminación con la carga de proyecto.
- √ Circuitos de tomacorrientes con la carga de proyecto.
- √ Circuitos de tomacorriente trifásico en sala de tableros y sala de máquinas con la carga de proyecto.
- √ Circuitos seccionales para sistema de ascensores y sistemas de bombeo de agua, desagote, etc.

La importancia de los interruptores bajo carga

Concepto: Las instalaciones eléctricas de BT son generalmente de alimentación radial desde un solo punto incluso con generación propia o de emergencia. Es decir que la energía "fluye" desde un solo punto y por ello a veces se las denomina "radiales".

Como los cableados seccionales son protegidos a la sobrecargas y cortocircuitos por interruptores automáticos ubicados "en la cabecera" de los circuitos seccionales. ¿Qué protección instalamos en la llegada del circuito seccional y en el TS?

Se entiende que en un TS se debe instalar un dispositivo que permita seccionar el circuito seccional en el TS y para realizar mantenimiento o verificación de fallas en los circuitos que parten del TS. En un TS convencional de un inmueble con circuitos terminales se entiende que el dispositivo que permite seccionar el circuito seccional en el TS es el interruptor diferencial (de modelo apto para seccionamiento).

En un TS que contenga interruptores automáticos de potencia o múltiples circuitos monofásicos y/trifásicos es aconsejable no repetir o instalar otro interruptor automático en el TS pues si el IA es de la misma corriente asignada que el IA instalado en la cabecera del circuito seccional no serán selectivos y si es de menor corriente asignada se pierde la capacidad de carga del IA instalado en la cabecera. En estos casos conviene en algunos casos instalar un interruptor- seccionador bajo carga de corte en general tetrapolar en el TS y no superponer acciones de IA ubicados en serie.

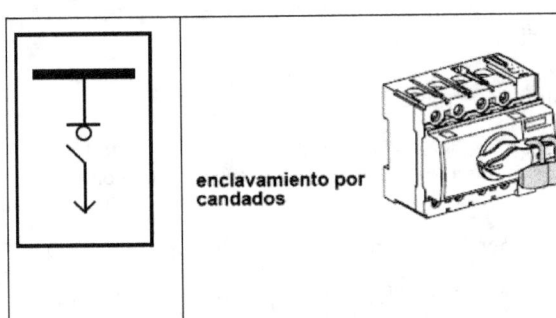	**enclavamiento por candados**	Los denominados interruptores- seccionadores bajo carga son dispositivos que ofrecen capacidad de seccionamiento y de maniobra; no son protecciones y poseen operación de Clase II por manija aislante. Se pueden instalar de modo de quedar cubiertos por la contratapa del TS y que eventualmente puedan ser operados por personas BA1. Se les puede adosar un candado se seguridad de bloqueo.

Sistemas de emergencia y seguridad

Generalmente se instalan tableros dedicados y de bajo consumo para alarmas y detección de incendio, iluminación de emergencia, de rutas de escape, etc.

En caso de emergencia, la alimentación para estos sistemas debe ser autónoma y basada en fuentes de alimentación de corriente continua (batería de acumuladores) capaces de entrar en operación en forma instantánea y automática ante un corte del suministro eléctrico.

Si el sistema de baterías fuese centralizado, la alimentación al mismo se hará por medio de un circuito para usos específicos del tipo ACU.

Las canalizaciones de los servicios esenciales de emergencia, desde su punto de partida y antes del interruptor automático de corte general de emergencia hasta su punto de conexión al equipo de funcionamiento de emergencia, serán metálicas embutidas (salvo cuando sean enterradas).

Todos los gabinetes, tableros y cajas intercaladas serán metálicas con grado de protección IP55 (o IP66).

Los motores del sistema del sistema de presurización de escaleras deben ser conectados en forma fija, no se permite su conexión a través de tomacorrientes. Para evitar la desconexión intempestiva de las alimentaciones a los servicios de emergencia, no se aplicará la protección complementaria contra los contactos directos basada en la utilización de interruptores diferenciales de corriente diferencial $I_{\Delta n} \leq 30mA$.

Para evitar la desconexión intempestiva de los circuitos seccionales de emergencia en edificios y advertir sobre tensiones de contacto indirecto peligrosas se podrán utilizar relés diferenciales que accionen alarmas sonoras en caso de falla.

Otro ejemplo de aplicación de este último criterio es en industrias donde la desconexión intempestiva y paradas de procesos por una falla a tierra complican el retorno al servicio de la planta produciendo un importante lucro cesante. En ese caso también se podrán utilizar relés diferenciales que indiquen solamente, por medio de alarmas, la corriente de fuga y permitan programar una parada segura de la planta.

Contactores

Es un dispositivo de conmutación de potencia accionado por solenoide y que se opera mediante la corriente de un circuito de control **que puede no estar vinculado** al circuito de alimentación. Cuando se acciona el circuito de alimentación también se conmutan los contactos auxiliares de modo que se puede lograr, por ejemplo, la retención de la orden de mando.

Con el denominado **contactor de potencia** se logra:

- Con una pequeña corriente de accionamiento se puede operar un circuito de potencia, en forma continua o intermitente. Es un dispositivo robusto y confiable.

- El circuito de control (o accionamiento) puede ser independiente del circuito de potencia comandado y entonces lograr comandos mediante BT, MBTS, corriente contínua con fuentes independientes, etc.

- Se pueden diseñar puestos de control remotos y/o situarlos cerca del operador.

- Se pueden lograr cableados de control de secciones menores a los cableados de alimentación.

- Establecer lógicas de comando entre circuitos varios de control por medio de automatismos.

- Debe tener la capacidad de soportar las corrientes normales de la carga y las sobrecargas de acuerdo a un criterio de selección de corriente asignada del contactor y de las denominadas condiciones AC1, AC2, AC3, etc.

Por diseño disponen de contactos de potencia y contactos auxiliares, normalmente uno NC y otro NA y se pueden agregar más de ambos tipos y/ o de tipos temporizados.

Los contactores están diseñados para realizar numerosos ciclos de apertura/cierre y se suelen operar de forma remota por medio de pulsadores de activación/desactivación. Los polos son los que conectan o interrumpen el circuito de alimentación y deben ser aptos para resistir la oxidación y los arcos pues de otro modo al poco tiempo pueden quedar soldados o destruidos.

El elevado número de ciclos de funcionamiento repetitivos está estandarizado en la norma IEC 60947-4-1 y es un dato que debe ofrecer el fabricante.

Los denominados **contactores auxiliares** (relé auxiliares) ofrecen mayor velocidad de operación y mayores cantidades de maniobras.

Características eléctricas

Ue: Tensión de empleo o de servicio por ejemplo 220 V, 400 V, etc.

Ie: Corriente de empleo o nominal: Se relaciona con Ue, por ejemplo 20 A para 400 V.

Pe: Potencia de empleo. Se relaciona con Ue, por ejemplo 30 kW para 400 V.

Categorías de empleo

Como las cargas que debe establecer o cortar el contactor pueden originar diversas variaciones de corriente-tiempo se las normaliza mediante códigos denominados (en corriente alterna) AC1, AC2, AC3, AC4, etc. y deben estar indicados en los catálogos de los fabricantes. Permiten definir su selección y aptitud para conectar; por ejemplo, motores de arranque jaula de ardilla, con resistencias, arranque de tensión reducida, etc.

Las categorías de empleo más comunes son:

AC1: Receptores o equipos alimentados con corriente alterna con factor de potencia ≥ 0,95, por ejemplo sistemas de calefacción, hornos a resistencia, etc.

AC3: Motores de jaula de ardilla y arranques de 5 a 7 veces la corriente nominal y aperturas en marcha; por ejemplo motores de ascensores, equipos de bombeo, escaleras y cintas mecánicas.

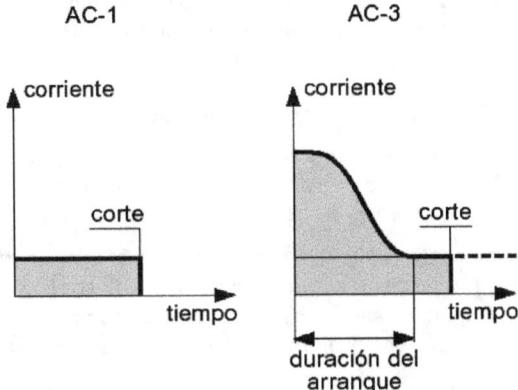

Otros datos técnicos: Tensión nominal de la bobina de mando, potencia consumida por la bobina de mando, duración mecánica de los contactos de potencia, etc.

La duración o vida útil de los contactos es de fundamental importancia para preservar las funciones del contactor. Los fabricantes líderes ofrecen tablas donde para una determinada potencia y corriente se puede determinar los ciclos de maniobra a lo largo de su vida útil.

Los contactores también tienen restricciones respecto de la temperatura de la envolvente donde están instalados. Por ejemplo sin restricciones entre -5 ºC y 55 ºC.

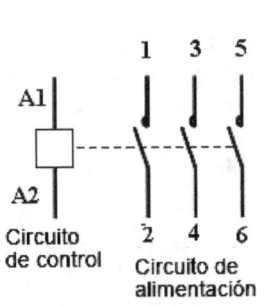

Símbolo de un contactor.

Los contactos auxiliares

Permiten realizar las funciones de retención de orden, enclavamiento y señalización mediante:

- Contactos instantáneos de cierre NA.
- Contactos instantáneos de apertura NC.
- Contactos instantáneos NA/NC. Los dos contactos tienen un punto común.

Los contactos temporizados NA o NC se establecen o se separan cuando ha transcurrido un tiempo determinado después del cierre o la apertura del contactor que los activa.

Eventos que pueden dañar a los contactores

Caída de tensión de la red más allá de cierto valor. Por ejemplo mayor al 5 % en motores (RIEI).

Caída de tensión en el circuito de control y una acción de mando "eléctricamente insegura pues no se completa el cierre de los contactos de potencia". Por ejemplo una caída de tensión mayor al 15 % en un arranque de motor (RIEI).

Vibración de los contactos de control. Algunos contactos de la cadena control a veces producen vibraciones (por ejemplo un termostato), que repercuten en el electroimán del contactor de potencia y provocan cierres incompletos haciendo que se suelden los polos. Esta situación se puede solucionar cambiando la temporización del aparato a dos o tres segundos o utilizando un contacto temporizado al cierre.

Microcortes de la red o la interrupción accidental o voluntaria de corta duración. Cuando después de una breve interrupción de la tensión de red (del orden de microsegundos) el contactor vuelve a cerrarse, la fuerza contraelectromotriz del motor y la de la red se puede desfasar. Como el pico de corriente puede llegar a duplicar su valor normal existe el riesgo de que los polos se suelden por exceder el poder de cierre del contactor. Este evento se puede evitar retrasando en dos o tres segundos el cierre del aparato con un contacto temporizado al cierre para que la fuerza contraelectromotriz sea casi nula.

Para proteger los contactores contra los microcortes, también se puede temporizar la apertura del contactor principal utilizando un dispositivo retardador (rectificador condensador).

Eventos que pueden originar incendios en los contactores

Si uno o dos polos quedan soldados puede suceder que ante una orden de parada los contactos sanos se abran unos milímetros y se origine un arco muy corto que en el tiempo puede originar el incendio del contactor. Como la corriente en los contactos sanos es la nominal esta situación no será detectada por las protecciones de sobrecarga hasta que no se inicie un cortocircuito. Si se analizan los contactos soldados se puede observar que permanecen intactos

Ejemplo de capacidad de cierre y apertura de contactores:

Como es un dispositivo de comando se debe complementar con protecciones de sobrecarga y cortocircuitos asociadas. Su capacidad está relacionada a su corriente asignada y disponen de determinadas corrientes de sobrecarga para conexiones o desconexiones. Por ejemplo un contactor de 150 A de la categoría AC3 debe tener una capacidad mínima de desconexión de 8 *In* (1.200 A) y una mínima de conexión de 10 *In* (1.500 A) con un factor de potencia inductivo de 0,35. Las características de la carga a maniobrar (tipo de arranque) establecen los datos de la categoría que debe cumplir el contactor.

Algunas funciones de comando programado de un circuito por contactores

Automatización de los encendidos y apagados de un circuito de iluminación siguiendo un ciclo determinado, por ejemplo, cada día a ciertas horas o determinados días a la semana mediante:

- La utilización de interruptores horarios o interruptores horarios programables (digitales).
- Lograr el encendido de cada día a la misma hora y utilizar un reloj analógico diario.

- Lograr encendidos distintos en función del día de la semana o mes utilizando un reloj digital programable.

En este sentido algunos sistemas de alumbrado público prefieren este sistema de operación de luminarias frente a tradicional por fotocélulas que a veces operan con circunstanciales estados del tiempo e implican que el alumbrado público quede encendido de día.

En cualquier caso puede actuarse manualmente sobre el circuito.

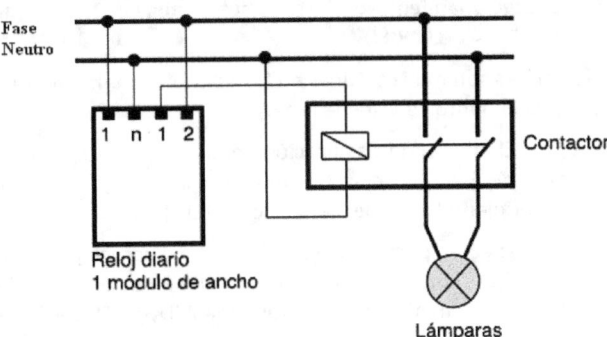

Carteles de seguridad de emergencia

El interruptor o seccionador bajo carga de corte general de emergencia deberá llevar un cartel visible sin necesidad de abrir puertas con la leyenda "Exclusivo Bomberos / Distribuidora".

Número mínimo de circuitos de alimentación a servicios de emergencia:

Todo edificio de vivienda y de acuerdo a la legislación correspondiente deberá tener un circuito de alimentación para el sistema de iluminación de emergencia para evacuación y uno para el sistema de alarma contra incendio.

El número mínimo de puntos de utilización de servicios de emergencia en escaleras y palieres será parte del proyecto (Norma IRAM-AADL).

Número sugerido de puntos de utilización de los servicios generales comunes

Accesos desde el exterior: Una boca de iluminación por cada punto de acceso.

Vestíbulo de entrada: Se relaciona con los requisitos arquitectónicos de iluminación. Salvo requisitos específicos, se deben ubicar bocas de iluminación cada 9 m^2 (mínimo dos bocas), bocas de tomacorrientes para efectos especiales e interruptores de efecto en el vestíbulo.

Pasillos cubiertos, palier de piso: Una boca de iluminación cada 5 metros lineales y en bocas para tomacorrientes se debe analizar su conveniencia en el proyecto (en tomacorrientes expuestos analizar la utilización del edificio).

Para los interruptores de efecto o comando de iluminación automática, se sugiere que al menos uno sea visible desde el umbral de todos los departamentos y en la salida de ascensores. En interruptores temporizados y por razones prácticas de consumo de energía se debe analizar la ventaja de comandar más de tres pisos máximos, con dos o tres bocas por piso.

Patios internos y pasillos descubiertos: El grado de protección mecánica de las luminarias y los tomacorrientes con su ficha será grado mínimo IP44.

Escalera principal: Descanso de escalera; una boca de iluminación en general de un circuito temporizado y una boca destinada a sistema de iluminación de emergencia.

Los circuitos de iluminación de escaleras, comandados por interruptores temporizados deben incluir un dispositivo que permita el funcionamiento permanente.

En interruptores temporizados y por razones prácticas de consumo de energía se debe analizar la ventaja de comandar más de 7 bocas o 7 pisos máximos.

Garajes y lugares de estacionamiento cubiertos y sus rampas de acceso (por encima del nivel de calle, punto 771.8.3.4 de la RIEI)

Este tipo de locales para garajes son muy comunes en los edificios, por lo que se intentará dar una idea de su tratamiento desde el punto de vista de la carga.

Para este tipo de locales, la RIEI indica una clasificación por superficie cubierta y cuando es menor a 300 m^2 establece el Grado de Electrificación Mínimo. En cuanto a los circuitos para este caso indica 3 circuitos mínimos (Por ejemplo dos de IUG y uno de TUG).

Es muy posible que el garaje tenga un portón de accionamiento eléctrico por motor en su ingreso, por lo que se puede indicar la conveniencia de un circuito TUE. En este caso el Grado de Electrificación pasaría a Medio y la cantidad mínima de circuitos sería 2 IUG, 2 TUG y 1 TUE.

Para el garaje se sugiere una boca de iluminación cada 25 m^2 de superficie; una boca de tomacorrientes cada 10 m de perímetro y bocas de tomacorrientes especiales si corresponde a proyecto.

Las luminarias serán colocadas de forma tal a obtener en las áreas de circulación un nivel luminoso adecuado a las Normas AADL, sugerido de iluminación media de 60 lux. Serán ubicadas fuera del alcance de los vehículos teniendo en cuenta el mayor tamaño de los mismos.

Los dispositivos de efecto deberán ser colocados en la proximidad de todos los accesos y fuera del alcance de los vehículos.

Las instalaciones a la vista deberán ser metálicas.

Criterios sugeridos en locales técnicos de equipamientos de desplazamiento vertical (ascensores)

Estos locales los podemos asimilar a lo indicado para Grado de Electrificación Mínimo y superficie menor a 300 m^2 en 771.8.3.3.3.de la RIEI.

Para alturas de luminarias entre 2,5 m y 3 m:

Una boca de iluminación para uso general cada 15 m^2 o fracción de superficie (mínimo 2 bocas).

Una boca de iluminación para uso general cada 15 m^2 o fracción de superficie (mínimo 2 bocas).

Una boca de tomacorrientes para uso general cada 15 m o fracción de perímetro (mínimo 2 bocas).

Estos puntos no podrán ser alimentados desde el tablero de fuerza motriz respectivo y estarán cargados a los circuitos de servicios generales o desde un tablero seccional ubicado en el sector.

Si el edificio tuviera circuito de iluminación de emergencia, la sala de máquinas deberá tener, por lo menos, un artefacto de iluminación conectado a este circuito.

La iluminación de la sala de máquinas debe ser tal que los trabajos necesarios para el mantenimiento puedan ser efectuados cómodamente en cualquier ubicación dentro del local.

Deben existir tomacorrientes para las zonas de mantenimiento en tablero de medidores, bombeo y zona de reparaciones.

En las instalaciones que tengan sistemas de detección de incendio deberá existir un enclavamiento eléctrico de manera tal que si se dispara la alarma de fuego, los ascensores queden bloqueados. Si la alarma se dispara mientras el ascensor esté en funcionamiento, el sistema deberá permitir que éste llegue a su destino y luego se produzca el bloqueo.

El tablero de los equipamientos de desplazamiento vertical se instalará en el interior del local y lo más cerca posible a su puerta de ingreso.

Dentro de la sala de máquinas no debe instalarse equipamientos extraños a los del funcionamiento de los ascensores.

La canalización de alimentación al local debe ser instalada fuera del recinto del equipamiento de desplazamiento vertical.

Los circuitos de fuerza motriz, iluminación y tomacorrientes deben ser distintos para cada ascensor.

Este circuito seccional tendrá origen en el tablero de servicios generales, si este es maniobrado por personal BA4/BA5.

Cualquiera sea el número de motores, la sección adoptada debe garantizar la caída de tensión máxima de 5 % (15 % en arranque).

Iluminación sugerida de 300 lux en piso de sala de máquinas, de 100 lux a nivel del piso en la sala de poleas de reenvío, de 50 lux en cabina y techo de cabina.

La iluminación de la sala de máquinas debe ser tal que los trabajos necesarios para el mantenimiento puedan ser efectuados cómodamente en cualquier ubicación dentro del local.

La ejecución de la iluminación de la cabina es responsabilidad del instalador de los equipamientos de desplazamiento.

Los dispositivos de comando serán ubicados de forma tal que al menos uno de ellos sea accesible en la entrada de cada local.

La iluminación de la maquinaria se efectuará por un circuito distinto al circuito seccional.

Si el edificio tiene circuito de iluminación de emergencia, la sala de máquinas tendrá por lo menos un artefacto de iluminación conectado a este circuito.

3.2. Motores trifásicos utilizados en edificios tipo propiedad horizontal (PH).

3.2.1. Ascensores, cálculo estimativo

Mediante la cantidad de personas a transportar y la velocidad de movimiento de su caja, se puede estimar la potencia en H.P. del motor trifásico de accionamiento. Con el rendimiento del motor y su factor de potencia se puede determinar la potencia en VA del equipo.

Valores **características "estimativos"** de potencias en H.P., rendimiento, factor de potencia, y cantidad de personas a transportar suponiendo velocidad de desplazamiento de 1 m/s:

Número de personas a transportar	Potencia en HP	Rendimiento (Rm)	CosΦ
2	2,5	0,83	0,87
3	4,5	0,85	0,88
4	6	0,86	0,89
5	7	0,86	0,90
6	8	0,87	0,93
8	12	0,88	0,93

Con los valores de tabla, la **corriente** de carga del ascensor se calcula como sigue:

Iasc (A) = Número de HP x 746 W / (1,73 x 380 V x Rm x cos Φ)

La conversión entre HP y W, se expresa como 1 HP = 746 W

Otro tipo de tabla nos indica **las potencias resultantes en kVA = VA x 10^3** para diversas velocidades en **m/s**, y **diversas cantidades de personas** a transportar.

Velocidad	Número de kVA en relación a número de personas a transportar			
	4 personas	8 personas	10 personas	16 personas
0,6 m/s	4	7	9	15
1 m/s	6	12	14	30
1,5 m/s	9	20	30	40
2 m/s	15	30	30	60

En edificios convencionales se utiliza la velocidad de 1 m/s.

Como es habitual, el proyectista se puede manejar con el catálogo del proveedor del equipo, y en ese caso el cálculo será más exacto.

El motor del ascensor requiere un circuito seccional trifásico ACU **exclusivo.**

El proyecto eléctrico en general concluye con el dimensionamiento de los conductores de alimentación al tablero de ascensores situado generalmente en zona de terraza, a partir del cual el especialista continuará la instalación del sistema de ascensores. El circuito seccional de ascensores es de **conexión fija** (tablero-tablero) y sin derivaciones y/o conexiones a tomacorrientes, cualquiera sea la potencia del equipo de ascensores.

3.2.2. Bombeo de agua, cálculo estimativo

En los edificios de altura es necesario bombear el agua desde la cisterna (subsuelo) al tanque elevado (terraza) del edificio desde donde se distribuirá por gravedad hacia los departamentos y/o locales de los usuarios. El circuito seccional de bombeo es de **conexión fija** (tablero-tablero) y sin derivaciones, y/o conexiones a tomacorrientes, cualquiera sea la potencia del equipo de bombeo.

La bomba debe ejercer mecánicamente el trabajo de bombeo de agua, para lo cual debe ser accionada por un motor eléctrico trifásico, que tenga la suficiente potencia para impulsar el agua de acuerdo al caudal de reposición requerido y a la altura de bombeo.

Para una estimación de potencia, lo primero es conocer el caudal de agua a bombear, que como es lógico depende del consumo diario del conjunto de los usuarios y servicios.

Una tabla típica de orientación de consumos es:

TIPO DE SERVICIO	CONSUMO EN LITROS CADA 24 HORAS
Departamento de hasta 100 m²	700
Local con servicio de cocina	300
Locales y oficinas con mínimos servicios sanitarios	100

El otro parámetro de diseño es la altura real en vertical a bombear, a eso debemos adicionar las pérdidas de la cañería, que se pueden considerar como una altura adicional.

Altura total (Hm) = Altura real + perdidas de carga por la cañería (o altura adicional)

A la altura total se la suele denominar altura manométrica (Hm).

Para el cálculo de Hm, se puede utilizar el siguiente criterio aproximado:

Hm = 1,3 Altura real

En cuanto al rendimiento de las bombas, podemos mencionar los siguientes:

TIPO DE BOMBA	RENDIMIENTO PROMEDIO
Bombas centrífugas	De 0,60 a 0,80

Para elevar en una hora el caudal de agua consumida en un día, el cálculo estimativo de la potencia de un equipo de bombeo es:

Potencia[3] = (Caudal en litros –día x Hm) / (3600 x 75 x RB)

Esta última fórmula indica la potencia de motor si se bombeara toda el agua consumida de un día en una hora.

Es más razonable bombear el consumo diario en **dos horas**, con lo cual la formula queda:

Potencia (HP) = (Caudal en litros –día x Hm) / (3600 x 75 x RB x 2)

Obtenidos el valor de la potencia por cálculos o **por catálogos.** La corriente del equipo se obtiene en forma similar al caso de los motores trifásicos de ascensores, pero aquí interviene el rendimiento (RM) y el factor de potencia (cos Φ) del motor impulsor.

---

3   En la práctica comercial se indican en HP. Del valor de potencia en CV (otra forma de expresión de la potencia necesaria del motor de bombeo) resulta el valor 75 como relación 736 W / 9,81 = 75. La diferencia de valores entre la expresión en HP o CV no es significativa para los alcances de estos cálculos.

Más adelante veremos algunos ejemplos de aplicación de estos cálculos. En general, en edificios típicos de doce pisos y de cuatro departamentos por piso, el motor de bombeo es de 1 a 2 HP.

La corriente del motor de bombeo, considerando su potencia en HP, es:

$$I\ B\ (A) = (Potencia \times 746\ W) / (1,73 \times 380\ V \times RM \times \cos \Phi)$$

El motor del ascensor requiere un circuito seccional trifásico ACU **exclusivo.**

Los circuitos de comando (interruptores de flotantes, señalización, etc.) serán alimentados con MBTS sin PAT de protección (771.8.5 de la RIEI).

3.2.3. Iluminación de espacios comunes y servicios varios de 220V

En algunos proyectos se define agrupar las cargas de iluminación de servicio, las de los sistemas de portero eléctrico, las de alarmas, etc. En ese caso, se podrán diseñar circuitos monofásicos de alimentación a luces permanentes, luces automáticas de palier y escaleras (conviene separar los sistemas automáticos de palier del sistema de escaleras en edificios con ascensores), sistema de portero eléctrico, amplificador de TV, vivienda del portero, etc.

Se debe definir en el proyecto las características técnicas de seguridad de un tablero de servicios de iluminación y servicios de 220 V cuando deba ser operado por personas BA1 (portero del edificio).

3.4. Ejemplo de cálculo eléctrico de carga, selección de conductores y protecciones de servicios generales.

Se trata de un edificio de **doce pisos** (13 plantas con altura de piso 2,3 m) donde cada piso tiene **4 departamentos de 90 m² con Grado de Electrificación promedio de 6500 VA.** En planta baja se ha previsto un local comercial de 20 m² con Grado de Electrificación de **3700 VA** y **diez oficinas** con Grado de Electrificación promedio de **4200 VA.**

El equipo de bombeo será tipo centrífugo y debe elevar por criterio de proyecto el consumo diario de agua **en cuatro horas.**

Los ascensores son de **8 HP** (6 personas y equipo de velocidad 1m/s, ver Tabla punto 3.2.1) **cada uno,** de RM = 0,87 y cos Φ = 0,93.

Los circuitos de iluminación permanente se han proyectado para 10 bocas de 60 VA cada una.

Los circuitos de iluminación automática de palier se han proyectado para 36 bocas (tres circuitos) de 60 VA cada una y el de escalera de 11 bocas de 60 VA cada una.

La potencia de carga del sistema de portero eléctrico es de 300 VA y del sistema de alarma de 500 VA.

Se pide calcular la carga de los servicios generales y proyectar los circuitos necesarios.

3.4.1. Bombeo

Caudal diario: 48 x 700 litros + 1 x 300 litros + 10 x 100 litros = 34900 litros.
Altura manométrica: Hm = 1,3 x (12 x 2,3 m) = 35,88 m.
Rendimiento de bomba (RB) = 0,80 (dato).
Rendimiento motor (RM) = 0,86 (dato).

cos Φ = 0,87 (dato).

También existen catálogos donde se elige la potencia en HP del equipo de bombeo en función de la altura manométrica y el caudal establecido en proyecto.

Volvamos al procedimiento general para el cálculo de la potencia del motor para equipo de bombeo:

> **Potencia (HP) = (34900 litros x 35,88 m) / (3600 x 75 x 0,80 x 4)** $\cong$ **1,5 HP**

La corriente **trifásica** del motor del sistema de bombeo será:

> **IB(A) = (1,5 x 746 W) / (1,73 x 380 V x 0,86 x 0,87)** $\cong$ **2,24 A**

3.4.2. Ascensores

La corriente **trifásica** del sistema de dos motores para ascensores se calcula a partir de la potencia en HP requerida, del rendimiento y factor de potencia:

> **I as (A) = 8 HP x 746 W / (1,73 x 380 V x 0,87 x 0,93)** $\cong$ **11,20 A**

Donde los valores son Rm = 0,87 y cos Φ = 0,93 se han obtenido de catálogo del motor del ascensor.

En este proyecto se ha previsto que las maniobras de circuitos seccionales de ascensores y bombeo de agua se realizan por medio de protecciones ubicadas en el tablero de medidores y para operación por medio de personal BA4 y BA5, por lo tanto este tablero tiene una concepción de tablero industrial.

Desde el tablero posterior al medidor de servicios generales se establecen:

- El circuito seccional LS1 vincula el medidor de servicios generales y el TIS.

- Los circuitos seccionales LS2 y LS3 vinculan el medidor de servicios generales con los tableros de ascensores (TA1S y TA2S).

- El circuito seccional LS4 vincula el medidor de servicios generales con el tablero de bombeo.

Como todos los circuitos seccionales son trifásicos con neutro, deben ser protegidos por interruptores automáticos de modelos tetrapolares.

Los circuitos seccionales de ascensores (LS2, LS3) y bombeo (LS4) son trifásicos con neutro y se seleccionarán sus conductores de alimentación de acuerdo a la corriente de carga de cada uno.

Para la alimentación de 220 V de cabinas de ascensor es conveniente, por seguridad de pánico ante una parada del motor de ascensor, establecer un sistema independiente de 220 V no vinculado al sistema de 3 x 380 V de alimentación de los motores de ascensores.

La alimentación de potencia del contactor del motor de equipo de bombeo se obtiene del sistema trifásico. Pero el sistema de alimentación al contactor de equipo de bombeo (lugares húmedos) debe ser de tipo MBTS (tensión máxima recomendada de 12 V) y debe ser logrado por medio de transformador de seguridad. Los tableros a equipos de bombeo se recomiendan de material aislante sellando los puntos de entrada de conductores. Los gabinetes separados de pared al menos 8 mm y los conductores de Norma IRAM 2178.

3.4.3. Iluminación y tomacorrientes de servicio

Se proyecta un tablero TSI para:

√ Un circuito **C1** para 8 tomacorrientes de 300 VA.

√ Un circuito **C2** para dos tomacorrientes trifásicos de 1000 VA instalados en sala de medidores y de máquinas de ascensores.

√ Un circuito **C3** para 11 bocas de 60 VA para iluminación automática de escaleras.

√ Circuitos **C4, C5, C6** para iluminación automática de palier (12 bocas de 60 VA por circuito).

√ Un circuito **C7** para sistema de PE (300 VA) y alarmas (500 VA).

En este proyecto se consideró la operación de servicios generales (Circuitos 1 a 7) por medio de personal BA1 (portero) en un tablero TSI en planta baja apto para este tipo de operación y por lo tanto, separado del tablero industrial de servicios generales.

La carga del TSI es:

C1: 8 x 300 VA = 2400 VA (fase L1).

C2: 2 x 1000 VA = 2000 VA (fase L1, L2, L3).

C3: 11 x 60 VA = 660 VA (fase L2).

C4: 12 x 60 VA = 720 VA (fase L3).

C5: 12 x 60 VA = 720 VA (fase L2).

C6: 12 x 60 VA = 720 VA (fase L3).

C7: 800 VA (fase L3).

Corrientes aproximadas establecidas por los circuitos del TIS:

C1: 2400 VA/ 220 V = 11 A (fase L1).

C2: 2000 VA / 1,73 × 380 = 3 A (fase L1, L2, L3).

C3: 660 VA / 220 V = 3 A (fase L2).

C4: 720 VA / 220 V ≈ 4 A (fase L3).

C5: 720 VA / 220 V ≈ 4 A (fase L2).

C6: 720 VA / 220 V ≈ 4 A (fase L3).

C7: 800 VA / 220 V ≈ 4 A (fase L3).

Corrientes totales, por cada fase, establecida por el TIS:

Fase L1: 14 A.

Fase L2: 11 A.

Fase L3: 15 A.

Los circuitos monofásicos de iluminación se establecen en fases diferentes para intentar un equilibrio de cargas por fases.

Los circuitos para sistemas automáticos de palier o escaleras se proyectarán con dos o tres conductores (según el tipo de sistema utilizado) para realizar el encendido simultáneo o el permanente hasta determinadas horas y el encendido durante un cierto tiempo en horarios nocturnos.

Por ahora, podemos adelantar que para los conductores de fase y de neutro de los circuitos derivados del TIS se establecerán secciones de 1,5 mm², pero en la continuación de los cálculos se deben verificar los conductores por caída de tensión y cortocircuito y de ello pueden resultar secciones mayores a 1,5 mm².

Las protecciones de circuitos de iluminación y tomacorrientes son modelos bipolares (2P) de las características indicadas más adelante.

Aquí cabe agregar que algunos fabricantes ofrecen los "telerruptores" que permiten organizar el sistema de iluminación en forma inteligente y programable. Este moderno sistema racionaliza la instalación, permite ahorrar tendidos de cables e introducir programas de automatismo para ahorro energético.

El conductor de protección (PE) será siempre aislado (verde-amarillo) y de sección mínima de 2,5 mm².

Selección de interruptores automáticos en tablero de servicios

Más adelante ofrecen explicaciones sobre las características de los interruptores automáticos y sobre la forma de designarlos. Por ejemplo D20A-4P, significa que ofrece una curva de actuación D, es de corriente asignada de 20 A y es de modelo tetrapolar (4P).

Circuito seccional LS1 protegido con modelo D20A-4P por establecerse que este circuito vinculado al TS1 será de conductor **PVC** Norma IRAM 2178 de 4 x 4 mm² que según Tabla 771.16.III método de instalación B2 admite a 40 °C, la corriente admisible de 23 A >15 A.

Circuitos seccionales LS2 y LS3 con modelo D40A-4P por establecerse que ambos circuitos a los tableros de ascensores serán de conductor PVC Norma IRAM 2178 de 4 x 10 mm² que según Tabla 771.16.III método de instalación B2 admite a 40 °C, la corriente admisible de 40 A >11,2 A.

Circuito seccional LS4 con modelo D20A-4P por establecerse que este circuito vinculado al tablero de bombeo será de conductor PVC Norma IRAM 2178 de 4 x 4 mm² que según Tabla 771.16.III método de instalación B2 admite a 40 °C, la corriente admisible de 23 A> 2,24 A.

Según la RIEI, los equipos con motores trifásicos mayores a 1 HP se deben proteger con dispositivos que interrumpen la alimentación cuando queda sin tensión alguna de sus fases.

En la finalización del circuito seccional de ascensores (sala de máquinas) es conveniente disponer de un **seccionador tetrapolar de corte bajo carga** (no es un dispositivo de protección) para permitir la desconexión de la tensión por parte de los operarios BA4 y BA5 que realizan tareas de mantenimiento en los equipos de ascensores.

De acuerdo a todo lo indicado:

La corriente total de servicios generales es (fase más cargada) ≅ **15 A + 2 x 11,2 A + 2,3 A**

I total servicios generales ≅ 40 A

El tramo de cable que vincula el medidor de servicios generales con el tablero de salida de los circuitos seccionales LS1, LS2, LS3 Y LS4 debe ser apto para la corriente total requerida por los servicios generales (40 A).

El medidor de energía trifásica de servicios generales está ubicado "aguas arriba" en un nicho aledaño a los otros medidores de cada vivienda, local u oficina.

A modo de ejemplo, se puede mencionar que en Capital Federal y ciertas zonas Buenos Aires, la ED establece una categoría al usuario y tarifas 1, 2, 3 según el caso. El medidor de servicios generales es un cliente más de la ED. La conexión de este medidor como de los demás se solicita presentando el **"Certificado de Conformidad"** firmado por el instalador matriculado según la demanda simultánea calculada en su presentación. La solicitud conduce a que la ED encuadre al cliente en una de las tarifas y especifique la caja de medición correspondiente a esa tarifa.

En otras provincias, las empresas de distribución establecen que hasta determinada corriente se debe utilizar un tipo de caja de medición y para valores mayores donde el medidor necesita ser alimentado desde un transformador de corriente y probablemente otro tipo de caja para el conjunto.

En general, las empresas de distribución indican fusibles de protección anterior al medidor trifásico, sólo accesibles a la ED y calibrados a la carga declarada en proyecto (en el conductor neutro en general no se instalan fusibles).

3.5. Ejemplo de protecciones diferenciales sugeridas para el sistema de servicios generales.

En cuanto a la instalación de interruptores diferenciales para resolver contactos eléctricos, se pueden establecer algunos criterios:

a) Circuito derivado de un TS de servicios generales con un interruptor diferencial de corriente diferencial $I_{\Delta n} \leq 30mA$ para el circuito que corresponde a iluminación de coches de ascensores (en general esta es una exigencia de las Direcciones de Bomberos).

b) Circuitos de 220 V derivados del TS de servicios generales con un interruptores diferenciales de corriente diferencial $I_{\Delta n} \leq 30mA$ para los circuitos de iluminación automática, permanente, tomacorrientes de servicio y circuitos de conexión fija.

Los interruptores diferenciales tetrapolares de corriente diferencial $I_{\Delta n} \leq 30mA$ ofrecen protección de contacto directo e indirecto, pero su actuación implica el corte, a veces, de varios circuitos hasta la búsqueda y reparación de la falla.

En definitiva sugiero la utilización de interruptores diferenciales de 2P para conjuntos de circuitos terminales y en todo caso utilizar interruptores diferenciales de 2P en cada conjunto derivado de cada fase y neutro.

Módulo 4

Ejemplo de cálculo de la carga total
de un conjunto multivivienda
con local comercial y oficinas.

4.1. Ejemplo de cálculo de la carga en edificios.

Para este procedimiento se utiliza el factor de simultaneidad de conjuntos de departamentos y locales indicados por el RIEI.

Se debe determinar la carga total correspondiente de las viviendas, oficinas o locales que se calcula sumando los resultados de la demanda de potencia máxima simultánea (DPMS) correspondiente al Grado de Electrificación (Tabla 771.9.I) más la DPMS de los circuitos dedicados a cargas específicas, afectando ambas cargas de los coeficientes de simultaneidad que corresponda (Tabla 771.9.II para el procedimiento de Grado de Electrificación y según proyecto para los circuitos de uso específico).

Carga total correspondiente al conjunto de unidades

Una vez calculada la carga de las unidades de propiedad horizontal y a fin de obtener la carga del conjunto se procederá de la siguiente manera:

En edificios de viviendas o eventualmente con algunos locales comerciales se sumarán las cargas de las unidades de vivienda, oficina o local. Al resultado, se lo podrá afectar de un coeficiente de **simultaneidad** de Tabla 771.9.III. En la tabla siguiente se dan los valores de ese coeficiente en función del número total de unidades y su Grado de Electrificación.

Número total de uni-dades	Coeficiente de Simultaneidad	
	Grado de Electrificación	
	Mínima y Media	Elevada y Superior
2 a 4	0,9	0,7
5 a 15	0,8	0,6
15 a 25	0,6	0,5
> 25	0,5	0,4

En el caso de locales u oficinas, los valores de simultaneidad pueden ser cercanos a la unidad, por ello la utilización de los factores debe ser evaluada por el proyectista.

Ejemplo:

Edificio de *12 pisos* (altura de piso 2,3 m) donde cada piso tiene *4 departamentos de 90 m² con carga promedio de 6500 VA*. En planta baja se ha previsto un local comercial con carga de *3700 VA* y *10 oficinas* con carga promedio de *4200 VA*.

Se trata de un total de 11 x 4 + 1 + 10 = 55 unidades. Las unidades de 6500 VA y de 4200 VA corresponden a Grado de Electrificación Medio y el local a Grado de Electrificación Mínimo.

Al valor de la sumatoria del procedimiento anterior, le sumamos la potencia de servicios generales con un factor de simultaneidad unitario.

4.1.1. Carga total del edificio

En Grado de Electrificación Mínimo y Medio y para más de 25 unidades corresponde aplicar un coeficiente de simultaneidad 0,5, más la carga de servicios generales de este ejemplo que se considera **26296 VA**.

Para la carga de servicios generales se considera el ejemplo del Módulo 3:

> **Corriente de servicios generales** $\cong$ **40 A.**
>
> **Potencia de carga total de servicios generales** $\cong$ **1,73 x 40 A x 380 V** $\cong$ **26296 VA.**

Carga total del edificio:

> **(44 x 6500 VA + 3700 VA + 10 x 4200 VA) x 0,5 + 26296 VA** $\cong$ **192146 VA**

4.1.2. Corriente total del edificio

> **192146 VA / 1,73 x 380 V** $\cong$ **292 A**

Seleccionamos un cable de alimentación para todo el edificio de tipo unipolar de cobre 120 mm², XLPE Norma IRAM 2178 de Tabla 771.16.III de colocación en bandeja de fondo sólido método de instalación C (cables unipolares en contacto, columna 3x1), con temperatura de 40ºC, obtenemos la corriente admisible del cable:

> **Iadm de cable 4 (1 x 120 mm²) = 293 A > 292 A**

Se han seleccionado cables unipolares para las fases y el neutro de 120 mm², práctica que permite asegurar un mejor comportamiento del conductor de neutro a las posibles sobrecargas de este tipo de instalaciones donde no se puede garantizar la simetría trifásica (cargas desequilibradas aleatorias) ni asegurar que no existirán armónicas generadoras de sobrecargas en el conductor neutro.

Reflexión:

En las acometidas y previo a los medidores, las especificaciones las indican las ED y como es de práctica, indican fusibles sólo en las fases y el neutro sin protección.

Si para el cable de ingreso al edificio el neutro se hubiera elegido de sección menor que la sección de las fases (por ejemplo 3 x 120 mm² + 70 mm²) como el neutro no está protegido y es de menor sección podría sobrecargarse y no disponer de protección.

En el estado actual de los consumos y de la presencia de armónicas en el neutro no es aconsejable utilizar cables con neutro de menor sección en acometidas donde no se puede asegurar un equilibrio de cargas que garantice una menor corriente en el neutro que en las fases.

En secciones mayores a 16 mm^2 si se requieren secciones de neutro iguales a las de las fases la solución es utilizar cables unipolares.

En general, las empresas de distribución indican la instalación de una caja ubicada en línea municipal para los fusibles NH de acometida.

En el tablero de medidores y previo a los medidores las ED generalmente indican un seccionador fusible y en algunos casos aceptan un interruptor bajo carga para el corte general de toda la carga del edificio.

Módulo 5

Criterios de utilización de conductores y cables. Selección de acuerdo a la RIEI. Canalizaciones, bandejas, instalaciones de iluminación.

5.1.   Criterios de utilización de conductores, cables y canalizaciones.

Denominación y tipos

En general, a todos los materiales aptos para conducir corriente se los denomina **conductores** (barras de cobre, terminales, peines de conexión, etc.). Se denomina **conductor aislado** a los construidos con hebras flexibles (cobre, aluminio o aleaciones) con una cubierta aislante; **y cables** a los conductores aislados con otra cubierta adicional aislante del material necesario para cumplir condiciones específicas **de instalación**.

En las instalaciones eléctricas de inmuebles y a partir del TP, se utilizan conductores de cobre por la necesidad de garantizar conexiones seguras y durables con elementos de vinculación y equipos con contactos de cobre (interruptores de efecto, interruptores automáticos, etc.). Una conexión cobre- aluminio que no se realice mediante elementos bimetálicos puede originar par galvánico y fallas que a veces originan incendios

La ED utiliza en sus redes aéreas, desnudas o aisladas, conductores de aluminio o de aleación de aluminio (como soporte mecánicos de sistema preensamblado) y establece los necesarios elementos de vinculación que evitan **el par galvánico** en la transición de conductores de cobre y aluminio. Es posible establecer en redes aéreas conductores de cobre, pero las razones expresadas y la mayor posibilidad de hurto, en definitiva, han marcado la tendencia hacia redes de distribución con líneas de conductores de aluminio. Las redes subterráneas de distribución, que están a veces más protegidas, se establecen con cables de cobre o aluminio aptos para ese tipo de instalación. En conductores y cables, además de su selección por los métodos convencionales de corriente admisible, máxima caída de tensión, etc. deben elegirse de modelos adecuados para las condiciones ambientales (771.11 de la RIEI); y también si correspondiera cumplir con condiciones específicas emitidas por la Autoridad de Aplicación.

La selección de conductores y cables de marcas comerciales debe responder a las tablas de referencia que indica la RIEI. En general, cuando se seleccionan marcas líderes que comercializan productos en el marco de Normas de producto y de calidad coinciden las tablas comerciales con las establecidas en la RIEI.

En lo que sigue se seleccionaran conductores y cables de acuerdo a la RIEI y se mencionan marcas a modo de ejemplo de selección comercial.

Revisemos algunas características comerciales de conductores y cables:

Características Técnicas	Logotipo de comprensión	Resumen de características
Nivel de Tensión	450/750 VOLT — 0.6/1.1 KV	La tensión mínima exigida por la RIEI es 450V. El conductor aislado debe garantizar 450/750 V y en cables su cubierta aislante lleva su aislación a 600/1100V. La selección de la aislación debe responder a la máxima tensión de trabajo del conductor aislado o del cable.
Material del conductor	Cu — Al	El material conductor incide en la conductividad, en el costo y en el peso del cable. Cada tipo tiene su aplicación. El aluminio se utiliza, por ejemplo, en los denominados cables preensamblados y el cobre se utiliza con exclusividad en instalaciones eléctricas de inmuebles.
Material aislante	PVC — XLPE	Incide en la capacidad de carga del cable y en su comportamiento frente al fuego. El PVC puede y debe cumplir las condiciones de **ensayo de incendio** y el XLPE sin aditivos solo puede cumplir las condiciones de **ensayo de llama.**
Flexibilidad		Incide en la facilidad de instalación. El tema reviste importancia en las instalaciones eléctricas de inmuebles, pues a mayor flexibilidad (Clase 5) se logra una mejor adaptación y se evitan los daños en su instalación. El cobre electrolítico, como conductor posibilita la construcción de Clase 5 **que no se logra con conductores de cobre no electrolítico proveniente del reciclado.**
Comportamiento frente al fuego		El de segunda columna es **antillama** y el de tercera columna es **antincendio**. Incide en el nivel de seguridad en el caso de que el cable tome fuego ya sea por razones propias (instalación mal diseñada) o por razones de un fuego externo.

Conductores y cables no permitidos (771.12.1)

La RIEI indica que se deben utilizar en instalaciones fijas exclusivamente conductores aislados o cables **no propagantes de la llama y no propagantes del incendio y de tensión nominal mínima 450/750V**. En instalaciones móviles se admiten cables que solo cumplan la "no propagación de la llama".

No deben utilizarse en circuitos de instalaciones eléctricas en inmuebles las cuerdas desnudas (excepto como dispersores enterrados o de PAT de protección en bandejas portacables), los conductores macizos, los cables sueltos en cielorrasos ni los "tipo taller" según Norma IRAM NM-247-5 (ex IRAM 2158).

Los cordones flexibles IRAM NM-247-5 no son aptos para instalaciones fijas. Son de aplicación para la alimentación de aparatos móviles, portátiles, o fijos y para operaciones de mantenimiento. Por ejemplo, luminarias con cordón con longitud máxima de 5 m y sección mínima 1,5 mm^2 (otras condiciones fijadas en 771.A.6).

No deberán instalarse conductores o cables de cualquier modelo sobre o bajo canaletas, o embutidos directamente en paredes, techos o pisos de cualquier material.

Ejemplos de aplicación para cables y conductores permitidos para condiciones de tipo BD1, BD2, BD3 y BD4.

Se aplican a viviendas, oficinas y locales comerciales (unitarios) según:

Clasificación BD1: Edificaciones para baja densidad ocupacional y condiciones fáciles de evacuación con afluencia simultánea entre público, personal empleado y alturas de edificios según lo que indique la Autoridad de Aplicación.

Los cables y conductores para estas condiciones se pueden revisar en **columna 2** de Tabla 771.12.I:

Instalaciones: La RIEI establece condiciones específicas a cumplir por los conductores, cables y por las canalizaciones.

Instalación fija en cañerías, conductos o cablecanales con tapa removible: Conductores y cables no propagantes de la llama y el incendio según Norma IRAM NM 247-3 (ex IRAM 2183), 2178, 62266, 62267, 2268. Las canalizaciones serán de materiales no propagantes de la llama.

Instalación fija en bandejas: Conductores y cables no propagantes de la llama y el incendio según Norma IRAM 2178, 62266, 62267, 2268. Los modelos IRAM NM 247-3, 62267 o desnudos IRAM 2004 o IRAM NM 280; solo como conductores de protección PE. Las bandejas y accesorios serán de materiales no propagantes de la llama.

Clasificación BD2, BD3, BD4: Edificaciones para diversas condiciones de ocupación y de evacuación con afluencia simultánea entre público y personal empleado de acuerdo a lo establecido por la Autoridad de Aplicación.

Los cables y conductores y canalizaciones para estas condiciones se pueden revisar en **columna 1** de Tabla 771.12.I y en general son:

Instalación fija en cañerías, conductos o cablecanales con tapa removible: Conductores y cables no propagantes de la llama, el incendio y de baja emisión de humos y gases tóxicos según Norma IRAM 62266, 62267 o desnudos IRAM 2004 o IRAM NM 280; solo como conductores de protección PE. Las canalizaciones serán de materiales no propagantes de la llama y baja emisión de humos opacos, gases tóxicos y libres de halógenos

Instalación fija en bandejas: Conductores y cables no propagantes de la llama, el incendio y de baja emisión de humos y gases tóxicos según Norma IRAM 62266. Los modelos 62267 o desnudos IRAM 2004 o IRAM NM 280; solo como conductores de protección PE. Las bandejas y accesorios serán de materiales no propagantes de la llama y baja emisión de humos opacos, gases tóxicos y libres de halógenos

Los cables de instalaciones de potencia que no terminen en cajas enterradas y recorran el interior de edificios expuestos al aire por una longitud mayor a 2,5 m. deberán satisfacer el ensayo de retardo de propagación del incendio de Norma IRAM 2289, Norma IEC 60332-3-24. Para cañerías, conductos y cable-canales de material sintético o cables dispuestos sobre bandejas se proyectarán las montantes de forma tal que el volumen de material combustible por metro lineal de montante no supere los 1,5 dm^3.(categoría c) Si este valor fuera superado, se utilizarán cables las soluciones indicadas en a), b), y c) y de 771.12.2.2.

El proyectista debe analizar las categorías de cables en cuanto a cantidades de material combustible de la aislación de los cables (tipo C y otros tipos en Nota 1). Para los cables de tipo C de Norma

IRAM NM IEC 60332-3-24 deben verificarse las cantidades para no superar 1,5 dm^3 de metro lineal de recorrido en bandeja. Esta verificación se puede hacer en forma sencilla con los datos de los cables con sus aislación; multiplicando el diámetro exterior (en dm) por un metro (10 dm). Por ejemplo un modelo de cable de 3 x 35 mm^2 aporta aproximadamente 0,5 dm^3 de aislación por metro lineal, por lo que por bandeja no se deberían instalar más de tres cables de este tipo. En estos tipos de instalaciones se dispondrán los elementos necesarios para sellar los agujeros de paso entre diferentes pisos del edificio (los materiales de sellado deberán poseer una resistencia al fuego por lo menos equivalente al material desalojado en la construcción del pleno).

En el caso que esta verificación no se cumpla se deben distribuir los cables en varias bandejas y separarlas en distancias que no propaguen el incendio o por tabiques ignífugos o en las columnas montantes disponer de tapas para cerrarlas.

En instalaciones donde un cable enterrado ingrese a un recinto en más de 2,5 m de recorrido, se debe verificar los tramos exteriores en cuanto a cantidades máximas de material combustible.

Cuando la autoridad de aplicación o la concepción de seguridad de proyecto exija la utilización de cables con cubiertas LSOH (baja emisión de humos y halógenos) las canalizaciones deberán cumplir las mismas exigencias (en general las de tipo metálicas lo cumplen).

La actualidad del costo de conductores y cables merece una reflexión:

El costo de los conductores y cables en baja tensión y hasta 1100 V lo impone prácticamente el costo de las secciones de cobre, ante lo cual conviene seleccionar cables con aislación de XLPE y cubiertas de tipo LSOH de modo de cumplir dos condiciones fundamentales:

Obtener la máxima capacidad de carga a iguales secciones de cobre y cumplir la necesidad exigida en la RIEI de instalaciones que no emitan humos, gases tóxicos y corrosivos.

Los **cables** LSOH cumplen ambas condiciones y por ello aparecen como interesantes para instalaciones de todo tipo y especialmente en edificios donde ante un incendio se requiere que los cables no agraven las consecuencias.

Además siempre es recomendable utilizar **conductores aislados** con LSOH pues esa cubierta adicional de aislación no agrava las consecuencias de los incendios.

Cables para instalaciones sometidas a influencias externas especiales (Nota 7 de 771.12.2.2 de la RIEI)

Como adelanto de condiciones extremas, la futura AEA 90364-3 le indica al proyectista la necesidad de consultar con el fabricante para lograr cables:

- Resistentes a bajas temperaturas y a veces con alta higroscopicidad, que para su instalación se los debe mantener en recintos calefaccionados previo a su tendido.

- Resistentes al agua con eventuales rellenos taponantes en los intersticios de cada fase y eventuales armaduras como protección de daño mecánico.

- Resistentes a sustancias contaminantes o corrosivas que lo circunden.

- Resistentes al impacto por medio de armaduras o protecciones reforzadas.

- Resistentes a vibraciones donde por diseño se conforman con conductores multifilamento.

- Resistentes a presencia de flora, moho o fauna (aptos para la limpieza y uso de pesticidas).

- Resistentes a la penetración de ondas electromagnéticas, ionizantes o electrostáticas mediante blindajes específicos para lograr la inmunidad de acuerdo al tipo de instalación.

- Resistentes a la radiación solar mediante cubiertas resistentes a la radiación ultravioleta.

Es normal que estos modelos no sean de stock normal, por ello el proyectista debe gestionar las condiciones necesarias para sus cables con fabricantes líderes que le garanticen la calidad y confiabilidad de producto.

Cables y canalizaciones subterráneas (771.12.4 de la RIEI)

Instalados directamente donde el fondo de la zanja:

Será una superficie firme, lisa, libre de discontinuidades y sin piedras. El cable se dispondrá a una profundidad mínima de 0,7 m respecto de la superficie del terreno. Como protección contra el deterioro mecánico, se utilizarán recubrimientos con media caña de cemento o ladrillo según esquemas de la RIEI. Las uniones entre conductos se harán de modo de asegurar la hermeticidad.

Instalados en conductos enterrados o en cañeros de hormigón:

La Norma IEC establece necesidades a cumplir por los caños enterrados para soportar la energía de los posibles impactos. Se admiten los modelos livianos de caños cuando se instalan en un cañero hormigonado. Los conductos de material sintético pueden ser de PVC no plastificado (Norma IRAM 13350) y una protección apta para el impacto mecánico similar a la de cables enterrados o un sistema de hormigón (1 parte de cemento y 5 de arena) y espesor del orden de 5 cm. que recubra todas las caras de los caños.

Se puede demostrar que un cañero de hormigón permite una mejor disipación térmica si se lo compara con el cable posado en el terreno directamente. Por ello, en líneas subterráneas de alta tensión, se utilizan los beneficios mecánicos y térmicos de los cañeros de hormigón.

Cables subterráneos debajo de construcciones (771.12.4.2.3 de la RIEI)

Deberán estar colocados en un conducto que se extienda como mínimo en 0,30 m más allá del perímetro de la construcción.

Distancias mínimas a otros servicios (771.12.4.3 de la RIEI)

- Se refiere a servicios que dependen o pertenecen a otros propietarios.

- Entre cables de energía y cables de señalización y comando: 0,2 m.

- Entre cables de energía y cables de telecomunicaciones: 0,2 m.

- Entre cables de telecomunicaciones y cables de señalización y comando: 0,2 m.

- Entre cables de energía y otros servicios: 0,5 m.

Si esta distancia no puede ser mantenida, se deben separar los servicios por medio de una hilera cerrada de ladrillos u otros materiales dieléctricos malos conductores del calor, de espesor mínimo 0,05 m.

Todas las transiciones, conexiones o derivaciones se realizaran en cámaras o cajas.

Las dimensiones internas útiles de las cajas o cámaras serán las adecuadas al proyecto y el tendido en función de la sección de los conductores.

Las canalizaciones subterráneas deberán tener cámaras de inspección de acuerdo a proyecto.

Uniones y derivaciones de conductores

Se realizarán intercalando y retorciendo sus hebras en secciones inferiores a 4 mm² hasta cuatro conductores y en 4 mm² hasta tres conductores.

Para más de 4 conductores deberán utilizarse borneras de conexionado conformes a Norma IRAM 2441 o Norma IEC.

Para secciones mayores a 4 mm² se utilizarán borneras, manguitos u otro tipo de conexiones que aseguren una conductividad al menos igual a la del conductor original.

Comercialmente se ofrecen terminales para todo tipo de conexiones y ofrecen mayor seguridad que la realización manual de la conexión.

No se las someterá a solicitaciones mecánicas y estarán cubiertas con aislante eléctrico de característica equivalente a la de los conductores.

Las uniones y derivaciones deben ser ejecutadas con idoneidad.

Código de colores

En la fase de un circuito monofásico se utilizará cualquiera de los colores indicados para las fases. Si una alimentación monofásica se deriva de una trifásica, el color del conductor de fase debe mantenerse en ambas líneas.

Para funciones de retornos de efectos, no se pueden utilizar los colores destinados a fases, neutro o protección, ni tampoco el verde ni el amarillo. Algunos instaladores utilizan el blanco o el rosa.

Algunas consideraciones a tener en cuenta para el diseño y montaje de cables.

Instalar cables en paralelo evitando el desequilibrio de las impedancias

Cuando se utilizan cables en paralelo para formar un sistema, la inducción debe ser igual en todos, pues de ello depende la distribución de corriente entre los cables. En los tendidos en bandejas los cables unipolares se deben sujetar a intervalos regulares para prevenir desplazamientos debidos a las fuerzas dinámicas por efecto de los impulsos de corriente de cortocircuito. En tendidos directamente enterrados esta medida no es necesaria. Las disposiciones en trébol **de sistemas superpuestos** no son recomendables porque los coeficientes de inducción de los cables en paralelo difieren significativamente.

Cuando se utilicen conductores en paralelo se deben utilizar la menor cantidad posible de subconductores o subsistemas (usar los cables de mayor sección posible o disponible).

La RIEI no permite más de una capa de cables multipolares por cada bandeja. Los cables unipolares colocados en trébol están permitidos y se consideran como formando parte de una única capa.

Es conveniente agrupar los cables de distintas fases en sistemas (en la realidad se trata de subsistemas que formarán el sistema principal), manteniendo las separaciones entre los cables pertenecientes a un sistema menores, como se indica a continuación:

En trébol:

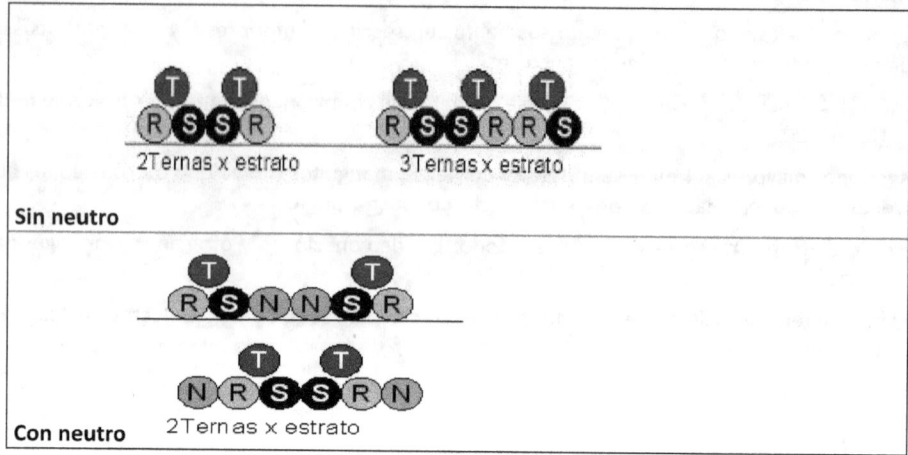

2Ternas x estrato   3Ternas x estrato

Sin neutro

2Ternas x estrato

Con neutro

El un plano horizontal o vertical:

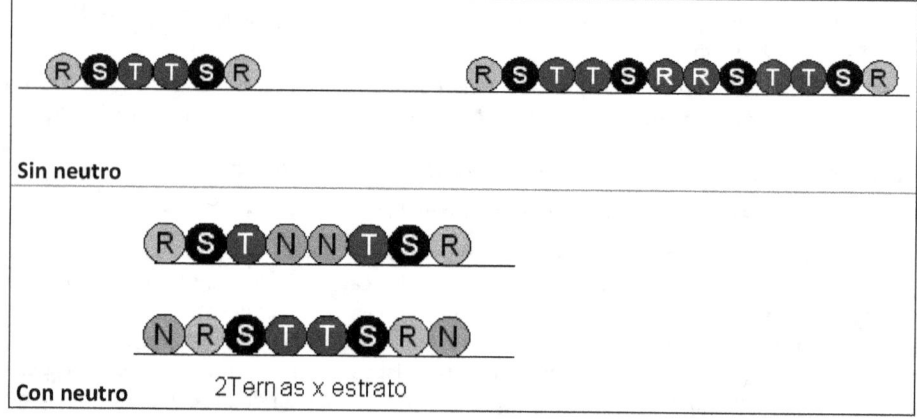

Sin neutro

Con neutro   2Ternas x estrato

Instalar cables sobre canalizaciones preexistentes sin reducir las intensidades de los cables ya instalados

En algunas ampliaciones se utilizan canalizaciones de cables existentes para realizar nuevos tendidos. Se debe tener en cuenta que el agrupamiento de circuitos debe contemplar factores de corrección que reduzcan las intensidades de los cables (tanto de los nuevos como de los ya instalados).

Dimensionar los cables por la potencia a transmitir por las fases, y no tener en cuenta la corriente de neutro

En sistemas trifásicos de 4 hilos las corrientes de cargas fase a neutro fluyen por cada fase y retornan por el neutro común. Si las cargas trifásicas son lineales y están balanceadas la corriente en el neutro es igual a cero.

Las armónicas de secuencia cero (3ra y 9na) se suman en el neutro en vez de cancelarse como sucedería en cargas lineales balanceadas. El problema se conoce comúnmente como n**eutro recalen-**

tado. Se deben realizar los cálculos correspondientes y tomar las decisiones u optar por tendidos alternativos para los nuevos cables.

Errores comunes:

- Utilizar cables normales para instalaciones sumergidas de forma permanente.

- Utilizar cables normales en instalaciones que puedan estar en contacto permanente con hidrocarburos.

- Utilizar cables para instalaciones fijas, por ejemplo IRAM 2178, en redes aéreas a la intemperie.

- Utilizar cables para uso móvil (denominados como TPR, etc.) para uso en maquinarias con movimientos continuos (ejemplo: grúas).

- Utilizar cables diseñados para uso móvil (conocidos como tipo taller) en instalaciones fijas.

Canalizaciones embutidas, a la vista u ocultas (771.12.3)

No se admiten canalizaciones que sean propagantes de la llama, y se recomienda el mismo criterio para otros servicios de baja tensión (televisión, telefonía, transmisión de datos, etc.).

El recorrido debe respetar la ortogonalidad de los ambientes siguiendo líneas verticales u horizontales de las paredes que limitan el local. No se permiten tendidos en diagonal.

El borde de caja más cercano a marcos se ubicara a no más de 0,25 m de la arista del marco, no más de 0,30 m de cielorrasos y no más de 0,20 m de solados (pisos).

Se respetará la cantidad de no más de tres curvas entre bocas, cajas o tableros. Las cañerías y conductos serán del mismo sistema.

En paredes con techos se admitirá una transición que deberá realizarse siempre mediante una caja.

Todo conducto finalizará en caja, gabinete, tablero o elemento de terminación.

En circuitos de conexión fija, se admitirá que la canalización continúe hasta la caja de conexión del equipo alimentado.

Prescripciones particulares para cañerías embutidas (771.12.3.3)

Las de tipos metálicas livianas o sintéticas deberán ser protegidas contra posibles agresiones mecánicas (clavos) por medio de:

- Embutidas con la parte más externa a no menos de 50 mm de las superficies terminadas, o ubicadas en contornos de puertas y ventanas hasta 100 mm de las aristas externas.

- Protegidas por barrera de acero, superpuesta entre cañería y pared externa de superficie terminada, de espesor no menor a 1,4 mm. Esta es la solución menos utilizada pos su costo.

- Protegida por mezcla "dura" de cemento (1 de cemento-3 de arena) en toda su longitud. En las que se instalan en losas esta condición se considera cumplida.

- Las cañerías sintéticas se deben asegurar de modo de no quedar sueltas

Prescripciones particulares para cañerías curvables y curvables autorrecuperables (771.12.3.3.4)

Las corrugadas y las lisas, metálicas o sintéticas presentan la posibilidad de formar curvas por lo que no se permiten simplemente apoyadas (no sujetas) en cielorrasos o lugares donde queden sueltas, además de:

- No se permiten recorridos en diagonal en paredes, se establecen distancias mínimas entre curvas y se deben sujetar a intervalos máximos de un metro.

- Para la selección de espacio interno deben cumplir con el 35% de ocupación máxima de sección de conductores, o verificar la Tabla 771.12.IX.

- En los modelos de interior "no liso" (corrugado por dentro) se seleccionará la de sección inmediata superior (Ej. en Nota 2 de 771.12.3.4).

Alojamiento de cañerías en lugares de materiales inflamables (Por ejemplo en techos de madera)

Se utilizaran los tipos metálicos pesado o semipesado Norma IRAM-IAS U 500-2100 o 500 -2005, con uniones roscadas y se diseñará todo el sistema con puesta a tierra por medio de conductores PE.

Montaje de las canalizaciones:

Los conductos se unirán con accesorios que no disminuyan su sección interna, que no originen la dificultan de pasado de los cables ni afecten su integridad (lastimado de la aislación). Los diversos tipos pueden o no asegurar la protección mecánica de los conductores y su aplicación respectiva debe estar relacionada con su ubicación. En las metálicas, se debe asegurar su continuidad (sistema equipotencial por medio de PE). Las cajas disponen generalmente de partes desfondables para su vinculación con cañerías.

Los accesorios de vinculación (conectores o sistema de tuerca y boquilla) serán del mismo material que las cañerías. Es decir, metálicos en canalizaciones metálicas y sintéticas en canalizaciones sintéticas.

Sistemas con tuerca y boquilla: En zonas de efecto sísmico, se exigen las metálicas con tuerca y boquilla (Por ejemplo lo que indica la Autoridad de Aplicación en la Ciudad de Mendoza).

En cuanto a cajas de paso o derivación (siempre accesibles) se instalará como mínimo una cada 12 m de tramo recto horizontal y una cada 15 m en tramos verticales. Las derivaciones se realizaran mediante cajas.

En tramos en forma de "U" (pisos de subsuelos y planta baja) que facilitan la acumulación de agua, se utilizarán las de modelos sintéticos o las metálicas de acero galvanizado o inoxidables (no las de tipo esmaltadas). Los cables para estas instalaciones serán IRAM 2178, 62266 o 2268.

No se instalarán más de tres curvas entre cajas, la distancia entre dos curvas no será menor 10 veces el diámetro exterior del caño y los cambios de dirección en conductos de sección no circular se realizarán mediante accesorios específicos.

Tabla - Radios de curvatura para caños metálicos

PARA CAÑO TIPO LIVIANO O SEMIPESADO		RADIO DE CURVATURA [mm]	
Diámetro nominal	Designación IRAM	Mínimo	Máximo
5/8"	CL/CR 16	35	45
3/4"	CL/CR 19	42	52
7/8"	CL/CR 22	50	55
1 "	CL/CR 25	59	69
1 ¼"	CL/CR 32	74	84
1 ½"	CL/CR 38	90	100
2"	CL/CR 51	120	130

Nota: CL: curva lisa; CR: curva roscada.

Canalizaciones interiores a la vista (771.12.3.4)

Se podrán utilizar las del mismo tipo establecido para las instalaciones embutidas, incluso las de tipo cablecanal con accesorios normalizados.

En las terminaciones se utilizará el tapón roscado y para el tapado de agujeros se utilizará el tapón de goma o tapa abulonada. Se utilizará también el roscado directo de caños a cajas o por medio de conectores a rosca; pero en todos los casos las vinculaciones que se ejecuten por medio de roscado no se podrán remover sin auxilio de herramientas. No se permiten cajas ni tableros con agujeros troquelados y removibles sin herramienta.

Las canalizaciones podrán ser de acero inoxidable, de acero tipo liviana esmaltada, de caños flexibles Norma IEC 61386 o de cañería o cablecanales aislante según IEC 61084 con las consideraciones exigidas para locales específicos (Por ejemplo: no propagación del incendio y si corresponde al tipo de local las de baja emisión de gases tóxicos y corrosivos).

Bandejas portacables con cables aptos para esa canalización.

En todo tipo de conducto se cumplirá con:

En largos mayores a 2 m fijadas a paredes como mínimo en tres puntos por cada tramo de 3 m, fijación en la entrada y salida de curvas, en las vinculaciones a cajas a no más de 0,5 m de la caja. En ambientes húmedos a distancias mínima de 0,01 m de paredes, a no menos de 0,2 m de conductos de gases calientes: No se instalarán a la vista en recintos o huecos de ascensores o expuestas a deterioros mecánicos.

Los denominados cablecanales, que frecuentemente se utilizan para ampliar instalaciones existentes, deben disponer de una base y una cubierta o tapa removible. El tramo de conducto será de sección no circular con conectores para permitir unir, cambiar de dirección o terminar tramos. Deben disponerse de componentes para sujeción a paredes, tabiques o cielorrasos o para incorporar dispositivos como interruptores de efectos, tomacorrientes, etc. (Características técnicas en Tabla 771.12.V).

Canalizaciones en pisos técnicos (771.12.3.6)

Podrán utilizarse los modelos para instalaciones embutidas o a la vista. Las cajas podrán ser los modelos para dispositivos múltiples y no se permiten los modelos con agujeros troquelados. Los cables serán IRAM 2178, 2268, 62266 instalados, si corresponde, sueltos bajo los pisos técnicos; los unipolares fijados al piso y agrupados para evitar el aumento de su reactancia inductiva.

Canalizaciones formadas por bandejas portacables (771.12.3.9)

En bandejas *construidas con alambres* se permiten cables de energía y comando de hasta 4 x 16 mm^2 con las mismas restricciones de ocupación máxima indicada en la RIEI.

Son sistemas de canalizaciones formadas por unidades con herrajes y accesorios para lograr un sistema estructural seguro para la instalación generalmente de cables o caños. Existen de diversos tipos perforadas o sólidas con tapas o sin ellas. No se permiten en lugares expuestos a daños mecánicos como los recintos o huecos de ascensores.

Los cables de potencia que recorran el interior de edificios expuestos al aire por una longitud mayor a 2,5 m., deberán satisfacer el ensayo de retardo de propagación del incendio definido por Norma IRAM 2289 o Norma IEC 60332-3-24 (categoría C).

En caños o bandejas no metálicas se deberán solicitar los ensayos de no propagación de la llama.

Requisitos para los cables en circuitos y en cajas de paso y derivación:

Se requiere identificación por medio de colores, letras, números o una combinación de ellos y no entrecruzar conductores de distintos circuitos por el peligro que significarían las equivocaciones que conduzcan a aplicar tensiones de 380 V en circuitos de 220 V.

Solo se permiten instalar cables con cubiertas. Solo como conductores PE se permiten los modelos IRAM NM 247-3 o desnudos como ya se ha indicado anteriormente.

Cuando contengan cables de baja tensión se deben establecer barreras de separación con los cables de mayor tensión.

Cuando deban ser accesibles (por ejemplo desde cielorrasos) se deben disponer tapas de inspección de 0,6 m x 0,6 m cada 6 m de desarrollo longitudinal. También se debe mantener una distancia mínima de 0,2 m entre el borde superior de la bandeja y techos u obstáculos.

No se permitirán instalar elementos auxiliares de iluminación sobre las bandejas, y cuando se suspendan artefactos de las bandejas se verificará el esfuerzo mecánico y la posible influencia de temperatura adicional hacia los cables instalados en la bandeja. Las derivaciones a artefactos de iluminación, sólo se realizaran mediante cajas con tapa modelo IP41 (interiores) o IP44 (exteriores).

En cuanto a la corriente admisible de los cables instalados, cada modelo de bandeja establece una tabla de selección de cables y su correspondiente corriente admisible.

La bandeja no será utilizada como conductor de protección pero debe ser incorporada al sistema equipotencial de la instalación mediante accesorios adecuados.

Conexiones Recomendadas

Continuidad de los componentes metálicos del sistema

El dimensionamiento del ancho de ocupación de cables dispondrá de una reserva del 20 % y no más de una capa. Entre líneas de bandejas, las separaciones aproximadas serán de 0,3 m entre ellas.

Las prescripciones de instalación en función de las influencias externas aconsejan alturas mínimas de montaje que se definen en relación al tipo de personas en circulación en su entorno. Por ejemplo, para BA1, BA2, BA3 con un mínimo 2,20 m en interiores, 3,50 m en exteriores y 4 m con circulación vehicular. Para BA4 y BA5 se podrán reducir estos mínimos siempre considerando el movimiento de materiales, los impactos o la posible circulación de personas y máquinas.

En todos los casos el diseño debe evitar o disminuir la propagación del fuego en recorridos verticales por medio del sellado de pases por paredes o losas. En lugares con emisión de polvos o de ambiente sucio; en bandejas de chapa perforada o de fondo sólido se dispondrá de tapa ciega. Otro criterio es diseñar con modelos tipo escalera con los cables separados al menos un diámetro entre sí, "y que así se mantengan en el tiempo".

Columnas montantes (771.12.3.12)

En todo inmueble con más de una planta en altura, es común que el tablero principal esté en la planta baja o en un subsuelo (garaje, cochera, sala de medidores, etc.). Es habitual que la distribución desde el tablero principal hasta los tableros seccionales ubicados en los pisos se realice mediante canalizaciones embutidas o a la vista, que recorren verticalmente el edificio, formando una denominada columna montante.

En los modernos proyectos se destina un conducto vertical de mampostería o cámara de aire (pleno) para albergar a las canalizaciones de la columna montante realizada con cañerías, conductos, bandejas o canalizaciones prefabricadas; derivando los circuitos seccionales en cada piso mediante una caja para esa función.

La columna montante puede responder al tipo abierta o cerrada y en cada caso las canalizaciones y conductores deben ser elegidos de acuerdo a las condiciones de influencias externas (Tabla 771.12.I).

Los conductores de los distintos circuitos estarán identificados y los cables deben ser de modelos aptos para montaje en bandejas, sellando los espacios de vinculación entre los pisos con materiales resistentes al fuego.

5.2. Selección de conductores de acuerdo a la RIEI (771.16)

La corriente de selección de conductores se debe realizar de modo que le permita al conductor transmitir la corriente de proyecto con una expectativa de "vida" y sin ocasionar en la aislación (material que se debe cuidar) temperaturas mayores a las admitidas para un tipo de cable en las condiciones particulares de su instalación. En la selección final de conductores la RIEI exige condiciones suficientes (máxima caída de tensión a corrientes nominales y sobrecorrientes por arranque de motores y verificación de secciones por corriente de cortocircuito.

Temperaturas de cálculo para conductores

La temperatura ambiente a considerar en la región debe responder a Norma IRAM de "Acondicionamiento térmico de edificios, Clasificación bioambiental de la República Argentina", o lo que indique la autoridad de aplicación. Por ejemplo, la temperatura ambiente en la zona de concesión del ENRE es 40 °C, la resistividad térmica específica del terreno es 1 K. m / W [kelvin. metro/ W] y la temperatura del suelo es 25 °C.

La **temperatura ambiente** para el cálculo está indicada en las Tablas de selección de los conductores.

Las tablas normalizadas de selección son establecidas por la RIEI y están referidas a temperaturas de cálculo de 40ºC para cables en aire, y 25ºC para cables enterrados directamente o en conductos.

Las temperaturas máximas admisibles en servicio continuo dependen del tipo de aislación. Por ejemplo en cubiertas de PVC, 70ºC; y en cubiertas de XLPE, 90ºC.

Las temperaturas máximas admisibles en condiciones de cortocircuito dependen del tipo de aislación. Por ejemplo en cubiertas de PVC, 160ºC; y en cubiertas de XLPE, 250ºC.

Estas condiciones de las aislaciones o de las cubiertas permiten entender las razones por las cuales los diversos tipos de conductores de la misma sección nominal admiten diversas corrientes admisibles.

En un proyecto se podrá definir una temperatura distinta a la de referencia cuando esta consideración esté motivada en razones ambientales permanentes de la ubicación geográfica. No se deberán considerar diferencias establecidas por medios mecánicos (ventiladores, sistemas de aire acondicionado, etc.).

Selección de conductores

La utilización de tablas normalizadas de conductores y la limitación que establecen las protecciones de sobrecarga adecuadas para cada tipo, sección y condiciones de instalación de los conductores; nos garantiza que la corriente no ocasionará calentamientos que eleven la temperatura de los conductores y cables por encima de la especificada de modo de lograr una expectativa de "vida" suficiente de la aislación en servicio normal.

El ejemplo que **sigue es a los efectos de comprender** lo indicado por la Tabla 771.16.I de la RIEI y observar la forma de presentación de valores de corriente admisible de conductores aislados que forman circuitos monofásicos o trifásicos con neutro y PE en PVC (aislación de uso convencional) y en LOSH (aislación de baja emisión de humos) en cañería a la vista o embutida.

Intensidad de corriente admisible (A) para temperatura ambiente de cálculo de 40 ºC		
Cobre (mm²)	**PVC, LSOH** (1)	**PVC, LSOH** (1)
	IRAM NM 247-3 (2)	**IRAM NM 247-3** (2)
	IRAM 62267 (3)	**IRAM 62267** (3)
	B52-2B1 (4)	**B52-4B1** (5)

1,5	15	14
2,5	21	18
4	28	25
6	36	32
10	50	44
16	66	59
25	88	77
35	109	96
50	131	107

(1)   Material de la cubierta aislante
(2)   Norma IRAM de referencia para cubierta PVC
(3)   Norma IRAM de referencia para cubierta LSOH
(4)   Condición de instalación para dos conductores (fase y neutro)
(5)   Condición de instalación para cuatro conductores (L1,L2,L3 y neutro)
El conjunto podrá o no tener conductor PE.

La "condición de instalación" B52-4B1 (mayor interferencia térmica por mayor cantidad de conductores) impone una reducción de la corriente admisible del conjunto.

Conductores aislados según Norma NM IRAM 247-3, IRAM 62267

Conductores aislados unipolares de cobre. Estarán dispuestos siempre en cañerías embutidas en mampostería; en cañerías por dentro de vacíos; en cañerías o cable-canales embutidos o a la vista sobre paredes o suspendidas del cielorraso. La temperatura ambiente de referencia es 40 °C.

Cables de Norma IRAM 2178, IRAM 62266

Cables unipolares o multipolares con conductores de cobre o aluminio para instalar en todo tipo de condiciones de acuerdo a lo indicado por la RIEI Para establecer métodos de referencia en la determinación de las corrientes admisibles indicadas en las tablas de selección de conductores, se definen tres tipos de bandejas sin tapa:

√ Tipo escalera o de malla de alambre. El soporte metálico donde apoyan los cables no ocupa más del 10% de la superficie de fondo.

√ Tipo perforadas, los agujeros ocupan más del 30% de superficie de fondo.

√ Tipo no perforadas o de fondo sólido, los agujeros ocupan menos del 30% de fondo.

Factores de corrección por contenido armónico en las corrientes

Cuando el proyectista considere que no existirán corrientes armónicas de tercer orden, los conductores y los neutros pueden seleccionarse de secciones menores. Pero hay que tener en cuenta que en instalaciones eléctricas de inmuebles de alimentación trifásica con neutro no se puede garantizar de manera absoluta que las cargas monofásicas y las armónicas no originen corrientes en el neutro que a veces son iguales o mayores que las de las fases.

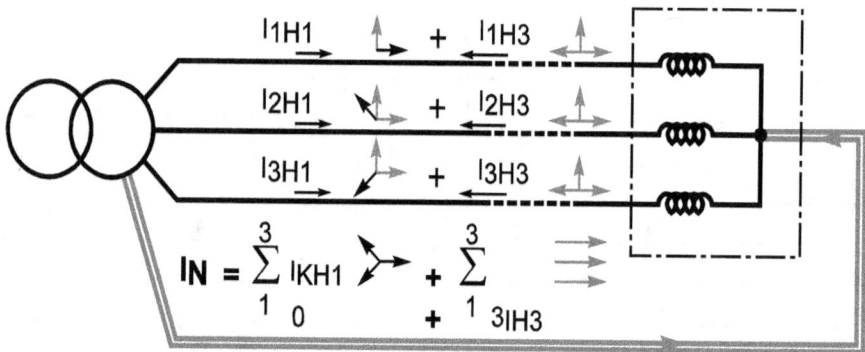

En cada fase se establece, además de la corriente de frecuencia 50Hz, corrientes eléctricas de frecuencias armónicas (por ejemplo 3ra armónica), que si están presentes en las otras fases **se suman** en el conductor neutro. Como se puede observar las corrientes eléctricas fundamentales están desfasadas 120° entre sí en un sistema trifásico pero las corrientes eléctricas de frecuencia armónica están en fase y por ello se suman en el conductor neutro.

En la actualidad, algunos consumos o cargas monofásicas generan armónicos: tal es el caso de las computadoras, los electrodomésticos con fuentes conmutadas o *switching*, las lámparas de bajo consumo con balastos electrónicos, los tubos fluorescentes, etc.

En estos casos, las secciones de neutro deben ser iguales o a veces mayores que las secciones de las fases.

Cuando los aparatos monofásicos o trifásicos generen distorsión armónica en la corriente, el conductor neutro de un sistema trifásico puede quedar sobrecargado. Cuando las componentes armónicas de orden 3ra son menores a 33% se calcula la sección de fase, y el neutro se adopta de la misma sección. Cuando el contenido de corriente de frecuencia armónica es mayor al 33% hay que recalcular el neutro, y en las fases se adopta la sección que impone el neutro (Ver 771.16.2.4).

En definitiva:

√ Para porcentajes de hasta 33 % de 3ra armónica en la corriente de línea, el cálculo de la sección de los conductores deberá realizarse en función de los conductores de fase, corrigiendo la sección del conductor de neutro.

√ Para porcentajes mayores del 33 % de 3ra armónica en la corriente de fase, el cálculo de la sección de los conductores deberá realizarse en función de las corrientes en el conductor neutro, corrigiendo la sección de los conductores de fases.

Los valores de los contenidos armónicos se obtendrán de los declarados por los fabricantes de los equipos.

Cálculo de alimentadores de tableros de comando y protección de motores y otras cargas

Cuando desde un tablero se alimenten varios motores, los conductores de los circuitos deberán estar dimensionados para una corriente no menor a la suma del 125 % de la corriente nominal del motor de mayor potencia más la corriente nominal de todos los otros motores con simultaneidad del 100 %.

De existir por proyecto simultaneidad menor del 100 % y/o enclavamientos que impidan el funcionamiento simultáneo de motores, la alimentación deberá estar dimensionada para una corriente no menor a la suma del 125% de la corriente nominal del motor de mayor potencia más la corriente nominal de todos los demás motores con el factor de simultaneidad que corresponda por proyecto.

Los conductores de alimentación a un solo motor se deben dimensionar para una corriente del orden del 125 % de la corriente nominal del motor.

Conocida la corriente que deben transmitir los conductores eléctricos, la primera selección del conductor se refiere a la sección de cobre que admita esa corriente, procediéndose a elegir los conductores y cables, mediante las Tablas que la RIEI propone en 771.16.

Como es natural, el instalador podrá seleccionar conductores mediante tablas de marcas comerciales que cumplan las Normas de producto.

A esta primera selección de sección del conductor la denominamos:

> **Sección mínima del conductor por corriente admisible**
> **(La que admite el conductor).**

Todo conductor, por el hecho de tener una impedancia, origina una determinada caída de tensión por el paso de la corriente que transporta.

Esa caída de tensión debe **ajustarse** a los límites máximos que la RIEI establece "desde los bornes de salida del TP y cualquier punto de utilización":

a) Máxima caída de tensión conjunta total en circuitos seccionales y circuitos terminales para iluminación hasta la última boca: 3% (Considerar que en los circuitos seccionales no se debe superar el 1 %, quedando el resto del 2 % para los circuitos terminales de iluminación).

b) Máxima caída de tensión conjunta total en circuitos seccionales y circuitos de conexión fija que alimentan solo motores: 5% en régimen y 15 % durante el arranque.

En ningún caso el circuito seccional deberá originar una caída de tensión mayor al 1 %. El valor de corriente a adoptar para estos cálculos son las indicadas por la RIEI (más adelante se darán ejemplos de aplicación).

> Verificación de la sección necesaria para la condición de máxima caída de tensión establecida de acuerdo al tipo de carga (lumínica o motor).

Los motores de arranque directo originan caídas de tensión **"en el arranque"**. Estas caídas pueden afectar a equipos de mando (contactores) que generalmente están conectados a la misma tensión de alimentación del motor. En este sentido, la RIEI establece que el proyectista debe verificar que la caída de tensión máxima con corriente nominal o en régimen no supere el 5% y en el arranque del motor no supere el 15 %.

Ejemplo:

Supongamos que el arranque directo de un motor origine una corriente de arranque de seis veces la de plena carga o nominal del motor (la que está en su placa característica).

Si le asignaremos al tramo una caída de tensión del 5% a corriente nominal, en el arranque del motor la caída de tensión será 6 x 5% = 30 %. Esto originará problemas de deterioro en contactores, pues su bobina de mando requiere que la caída de tensión no sea mayor al 15 % de su tensión de alimentación".

Este ejemplo permite comprender la exigencia de diseñar la instalación de modo que la caída de tensión en tramos con fuerza motriz no sea mayor del 15 %, incluso en la condición de considerar todos los aparatos susceptibles de funcionar simultáneamente.

Aquí debemos aclarar que algunos criterios más exigentes imponen un valor no mayor al 10 % la caída de tensión considerando el arranque de motores.

Con los usuales motores de arranque directo, que como se mencionó toman en el arranque el orden de 6 x In, la exigencia lleva a que en esos tramos se verifique el 15% / 6 = 2,5 % como máxima de caída de tensión en régimen.

Más adelante se presentarán métodos y cálculos específicos.

En resumen, en tramos motores de **arranque directo** se debe cumplir:

> Que la máxima caída de tensión "en el arranque del motor" no sea mayor al 15 % de la tensión de alimentación.

Finalmente, como es normal que en la vida útil de la instalación ocurran cortocircuitos, los conductores deben tener la capacidad térmica de tolerarlos en el breve tiempo de su mantenimiento, tiempo que está vinculado directamente al tiempo de actuación de las protecciones asociadas a esos conductores.

El instalador debe verificar que el conductor a seleccionar sea apto para soportar térmicamente una supuesta corriente de cortocircuito durante el tiempo de su duración.

La **"capacidad térmica al cortocircuito"** de un conductor está vinculada directamente a su sección de cobre, el tiempo de permanencia de la corriente de cortocircuito y el tipo de aislación. Por ello debemos realizar la:

> Verificación de la sección necesaria y el tipo de conductor o cable, para la corriente de cortocircuito y tiempo de su duración establecido por la protección asociada.

Para calcular los valores de la corriente de cortocircuito, la RIEI propone un método simplificado mediante las Tablas del Anexo 771-H que permiten realizar el proceso de cálculo desde el transformador y las redes de distribución hasta los conductores de conexión del tablero principal y los seccionales.

5.3. Selección por corriente admisible

5.3.1. Secciones mínimas

5.3.1.1. Secciones mínimas en circuitos para usos generales y para usos especiales

Sección nominal de los conductores

Se debe considerar en el proceso de selección la corriente admisible, la caída de tensión máxima de acuerdo al tipo de carga (iluminación, arranque motor) y la verificación de solicitación térmica al cortocircuito.

Secciones mínimas

Independiente del resultado del cálculo, las secciones de conductores no podrán ser menores a las siguientes (AEA 90364-7-770 Edición 2017)

Líneas principales	$4,00 \text{ mm}^2$
Circuitos seccionales (*)	$2,5 \text{ mm}^2$
Circuitos terminales IUG sin tomacorrientes derivados	$1,50 \text{ mm}^2$
Circuitos terminales IUG con tomacorrientes derivados, o circuitos TUG:	$2,50 \text{ mm}^2$
Circuitos TUE:	$2,50 \text{ mm}^2$
Circuitos para usos especiales	$2,50 \text{ mm}^2$
Circuitos para uso específico (excepto MBTF):	$2,50 \text{ mm}^2$
Circuitos para uso específico (alimentación a MBTF):	$1,50 \text{ mm}^2$
Alimentaciones a interruptores de efecto:	1 mm^2
Retornos de los interruptores de efecto:	1 mm^2
Conductor de protección (PE):	$2,50 \text{ mm}^2$

(*) Si ese circuito seccional alimenta un TS de circuitos terminales de sección $2,5 \text{ mm}^2$, por ejemplo para TUG, la sección del circuito seccional debería ser mínima de 4 mm^2 para ofrecer una funcionalidad adecuada entre la protección de cabecera y la protección del circuito terminal.

Revisemos algunos ejemplos de aplicación de secciones mínimas de circuitos terminales para bocas de iluminación y tomacorrientes en sus diversas formas.

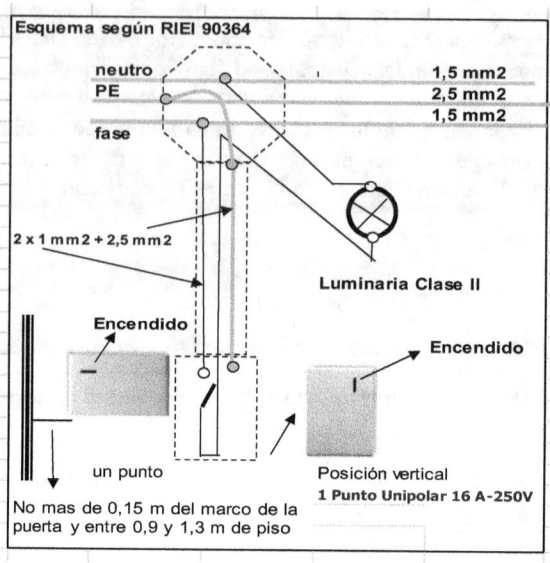

Esquema según RIEI 90364

neutro — 1,5 mm2
PE — 2,5 mm2
— 1,5 mm2
fase

2 x 1 mm2 + 2,5 mm2

Luminaria Clase II

Encendido

Encendido

un punto

Posición vertical
1 Punto Unipolar 16 A-250V

No mas de 0,15 m del marco de la
puerta y entre 0,9 y 1,3 m de piso

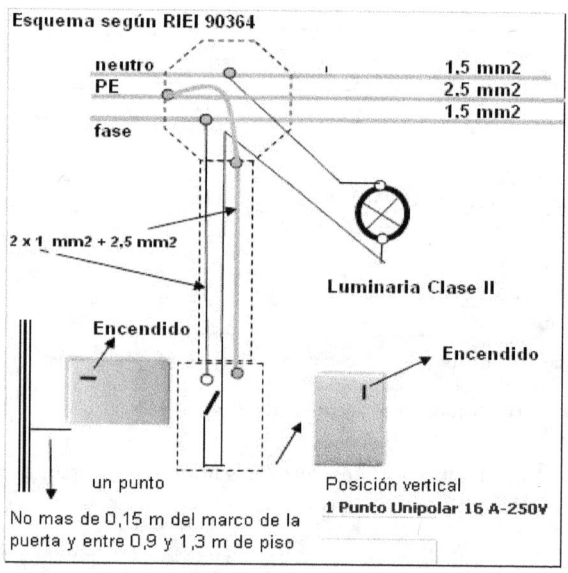

Esquema según RIEI 90364

neutro — 1,5 mm2
PE — 2,5 mm2
— 1,5 mm2
fase

2 x 1 mm2 + 2,5 mm2

Luminaria Clase II

Encendido

Encendido

un punto

Posición vertical
1 Punto Unipolar 16 A-250V

No mas de 0,15 m del marco de la
puerta y entre 0,9 y 1,3 m de piso

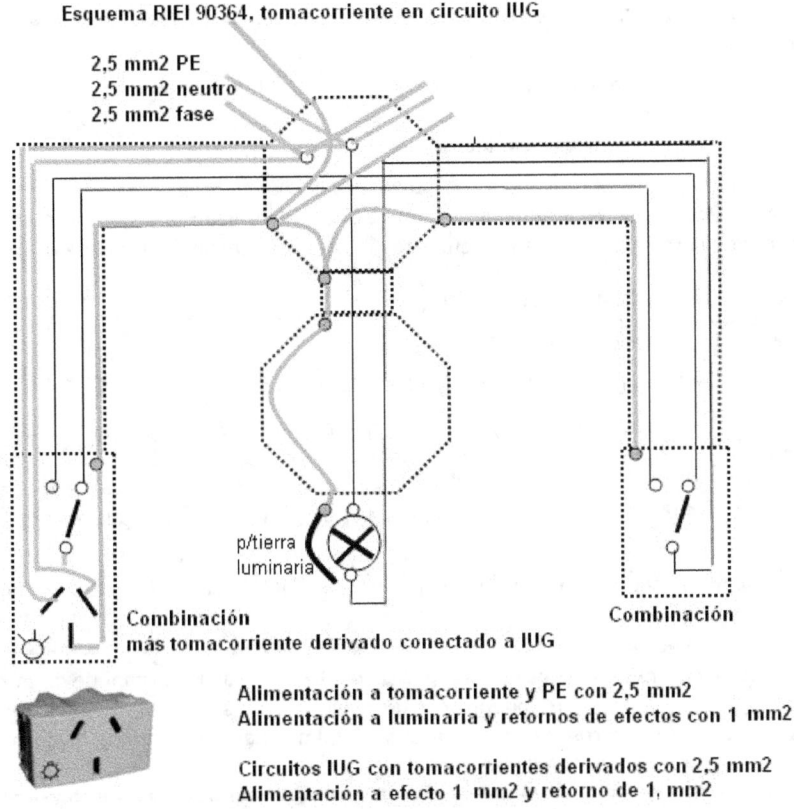

Esquema RIEI 90364, tomacorriente en circuito IUG

2,5 mm2 PE
2,5 mm2 neutro
2,5 mm2 fase

p/tierra
luminaria

Combinación
más tomacorriente derivado conectado a IUG

Combinación

Alimentación a tomacorriente y PE con 2,5 mm2
Alimentación a luminaria y retornos de efectos con 1 mm2

Circuitos IUG con tomacorrientes derivados con 2,5 mm2
Alimentación a efecto 1 mm2 y retorno de 1, mm2

5.3.1.2. Comentarios sobre secciones de conductor neutro

En líneas trifásicas con neutro de 380V/ 220V y con secciones de conductores de fase del orden mayor a 25 mm² es habitual elegir un cable con neutro de la mitad de la sección de los conductores de fases; pues se considera que el sistema trifásico origina un cierto equilibrio y compensación de corrientes en el neutro **que a veces** no justifica diseñar el conductor neutro de la misma capacidad de corriente que los conductores de fases.

Si una instalación alimenta cargas monofásicas "asimétricas" y trifásicas "simétricas" como motores y estas últimas son preponderantes en potencia, se podría asegurar que las cargas simétricas son mayores que las monofásicas y sería válido el criterio de un conductor neutro de sección menor a los de las fases.

El instalador deberá verificar en su proyecto particular el posible desequilibrio de corrientes monofásicas de frecuencia industrial o de posibles corrientes armónicas en el conductor neutro y establecer la necesaria sección del conductor neutro de acuerdo a la corriente que resulte de ese desequilibrio.

Para instalaciones de edificios de uso múltiples para viviendas, oficinas y locales alimentados individualmente con suministro monofásico (220 V), no se puede asegurar que siempre y en toda circunstancia la corriente de neutro será menor a la de las fases. Es por esta razón que se aconseja utilizar conductores unipolares donde se puede elegir conductores donde fases y neutro que sean de las secciones que requieran los cálculos.

Normalmente, en la acometida general de un conjunto multivivienda, la ED exige fusibles en las fases y no en el neutro. Este criterio no asegura proteger adecuadamente (con sólo los fusibles de fases) **una posible sección menor del conductor neutro**.

Si la ED permitiera la alternativa de utilizar interruptores automáticos en las acometidas, una solución, cuando el neutro es de sección menor, es seleccionar un interruptor automático tetrapolar con ajuste menor de corriente asignada de neutro respecto a la asignada para las fases.

5.3.1.3. Sección del conductor de protección:

En circuitos para usos generales y especiales:

- **Sección mínima de 2,5 mm²** en todo el recorrido de la instalación.

En cuanto a la exigencia de la RIEI de utilizar la sección mínima de **2,5 mm² en el conductor PE**; el criterio responde a evitar la disminución en la eficiencia de la PAT de protección por la conexión mecánica en cajas, caños y otros puntos que lleguen a disminuir o cortar la sección del conductor de PAT. Además, la interrupción de la continuidad de PAT de protección no se puede verificar, salvo con las mediciones periódicas aconsejadas.

Una vez seleccionada la sección **mínima** por corriente admisible, conviene realizar la siguiente reflexión:

> "las otras verificaciones (caída de tensión por corriente nominal, por arranque de motores, o verificación de sección por cortocircuito) sólo podrán aumentar las secciones, pues la sección para la corriente admisible es la "mínima" para las condiciones de corriente a que se someterá el conductor".

5.4. Verificación de secciones por máxima caída de tensión

5.4.1. Caída de tensión porcentual en circuitos monofásicos (220 V)

$$\Delta Um\ \% = 2 \times Im \times L\ (R \cos \Phi + j\ X \operatorname{sen} \Phi)\ 100\ /\ 220\ V.$$

Siendo:

$\Delta Um\ \%$ Caída de tensión porcentual referida a 220 V.

2   Factor a aplicar para la caída de tensión en tramos monofásicos.

Im   Intensidad de corriente de circuito monofásico en A.

L   Distancia entre dos puntos donde se calcula la caída de tensión en km (no se debe confundir con la longitud individual o total de cada uno de los conductores que forman el circuito).

R   Resistencia del conductor a la temperatura de servicio, en Ω / Km.

X   Reactancia de los conductores en Ω / Km. Generalmente y para las secciones utilizadas en circuitos terminales es un valor considerablemente menor que la R y que multiplicada por sen ϕ es aún menor y finalmente podemos no considerarla en estos cálculos aproximados.

5.4.2. Caída de tensión porcentual en líneas trifásicas

$\Delta Ut \% = 1{,}73 \times It \times L \ (R \cos \Phi + j X \sen \Phi) \ 100 \ / \ 380 \ V.$

Siendo:

$\Delta Ut \%$ Caída de tensión porcentual referida a 380 V.

1,73   Factor a aplicar para la caída de tensión en tramos trifásicos.

It   Intensidad de corriente "de línea" trifásica en A.

L   Distancia entre dos puntos donde se calcula la caída de tensión en km (no se debe confundir con la longitud individual o total de cada uno de los conductores que forman el circuito).

R   Resistencia del conductor a la temperatura de servicio, en Ω / Km.

X   Reactancia de los conductores en Ω / Km. Generalmente y para las secciones utilizadas en circuitos terminales es un valor considerablemente menor que la R y que multiplicada por sen ϕ es aún menor y finalmente podemos no considerarla en estos cálculos aproximados.

Significado práctico de la aplicación de la condición de caída de tensión en circuitos monofásicos y trifásicos:

Comparemos las dos fórmulas para determinar, respecto a la caída de tensión porcentual, las ventajas de las líneas trifásicas frente a las líneas monofásicas:

$\Delta Um \% = 2 \times Im \times L \ (R \cos \Phi + j X \sen \Phi) \ 100 \ / \ 220 \ V$

$\Delta Ut \% = 1{,}73 \times It \times L \ (R \cos \Phi + j X \sen \Phi) \ 100 \ / \ 380 \ V$

Como 380V = 1,73 x 220 V, la última fórmula queda:

$\Delta Ut \% = \cancel{1{,}73} \times It \times L \ (R \cos \Phi + j X \sen \Phi) \ 100 \ / \ \cancel{1{,}73} \times 220 \ V$

Comparemos las dos fórmulas:

$\Delta Um \% = \mathbf{2 \times Im} \times L \ (R \cos \Phi + j X \sen \Phi) \ 100 \ / \ 220 \ V$

$\Delta Ut \% = \mathbf{It} \times L \ (R \cos \Phi + j X \sen \Phi) \ 100 \ / \ 220 \ V$

Conclusión: Considerando que:

Para la misma potencia de carga en circuito trifásico con carga equilibrada la corriente es tres veces menor que la monofásica $(It = Im/3)$

Que en la fórmula de caída de tensión trifásica no interviene el factor **2**

La reactancia inductiva X en secciones de cables mayores, por ejemplo a 50 mm^2, puede intervenir en el cálculo de $\Delta Ut \%$; pero queda afectada del valor de sen Φ de un valor casi nulo considerando un valor de cos Φ del orden de 0,95. En definitiva si el circuitos dispone de un cos Φ de los valores exigidos no resulta influyente el valor del termino j X sen Φ.

Resulta **a** igualdad de sección, tipos de conductores y distancia que:

La ΔUt % es seis veces menor que la ΔUm %.

Es común escuchar de las ventajas de los suministros trifásicos y por ello he querido establecer su magnitud en valores porcentuales.

Nota: Es interesante resaltar que la comparación es válida solo si la carga trifásica es equilibrada (por ejemplo en motores trifásicos de ascensores, de bombeo de agua, etc.; que por fabricación son cargas trifásicas equilibradas) y la corriente en el neutro es nula. Si las cargas no son equilibradas la comparación no es válida (ver ejemplo en suministros trifásicos de edificio PH en TS donde los circuitos son de uso eventual y por lo tanto la carga no es equilibrada), de todos modos la ventaja de suministro trifásico con neutro interesantes

---

Cuando las condiciones de caída de tensión no se cumplan las alternativas son:

Aumentar las secciones de los conductores elegidos en primera instancia sólo por corriente admisible.

Establecer un suministro trifásico con neutro para alimentar circuitos monofásicos.

Combinar ambas alternativas.

5.4.3. Caída de tensión en circuitos seccionales y terminales (771.19.7)

Consideraciones para el cálculo de la caída de tensión:

Máxima caída de tensión admisible (exigencia de la RIEI)

Se debe verificar que entre bornes de salida del TP y el último punto de utilización de iluminación no se exceda el 3 %; y circuitos específicos que alimenten sólo motores no se exceda el 5 % en régimen y 15 % durante el arranque.

Además, en ningún caso en los circuitos seccionales hasta el TS se excederá el 1%. Por lo tanto, la máxima caída de tensión en **los circuitos terminales** que no alimentan motores será del 2% y en los que alimentan motores el 4%. El valor de corriente para los cálculos debe ser el **máximo simultáneo previsto** con:

Los circuitos de iluminación y tomacorrientes **se considerarán cargados con su DPMS** en el extremo más alejado del TS.

Se debe considerar, si corresponde, para la corriente máxima simultánea de los circuitos seccionales el factor de simultaneidad (proceso indicado en 771.9 de la RIEI).

Ejemplos de aplicación:

Es interesante realizar un análisis comparativo de las fórmulas de aplicación para el cálculo de las caídas de tensión en circuitos seccionales y terminales.

Para la aplicación de la fórmula clásica se debe conocer el valor de R en Ω / Km de los conductores según su tipo y sección nominal, establecer el valor de cos Φ, la distancia del circuito en km., la tensión del circuito (220 V o 380 V) y la corriente del circuito en ampere.

Respecto a los valores de R se puede consultar la Norma IRAM 2022 con:

R Ω / Km	Sección (mm²)
7,98	2,5
4,95	**4**
3,30	6

Calculo de la caída de tensión porcentual mediante las diversas fórmulas sugeridas por la RIEI:

Ejemplos utilizando la RIEI: Circuito de conductores Norma IRAM NM 247-3 de 4 mm², distancia 0,01 km (10 m), tensión 220 V, carga 3300 VA (3300 VA / 220 V = 15 A), cos Φ = 1 (valores aproximados indicados en 771.19.7 punto b).

Los valores resultantes son aproximados y con dispersiones del orden del 10 % y por la incertidumbre del valor del cos Φ

1°) Método de 771.19.7.a)

2 x 15 A x 0,01 km x 4,95 Ω / Km x cos Φ x 100/220 V $\cong$ 0,68 %

2°) Método de 771.19.7.b) y Tabla 771.19.IV

10 x 15 A x 0,01 x 100/220 V $\cong$ 0,68 %

3°) Método de 771.19.7.c)

0,04 x 15 A x 10 m x 100/(4 x 220 V) $\cong$ 0,68 %

En definitiva, se comprueba en forma aproximada la utilización de las fórmulas y la utilización de las resistencias de conductores indicada en Norma IRAM.

Ejemplos de aplicación para determinar "la distancia de un circuito" utilizando la máxima caída de tensión establecida por 771.13 punto b)

A los efectos de la caída de tensión el punto 771.13 b) establece el valor de la máxima caída de tensión en % entre los bornes de salida y cualquier punto de utilización con los circuitos de iluminación y tomacorrientes cargados con su demanda máxima de potencia simultánea en el extremo más alejado del TS. En los ejemplos que siguen se considera la carga por boca de iluminación y tomacorrientes establecida para circuitos en viviendas y oficinas.

Con fines prácticos es interesante, desde la máxima caída de tensión de un circuito, determinar la **máxima distancia (L)** de un circuito terminal para cumplir con la máxima caída de tensión establecida.

Se presenta una Tabla de distancias máximas para cumplir las exigencias de caídas de tensión **máxima del 2 %** en circuitos IUG, TUG, IUE, TUE con conductores de Norma IRAM NM 247-3 y secciones de 1,5 mm², 2,5 mm² y 4 mm², según método de 771.19.7.b) y Tabla 771.19.IV para viviendas y locales u oficinas.

Ejemplo de comprensión para TUG con corriente de 10 A y sección de 2,5 mm².

15 x 10 A x L x 100/220 V = 2 %

L = 2 x 220 V x 1000 /(15 x 10 A x 100) = **29,33 m**.

SECCION NOMINAL (mm²)	CAIDA DE TENSIÓN (V/A km) establecida en Tabla 771.19.IV.	Distancia máxima en metros para los circuitos considerando la corriente de proyecto por boca y por circuito y con el límite de 2 % en la caída de tensión.		
		IUG considerando 15 bocas en viviendas, con carga de 40 VA x 15 **(2,73 A)** **AEA 90364-7-770 Edición 2017**	IUG considerando 15 bocas en locales u oficinas con carga de 150 VA por boca. **(10,23 A)**	IUG con tomacorrientes derivados. TUG CON 1 A 15 BOCAS EN VIVIENDAS, LOCALES U OFICINAS (10 A).
2,5	15	No se utiliza habitualmente	28,67 m	29,33 m
1,5	26	62 m	16,54 m	No aplicable por sección mínima

SECCION NOMINAL (mm²)	CAIDA DE TENSIÓN (V/A km) establecida en Tabla 771.19.IV.	Distancia máxima en metros para los circuitos, considerando la corriente de proyecto por boca y por circuito y con el límite de 2 % en la caída de tensión en IUE y TUE.		
		IUE considerando 8 bocas en viviendas, con carga de 500 VA x 0,66 por boca. **(12 A).**	IUE considerando 8 bocas en locales u oficinas con carga de 500 VA por boca. **(18,18 A).**	TUE en viviendas, locales u oficinas. UNA BOCA DE (15 A).
2,5	15	24,44 m	16,13 m	19,55
4	10	36,66 m	24,20 m	29,33

Ejemplos de aplicación:

Determinar la distancia máxima de un circuito IUG con conductores de 1,5 mm² y 15 bocas **en viviendas**, para cumplir el máximo del 2% en la caída de tensión:

Resultado: **62 metros.**

Determinar la distancia máxima de un circuito IUG con conductores de 2,5 mm² y tomacorrientes derivados (corriente de cálculo de 10 A) **en viviendas**, para cumplir el máximo del 2% en la caída de tensión:

Resultado: **16,92 metros.**

Determinar la distancia máxima de un circuito IUG con conductores de 2,5 mm² de 15 bocas **en oficinas** para cumplir el máximo del 2% en la caída de tensión:

Resultado: **28,67 metros (aplicación en oficinas)**

En definitiva, estas distancias máximas condicionadas por caída de tensión nos pueden dar una idea de ubicación o reubicación de tableros seccionales para cumplir con las exigencias de la RIEI.

Concepto: Verificar que la distancia en metros entre el TS y la boca más alejada no sea mayor a las distancias máximas determinadas con este método aproximado.

Criterio de proyecto de circuitos para usos especiales cuando se conoce su carga:

Si determinados consumos son conocidos y necesarios de establecer por medio de un circuito para usos especial (TUE), se debe tomar en cuenta la cantidad máxima de bocas (12) y **la condición de protección máxima** que establece la RIEI que limita la corriente máxima del circuito a 32 A.

Ejemplo:

Consumo de un horno a microondas: 10 A.

Consumo de un lavaplatos: 8 A

Consumo de un motor elevador de un portón de acceso: 3 A

> Para este circuito (TUE) la corriente de carga es 10 A + 8 A + 3 A = 21 A

En este caso existe una reserva de carga pues el límite lo impone la protección máxima de este tipo de circuitos que es 32 A (tener en cuenta en cada caso la corriente máxima admisible del conductor del circuito).

¿Cuál sería la distancia máxima de este circuito utilizando el método anterior?

Aquí se presenta la disyuntiva de calcular las caídas de tensión parciales de cada tramo y cada carga, trabajo que no se observa como práctico y de razonable ejecución en este caso.

También podemos realizar un cálculo aproximado de la distancia máxima en metros considerando la condición de máxima caída de tensión del 2 % (4,4 V) y la corriente de 21 A en el extremo del circuito utilizando la variante de conductores de Tabla 771.16.I de 2,5 mm^2 o de 4 mm^2:

> (15 VA/km x 21 A) / 1000 = 0,32 V

> 4,4 V / 0,32 V = 13,8 metros, si se utilizan conductores de 2,5 mm^2

> (10 VA/km x 21 A) / 1000 = 0,21 V

> 4,4 V / 0,21 V = 21 metros, si se utilizan conductores de 4 mm^2

Claro que este cálculo puede ser objetable, pues no toda la corriente de carga de 21 A está en el extremo del circuito, pero vale como aproximación de la aplicación de lo establecido por la RIEI.

Entiendo que, en definitiva, es razonable en viviendas de espacios considerables utilizar en circuitos TUE conductores de 4 mm^2 y por ello protecciones de 25 A (ver Tabla 771.16.I, 1º columna y para 4 mm^2 la intensidad de corriente admisible de 28 A).

Tablas aproximadas de verificación de distancias máximas de circuitos seccionales para cumplir con una máxima caída de tensión del 1%.

A los efectos de presentar el tema de una manera práctica presento la tabla aproximada que sigue considerando un valor máximo de caída de tensión del 1 % para el circuito seccional (criterio establecido por la RIEI para circuitos seccionales).

MONOFASICO (Y TRIFÁSICO CON MÁXIMO DESEQUILIBRIO) mm²	LONGITUD MAXIMA DE CIRCUITO SECCIONAL EN METROS POR AMPERE (m)
2 x 2,5	137,84

2 x 4	222,22
2 x 6	333,32
2 x 10	575,89
2 x 16	909,06

Ejemplo de aplicación con circuito monofásico de GE mínimo (1 x IUG + 1 x TUG = 17 A)

MONOFASICO mm2	LONGITUD MAXIMA DE CIRCUITO SECCIONAL (m)
2 x 2,5	No se utiliza habitualmente
2 x 4	222,22 / 17 = 13,07
2 x 6	333,32 / 17 = 19,61
2 x 10	575,89 / 17 = 33,88
2 x 16	909,06 / 17 = 53,47

En un circuito seccional monofásico de sección 6 mm^2 y carga de 17 A, la distancia máxima para cumplir con la caída de tensión máxima de 1 % es de 19,61 m

Ejemplo de aplicación con circuito monofásico de GE medio (1 x IUG + 2 x TUG = 27 A)

MONOFASICO mm^2	LONGITUD MAXIMA DE CIRCUITO SECCIONAL (m)
2 x 2,5	No se utiliza habitualmente
2 x 4	222,22 / 27 = 8,23
2 x 6	333,32 / 27 = 12,35
2 x 10	575,89 / 27 = 21,33
2 x 16	909,06 / 27 = 33,67

En un circuito seccional monofásico de sección 6 mm^2 y 27 A la distancia máxima para cumplir con la caída de tensión máxima de 1 % es de 12,35 m

Ejemplo de aplicación con circuito monofásico de GE elevado (2 x IUG + 2 x TUG + 1 x TUE = 49 A)

MONOFASICO mm2	LONGITUD MAXIMA DE CIRCUITO SECCIONAL (m)
2 x 2,5	No se utiliza habitualmente
2 x 4	No la permite la corriente
2 x 6	No la permite la corriente
2 x 10	575,89 / 49 = 11,75
2 x 16	909,06 / 49 = 18,55

En este ejemplo no se puede utilizar la sección de 6 mm^2 por que no dispone de la intensidad admisible requerida.

Variante del ejemplo anterior y con circuito trifásico con neutro de GE elevado (L1 = 17 A, L2 = 17 A, L3 = 15 A)

TRIFÁSICO MÁS NEUTRO Fase más cargada Máximo desequilibrio (*)	LONGITUD MAXIMA DE CIRCUITO SECCIONAL (m) (*)
4 x 2,5	No se utiliza habitualmente (**)
4 x 4	222,22 / 17 = 13,07

4 x 6	333,32 / 17 = 19,61
4 x 10	575,89 / 17 = 33,88
4 x 16	909,06 / 17 = 53,47

(*)   Se logran mayores distancias por la reducción de las corrientes de fases. Se considera el máximo desequilibrio, por eso se aplican los valores de los circuitos monofásicos.

(**) Utilizar en un circuito seccional una sección de 2,5 mm^2 complica la selectividad por sobrecarga entre la protección del circuito seccional y la protección del circuito terminal de 2.5 mm^2.

Conclusiones:

En un circuito seccional con carga de 49 A en la variante monofásica debemos utilizar secciones de 10 mm^2 para lograr una distancia de 11,75 m y una caída de tensión máxima de 1 %.

En un circuito seccional con carga de 49 A (cálculo con 17 A de carga máxima por fase) en la variante trifásica más neutro debemos utilizar secciones de 4 mm^2 para lograr una distancia de 13,07 m y una caída de tensión máxima de 1 %.

La inversión en cables de 2 x 10 mm^2 puede ser mayor que la inversión en cables de 4 x 4 mm^2 aparte de las ventajas de un circuito trifásico más neutro en cuanto a su posibilidad de ampliaciones de carga.

De todos modos en la realidad en los circuitos trifásicos además de la reducción de las corrientes por los cableados y el beneficio de reducir pérdidas de energía; en algunas circunstancias de equilibrios se pueden reducir aún más las pérdidas por la reducción de la corriente de neutro.

Existen recomendaciones de utilizar sistema trifásico más neutro a partir de 7 kVA de carga o se debe consultar lo establecido por la ED al respecto.

5.4.4. Caída de tensión durante el arranque de motores

Todo tipo de motores, tanto los comunes electrodomésticos, como los de ascensores o bombeo de agua en general pueden originar un **"arranque directo a tensión de red"**. Por ello, durante el tiempo de duración del arranque, pueden originar una corriente de arranque del orden máximo de 6 veces la corriente nominal o de régimen del motor.

- Verificar la condición de máxima caída de tensión del 15% en la condición de arranque.

En edificios donde existen servicios comunes o generales, la verificación de la condición de caída de tensión de arranque de motores debe realizarse generalmente en los tramos de ascensores colectivos, pues se entiende que la distancia entre el tablero de medición y el tablero TS de ascensores representa la carga y distancia (máquinas en el último piso) que establece los mayores valores.

> Cuando las secciones elegidas por corrientes admisibles y verificadas por máxima caída de tensión no son suficientes para la condición de arranque de motores, se deben aumentar las secciones de los tramos involucrados en dichos arranques.

5.5. Verificación de secciones por corriente de cortocircuito.

5.5.1. Objetivo del cálculo

La RIEI en 771.19.3 indica el procedimiento para seleccionar los dispositivos de modo que cuando se produzcan cortocircuitos, las protecciones los interrumpan antes que produzcan daños térmicos y/o mecánicos en los componentes de la instalación.

Para el cálculo interno de la instalación se necesitan conocer los valores de cortocircuito máximo de la red de servicio, valores a veces se pueden obtener por gestión ante la ED.

Una manera de resolver la situación (de no contar con la información de la ED) es realizar los cálculos por la aplicación de los métodos técnicos indicados en la RIEI.

El anexo 771-H.2 (informativo) de la RIEI indica una metodología práctica de cálculo de corrientes de cortocircuito máximas y mínimas, que se examinaran con ejemplos más adelante.

En 771.19.2.2 de la RIEI se precisa la necesidad y el objetivo de los cálculos de corrientes de cortocircuito indicando que toda corriente de cortocircuito debe ser interrumpida por las protecciones asociadas de modo que los conductores de los circuitos seccionales y de circuitos terminales no sean sometidos a temperaturas que excedan sus límites admisibles. Esto se realiza en la práctica por medio de interruptores automáticos que ante las corrientes de cortocircuito garanticen tiempos de apertura **inferiores a 100 milisegundos** (cinco ciclos).

La RIEI indica dos procedimientos de verificación de secciones de conductores por medio de interruptores automáticos asociados:

1) Verificación de energía pasante "aguas abajo" del dispositivo de protección por medio del cumplimiento de la fórmula $k^2 S^2 \geq I^2 t$. Más adelante se brindarán ejemplos prácticos de aplicación.

2) Utilización de dispositivos de protección con tiempos de apertura entre 0,1 y 5 s.

En el método 2) el conductor se considera protegido si su sección cumple con:

$$S \geq \frac{Icc \cdot \sqrt{t}}{k}$$

La RIEI indica que el procedimiento 2) se debe utilizar cuando en la instalación se utilizan dispositivos con tiempos de apertura entre 0,1 y 5 s. Como en este tipo de instalaciones, la limitación ejercida por los interruptores automáticos normalizados asegura que, ante los cortocircuitos, la actuación será menor a 0,1 s (del orden de un cuarto de ciclo), utilizaremos en los ejemplos que siguen **solo la verificación 1.**

5.5.2. Cálculo de corrientes de cortocircuito máximas (Icc)

Como no es necesario llegar a precisiones que complicarían la tarea de proyecto, es recomendable utilizar, siempre que sea posible por las características de la instalación, las tablas aproximadas de la RIEI que ofrece un método simplificado para determinar el valor de Icc en diversos lugares; desde los bornes de los transformadores de distribución incorporando la red de servicio hasta los bornes de tableros principales y seccionales (Anexo informativo 771-H.2). Más adelante se brindarán ejemplos de aplicación

Finalmente es necesario recalcar que:

> La verificación de secciones por corriente de cortocircuito sólo puede aumentar las secciones impuestas por corriente admisible y por máxima caída de tensión.

5.6. Ejemplo de cálculo de carga en edificio.

5.6.1. Datos

El gabinete que contiene los tableros de medidores, se encuentra a 10 m del punto de conexión (caja de protecciones (fusibles) en línea municipal). Desde esa caja y el gabinete de medición se instalará un circuito trifásico más neutro que permitirá conectar el conjunto del edificio.

El edificio contiene 50 circuitos seccionales monofásicos, para iguales cantidades de medidores de usuarios. Un sistema trifásico y medidor trifásico de servicios generales permite alimentar el sistema de ascensores, bombeo e iluminación de espacios comunes, portero eléctrico, etc.

El sistema de servicios generales de este ejemplo se establece a partir de un tablero de iluminación y servicios (apto para operador BA1) desde el que parten los circuitos seccionales para los tres sistemas de servicios (ascensor, bombeo, circuitos de iluminación, de tomacorrientes para usos generales y para usos especiales, etc.).

El cálculo se realiza considerando a fines didácticos de ejercitación 25 departamentos con valores promedio de carga de **3000 VA**, y 25 de valores promedio de carga de **6000 VA**.

Los servicios generales de iluminación y tomacorrientes para usos generales y especiales establecen una carga trifásica máxima de 5000 VA; los ascensores una carga trifásica de 8550 VA, y los equipos de bombeo de agua una carga trifásica de 2500 VA.

5.6.2. Resultados

Elegir todos los conductores de la instalación de usuarios, de servicios y de alimentación general al edificio por:

- Corriente admisible, máxima caída de tensión nominal, arranque de motores y por corriente de cortocircuito.

5.6.3. Proceso de cálculo de circuitos seccionales y general.

a) Corriente de los circuitos seccionales de carga 3000 VA y de 6000 VA:

$$I\,3000 = 3000\ VA\ /\ 220\ V \cong \textbf{14 A.}$$

$$I\,6000 = 6000\ VA\ /\ 220\ V \cong \textbf{27 A.}$$

b) Corriente de servicios de iluminación

$I\ is = 5000\ VA\ /1{,}73 \times 380\ V \cong 8\ A$, corriente trifásica del sistema de iluminación.

c) Corriente del sistema de ascensores.

$I\ as = 8550\ VA\ /\ 1{,}73 \times 380\ V = 13\ A.$

d) Corriente del sistema de bombeo de agua.

Ib = 2500 VA / 1,73 x 380 V $\cong$ 4 A.

f) Corriente total de servicios:

El circuito seccional de servicios generales puede ser elegido en forma aproximada para la corriente resultante de tres circuitos:

$$I_{TS} = (5000 \text{ VA}+ 8550 \text{ VA} + 2500 \text{ VA}) / 1,73 \text{ x } 380 \text{ V} \cong \textbf{25 A}$$

g) Corriente aproximada total del edificio

Para la carga total del edificio se debe considerar que son 50 unidades totales, donde 25 son de carga 3000 VA y 25 de carga 6000 VA, y adoptar un factor de simultaneidad de 0,5. Al resultado se le debe sumar el valor de corriente de **25 A** sin factor de simultaneidad, o sea "a plena carga".

IT (Carga total) = (25 x 3000 VA x 0,5 + 25 x 6000 VA x 0,5/ 1,73 x 380 V + **25 A** $\cong$ 196 A

5.7. Procedimiento de selección de conductores por corriente admisible

5.7.1. Ejemplo de selección a los efectos de utilizar las Tablas RIEI

Para los circuitos seccionales a tableros seccionales de usuarios se eligen conductores bipolares Norma IRAM 2178 aislación en PVC Tabla 771.16.III método C sobre bandeja no perforada ubicada en espacio técnico.

Para el circuito seccional de ascensores y el circuito seccional del sistema de bombeo, se eligen conductores Norma IRAM 2178 termoestable Tabla 771.16.III método B2 en cañería ubicada en espacio técnico.

Para el circuito seccional que alimenta el tablero de servicios generales se eligen conductores unipolares de Norma IRAM NM 247-3 aislación en PVC Tabla 771.16.I método B52-4B1 en cañería.

Para el sistema de iluminación se eligen conductores Norma IRAM NM 247-3 aislación en PVC Tabla 771.16.I método B52- 2 B1 de 2.5 mm^2 en cañería.

Para la línea de alimentación general se eligen conductores Norma IRAM 2178 termoestable en caño enterrado Tabla 771.16.V método B52-5 D1.

Las bandejas se seleccionarán de acuerdo al número de cables y peso de los mismos. Si están sometidas a cargas de peso del personal actuando sobre ellas deben ser calculadas para esa circunstancia.

5.7.2. Secciones elegidas para cada tramo

a) Circuitos seccionales a departamentos:

Comentario previo:

Supongamos, **como ejercicio práctico**, que se hubiera decidido, como en numerosas instalaciones, elegir conductores de Norma IRAM NM 247-3.

Como se requieren 25 circuitos seccionales de corriente 14 A, y 25 circuitos seccionales de 27 A, *la sección uso tradicional de cobre de 4 mm²* podría transportar de acuerdo a Tabla 771.16.I método B52-2B1 a la temperatura máxima de 40ºC, la corriente admisible de 28 A > 27 A.

Debemos aclarar que en la práctica en numerosas instalaciones se instalan varios juegos de conductores en un mismo caño. En teoría, si se instalaran tres juegos de conductores (la RIEI lo permite cuando están a la misma fase), se debería aplicar a la Tabla 771.16.I el coeficiente de proximidad para tres circuitos activos de 0.70, lo que limita la capacidad de transmisión en la sección de este cable en 0,7 x 28 A =19,6 A < 27 A.

Como la RIEI establece que no se deben instalar en un mismo caño circuitos que no correspondan al mismo medidor, los circuitos seccionales de los departamentos no pueden estar juntos en un mismo caño.

Estos condicionamientos, en definitiva, llevan a utilizar cañerías independientes en circuitos seccionales de las columnas montantes.

El factor de agrupamiento de cables en una misma cañería se podría utilizar en los circuitos monofásicos para usos generales (no para usos especiales), pues se vinculan al mismo tablero seccional. Pero se deben considerar las limitaciones que origina la suma de las corrientes asignadas de los dispositivos de protección y de número máximo de bocas (máximo respectivo de 36 A y 15 bocas).

En conclusión, considero que las condiciones establecidas llevan al proyectista a la alternativa de utilizar en columnas montantes de edificios P.H. y para los circuitos seccionales cables aptos para instalar en bandejas, pues es el diseño más racional, ordenado y apto para la ampliación y el mantenimiento.

Concepto: Si se diseñan circuitos seccionales con cables IRAM 2178, que por el punto 771.18.4.1 b) son de Clase II, y se diseñan los TS mediante el mismo concepto (utilización de cablecanales sintéticos) no es necesario utilizar interruptores diferenciales en la salida de los circuitos seccionales pues no existe la posibilidad de contactos directos (circuitos seccionales) ni indirectos por lograrse la Clase II en los circuitos seccionales.

Se eligen en principio y para todas los circuitos seccionales conductores aptos para columna montante en espacio técnico, Norma IRAM 2178 de sección de 2 x 4 mm^2.

a) Secciones de tramos de circuitos seccionales a departamentos

Para los circuitos seccionales, los conductores de modelo 2 x 4 mm^2 pueden transmitir a temperatura de 40ºC el valor de 41 A (3º columna de Tabla 771.16.III, página 97 de la RIEI).

41 A > 27 A.

En el avance del cálculo se debe analizar nuevamente el tema cuando se haga la verificación de caída de tensión y podrá ser necesario aumentar las secciones, ahora elegidas sólo por corriente admisible.

Circuitos seccionales a departamentos: Cable 2 x 4 mm^2 IRAM 2178 termoestable

b) Sección de circuito seccional para la carga total de servicios generales

Este circuito seccional debe transmitir la carga total de servicios generales.

Se requieren **cuatro** conductores (tres de fases y uno de neutro) y seleccionamos modelos unipolares IRAM NM 247-3 PVC de 10 mm^2 de corriente admisible 44 A > 25 A (2º columna de Tabla 771.16.I, página 94 de la RIEI).

> **Circuito seccional de servicios generales: Conductores IRAM NM 247-3 (4 x 1 x 10 mm²)**

c) Sección de circuitos de iluminación de servicios

Se elige la sección de 2,5 mm².

> **Circuitos de servicios: Conductores aislados unipolares IRAM NM 247-3 de 2,5 mm².**

d) Sección de circuito seccional para sistema de ascensores

La corriente es 13 A.

Se elige cable Norma IRAM 2178 termoestable en cañería y de 4 x 2,5 mm² que admite 24 A (columna 2º de Tabla 771.16.III, página 97 de la RIEI); el modelo 4 x 4 mm² que admite 32 A.

Ambas variantes pueden transmitir más que los 13 A requeridos por el sistema de ascensores, pero se decide la variante 4 x 4 mm².

Posteriormente se elegirá una variante que verifique la condición de máxima caída de tensión, tanto con corriente nominal como ante el arranque de motores de ascensores.

> **Circuito seccional para ascensores: Cable IRAM 2178 termoestable de 4 x 4 mm².**

f) Sección de circuito seccional para sistema de bombeo de agua

Se elige cable Norma IRAM 2178 termoestable en cañería de 4 x 2,5 mm² que admite 24 A (columna 2º de Tabla 771.16.III, página 97 de la RIEI).

Para la reducida corriente a transportar elegimos la sección de 2,5 mm².

> **Circuito seccional para bombeo de agua: Cable IRAM 2178 termoestable de de 4 x 2,5 mm².**

g) Sección de conductores para el circuito de la carga total del edificio

Para la alimentación general se eligen conductores unipolares Norma IRAM 2178 XLPE o termoestable ubicados en cañería enterrada y con Tabla 771.16.V método B52-5 D1 se determina que la sección de 70 mm² de la columna cuarta de página 102 admite la corriente admisible de 202 A en las condiciones básicas.

Nota: En este tramo "aguas arriba del TP de medidores es posible seleccionar un cable de cubierta XLPE según IRAM 2178. De todos modos y en cuanto a los modelos el tipo Afumex 1000 de Prysmian es de modelo IRAM 62266 que además cumple los ensayos correspondientes de incendio y de baja emisión de humos y gases tóxicos.

La corriente admisible que en estas condiciones puede transportar el conductor es:

$$Iad = 202 \text{ A} > 196 \text{ A (corriente total de proyecto del edificio).}$$

> **Circuito de alimentación general: cable Norma IRAM 2178 o IRAM 62266 de 4 x 1 x 70 mm².**

Si el ingreso al edificio fuera de otro tipo, en diversos tipos de bandejas, etc., habría que considerar otras condiciones de instalación.

> Nota: Considero que no está explicada la condición B52-5D1 indicada como "ducto" en la página 102 de la RIEI, pues en el esquema figuran cables unipolares y en la columna se indica 3 x.

5.8. Verificación de secciones mínimas por máxima caída de tensión

5.8.1. Método general de verificación

La verificación de la caída de tensión consiste en calcular las caídas de tensión con las cargas de cada tramo y verificar que las sumatorias correspondientes (circuitos seccionales más los circuitos terminales) sea menor a 3% en tramos vinculados a iluminación y menor a 5 % en tramos vinculados a motores.

5.8.2. Método en circuitos terminales para usos generales y especiales

La RIEI indica las corrientes que se deben considerar en los cálculos para los diversos tipos de circuitos.

Supondremos circuitos de IUG, TUG a los efectos de verificar las longitudes máximas para la caída de tensión máxima de 2 %.

Supondremos circuitos de TUE a los efectos de verificar las longitudes máximas para la caída de tensión máxima de 4 %.

Ejemplos de aplicación ahora con el método de 771.19.7.c:

Ejemplo 1:

Calcular la **distancia** máxima en un circuito de TUG con corriente de 10 A y conductores de 2,5 mm^2 para cumplir con una máxima caída de tensión del 2 %.

GDC = 0,04

L = 2,5 x 2 x 220 V / 0,04 x 10 A x 100 = 27,5 m

Ejemplo 2:

Calcular la **distancia** máxima en un circuito de TUE con corriente de 15 A y conductores de 4 mm^2 para cumplir con una máxima caída de tensión del 4 %.

GDC = 0,04.

L = 4 x 4 x 220 V / 0,04 x 15 A x 100 $\cong$ 58,7 m.

Ejemplo 3:

Calcular la **distancia** máxima en un circuito de IUG de una oficina con carga resultante de 15 bocas y conductores de 2,5 mm^2 para cumplir con una máxima caída de tensión del 2 %.

Verificación de circuito IUG:

GDC = 0,04.

Corriente de cálculo = 15 x 150 VA = 2250 VA / 220 V = 10,22 A

L = 2,5 x 2 x 220 V / 0,04 x 10,22 A x 100 $\cong$ 26,91 m.

5.8.3. Método para circuitos seccionales con corriente de 14 A

Utilizamos en forma aproximada el mismo procedimiento indicado por la RIEI para circuitos monofásicos y cables Norma IRAM 2178, suponiendo que los cables se instalarán de forma tal que no originarán reactancia inductiva.

Se deben verificar las secciones de los circuitos seccionales para una máxima caída de tensión de 1%.

Por proyecto el TS de departamento más alejado está a 30 m del tablero de medidores y la sección a verificar es, en principio, de **4 mm²**.

X = 1 x 4 x 220 V / 0,04 x 14 A x 100 $\cong$ 15,7 m.

En este caso **no se verificaría** la condición de máxima caída de tensión a la corriente y distancia máxima de proyecto

5.8.4. Método para circuitos seccionales con corriente de 27 A

Por proyecto, el TS del departamento más alejado está a 30 m del tablero de medidores y la sección a verificar es, en principio, de **4 mm²**.

X = 1 x 4 x 220 V / 0,04 x 27 A x 100 $\cong$ 8,14 m.

En este caso **no se verificaría** la condición de máxima caída de tensión a la corriente y distancia máxima de proyecto.

5.8.5. Método para el circuito seccional general.

Por proyecto, el circuito seccional general está a 10 m del punto de conexión de acometida y la sección a verificar es, en principio, de **70 mm²**.

Este circuito general se debería agregar a la verificación de la caída de tensión de los circuitos seccionales, pues el TP es el punto de partida de las verificaciones.

(0,035 x 196 A x 10 x 100) / (70 x 380 V) $\cong$ 0,26 %.

La caída de tensión en el circuito seccional general es **0,26 %**.

Queda disponible para los circuitos seccionales la caída de tensión de:

1 % - 0,26 % = 0,76 %.

Debemos redimensionar todos los tramos para cumplir lo requerido.

En cuanto a los circuitos terminales internos de los departamentos queda disponible un porcentaje de caída de tensión del 2 %.

Realicemos una síntesis de distancias máximas (X) en función de la caída de tensión límite de 0,76% para diversas secciones crecientes y corriente de 14 A.

(0,04 x 14 A x X x 100) / (4 x 220 V) = 0,76 %

(0,04 x 14 A x X x 100) / (6 x 220 V) = 0,76 %

(0,04 x 14 A x X x 100) / (10 x 220 V) = 0,76 %

Distancias máximas:

X = 0,76 x 4 x 220 V /0,04 x 14 A x 100 ≅ 12 m

X = 0,76 x 6 x 220 V /0,04 x 14 A x 100 ≅ 18 m

X = 0,76 x 10 x 220 V /0,04 x 14 A x 100 ≅ 30 m

Sección (mm²)	Distancia (m)	Caída de tensión (%)
4	12	0,76 %
6	18	0,76 %
10	30	0,76 %

Realicemos una síntesis de distancias máximas en función de la caída de tensión límite de 0,76 % para diversas secciones crecientes y corriente de 27 A.

(0,04 x 27 A x X x 100) / (4 x 220 V) = 0,76 %

(0,04 x 27 A x X x 100) / (6 x 220 V) = 0,76 %

(0,04 x 27 A x X x 100) / (10 x 220 V) = 0,76 %

X = 0,76 x **4** x 220 V /0,04 x **27 A** x 100 ≅ 6 m

X = 0,76 x **6** x 220 V /0,04 x **27 A** x 100 ≅ 9 m

X = 0,76 x **10** x 220 V /0,04 x **27 A** x 100 ≅ 15 m

Sección (mm²)	Distancia (m)	Caída de tensión (%)
4	6	0,76 %
6	9	0,76 %
10	15	0,76 %

Intentemos una propuesta de solución mediante suministros trifásico a los departamentos con corriente de 27 A.

Realicemos una síntesis de distancias máximas en función de la caída de tensión límite de 0,76 %, para departamentos con alimentación trifásica (6000 VA/1,73 x 380 V = 9 A).

(0,035 x 9 A x X x 100) / (4 x 380 V) = 0,76 %

X = 0,76 x **4** x 380 V /0,035 x **9 A** x 100 ≅ 36 m

Sección (mm²)	Distancia (m)	Caída de tensión (%)
4	36	0,76 %

El cálculo nos lleva a considerar la alimentación trifásica para cubrir con conductores de 4 mm² hasta 36 metros de recorrido de circuitos seccionales en montantes.

Finalmente, en el diagrama de columna montante del edificio y con los recorridos de los circuitos seccionales, el proyectista decidirá cuáles secciones de conductores utilizar para los distintos tramos teniendo en cuenta las corrientes de cargas y distancias.

5.8.6. Caída de tensión en circuito seccional para tablero de servicios

Distancia 6 m, conductor de 10 mm², y sistema trifásico más neutro.

$$\Delta U \% = 1{,}73 \times 25\ A \times 0{,}006 \times 1{,}91 \times 100\ /\ 380\ V = 0{,}13\ \%.$$

5.8.7. Caída de tensión en circuito seccional para sistema de ascensores

Distancia 40 m, conductor Norma IRAM 2178 de 4mm², y sistema trifásico más neutro.

$$\Delta U \% = 1{,}73 \times 13\ A \times 0{,}04 \times 4{,}95 \times 100\ /\ 380\ V = 1{,}17\ \%.$$

5.8.8. Caída de tensión en circuito seccional para sistema de bombeo de agua

Distancia 10 m, conductor Norma IRAM 2178 de 2,5 mm², y sistema trifásico más neutro.

$$\Delta U \% = 1{,}73 \times 4\ A \times 0{,}01 \times 7{,}98 \times 100/380\ V \cong 0{,}14\ \%.$$

5.8.9. Verificación de la caída de tensión con arranque de motores

El circuito seccional que origina mayor caída de tensión es el de mayor potencia-distancia (para sistema de ascensores). Suponemos arranque directo con corriente **6 veces** la corriente nominal del ascensor.

$$\Delta U \% = \mathbf{6} \times 1{,}17\% = 7\ \%\ (\text{debe ser menor a 15 \%}).$$

5.9. Método general de selección de conductores de acuerdo a lo establecido por la RIEI

Determinación de la corriente de proyecto para seleccionar la corriente asignada de los dispositivos de protección

Determinación	Dato	Cálculo	Resultado	Tipo de circuito
Corriente de proyecto I_p	DPMS	$DPMS\ /\ 220$	I_{p1f}	Monofásico
		$DPMS\ /\ \sqrt{3} \cdot 380$	I_{p3f}	Trifásico
Corriente asignada (del dispositivo de protección) I_n	I_p	$I_n \geq I_p$	I_n	Todos

Ejemplo 1:

Determinar la corriente de proyecto y modelo de interruptor automático de cabecera para una vivienda de alimentación monofásica con Grado de Electrificación de 5700 VA sin circuitos dedicados a cargas específicas.

Grado de Electrificación = 5700 VA, en 220 V.

Determinar la corriente de proyecto resultante del cálculo de I_{p1f}

5700 VA / 220 V = 26 A.

El interruptor automático de cabecera a seleccionar (modelo normalizado) ¿puede ser modelo 2P y corriente asignada de 32 A > 26 A? Sí, pero la sección del conductor del circuito seccional deberá ser apto para los 32 A (en las condiciones de su instalación).

¿Cuál sería en estas condiciones la carga final que ofrece esta instalación?

Carga (final) = 220 V x 32 A = 7040 VA

Resumen del método:

1. De acuerdo a la RIEI y puntos 771.8 y 771.9 se determina el Grado de Electrificación.

2. Con el valor resultante de corriente de carga se selecciona el interruptor automático de cabecera (circuito seccional).

3. Con el valor de corriente asignada del interruptor automático se determina el valor de carga que ofrece el circuito seccional.

4. Con el valor de corriente asignada del interruptor automático *(In)* se selecciona el conductor del circuito seccional (ver más adelante).

Ejemplo 2:

Un local de alimentación trifásica con Grado de Electrificación de 10700 VA y un circuito dedicado de carga especifica de 2800 VA.

Carga = 10700 VA + 2800 VA = 13500 VA, en alimentación trifásica.

Determinar I_{p3f}

$$I_{p3f} = 13500 \text{ VA} / 1{,}73 \times 380 \text{ V} \cong 21 \text{ A}$$

El interruptor automático de cabecera a seleccionar (modelo normalizado) debe ser de modelo 4P y se selecciona en esta propuesta de corriente asignada 20 A $\cong$ 21 A.

La sección del conductor del circuito seccional debe permitir la corriente de 20 A (en las condiciones de su instalación).

Carga (final) = 1,73 x 380 V x 20 A = 13148 VA

Resumen del método:

1. De acuerdo a la RIEI y puntos 771.8 y 771.9 se determina la corriente de proyecto (en este caso con la DPMS más la carga del circuito dedicado a carga especifica).

2. Con el valor resultante de corriente de proyecto se selecciona el interruptor automático de cabecera (circuito seccional).

3. Con el valor de corriente asignada del interruptor automático se determina el valor de la corriente de proyecto que ofrece el circuito seccional.

4. Con el valor de corriente asignada del interruptor automático *(In)* se selecciona el conductor del circuito seccional (ver más adelante).

Ejemplo 3:

Corriente de proyecto I_{p1f} = 21 A, en 220 V.

Corriente asignada del interruptor automático I_n = 25 A.

Conductor y condiciones de instalación: Conductor Norma IRAM NM 247-3, método de instalación B52-2B1 suponiendo la temperatura ambiente en 45 °C (De Tabla 771.16.II.a, resulta un factor 0,91)

Corriente admisible de Tabla 771.16.I para conductor de 4 mm²: 28 A

Corriente admisible de Tabla 771.16.I de conductor de 4 mm² corregida a 45 °C:

28 A x 0,91 = 25,48 A > 25 A

Sección inicial del conductor en las condiciones de instalación: S = 4 mm²

Resumen del método de selección inicial de conductores:

1. Selección del conductor mediante las tablas correspondientes de la RIEI y corregidas por las condiciones de instalación.

2. El valor resultante debe ser igual o mayor que el valor de corriente asignada del interruptor automático de cabecera (circuito seccional).

Verificación de sección por máxima exigencia térmica del conductor

Determinación	Dato	Verificación	Resultado	Proyecto
Verificación por máxima exigencia térmica	$I^2 . t$	$k^2 . S^2 \geq I^2 . t$	S_2	Si $S_2 > S_1$ entonces $S = S_2$

Para la protección de los conductores se utilizan en este tipo de instalaciones dispositivos de protección que presentan características de limitación de la corriente de cortocircuito y por ello tiempos de apertura inferiores a 100 ms (inferiores a cinco ciclos).

Diversos ejemplos demostrarán la ventaja de utilizar dispositivos limitadores de clase 3 ya que su efecto de limitación hace que ante un cortocircuito el interruptor automático "deje pasar" una energía menor que si no fuera un dispositivo limitador, o si fuera de una clase menor a 3.

La protección de los conductores queda asegurada si se cumple la siguiente expresión:

$$k^2 . S^2 \geq I^2 . t$$

$I^2 . t$: Máxima energía específica pasante "aguas abajo" en A² s del dispositivo de protección (dato que debe ser garantizado por el fabricante en gráficos de ensayo realizados en laboratorios normalizados).

$S^2 k^2$: Máxima exigencia térmica del conductor.

S: Sección nominal de los conductores en milímetros cuadrados.

K: Coeficiente que tiene en cuenta las características del conductor.

k=115: Para conductores de cobre aislados en PVC de secciones menores o iguales a 300 mm^2.

k=143: Para conductores de cobre aislados con goma butílica, goma etilén-propilénica o polietileno reticulado (XLPE).

La característica de máxima energía específica pasante $I^2 \cdot t$ se encuentra ligada a la clase de limitación que posee el dispositivo de protección.

En interruptores automáticos Norma EN 60898 esta clase no está marcada en el dispositivo, pero el fabricante deberá entregar la información a solicitud del proyectista, en forma de curvas o dato garantizado.

En los productos que responden a la Norma EN 60898, la clase de limitación está grabada en el frente del aparato, con el número respectivo dentro de un cuadrado.

En los productos que son fabricados según la Norma IEC 60947-2, la información es entregada por el fabricante, en forma de curvas.

Ejemplos de máxima exigencia térmica de conductores, $S^2 k^2$, en conductores con aislación de PVC o de XLPE.

Lo que interesa es la sección y material del conductor (cobre) y la aislación, siendo las más utilizadas las de PVC y las de XLPE. Se brinda una tabla se valores de máxima energía térmica admisible para varias secciones normalizadas.

PVC (k = 115)		XLPE (k = 143)	
SECCION (mm^2)	$S^2 k^2$	SECCION (mm^2)	$S^2 k^2$
2,5	$0,08 \times 10^6$	2,5	$0,13 \times 10^6$
4	$0,21 \times 10^6$	4	$0,33 \times 10^6$
6	$0,48 \times 10^6$	6	$0,74 \times 10^6$
10	$1,32 \times 10^6$	10	$2,05 \times 10^6$
16	$3,39 \times 10^6$	16	$5,23 \times 10^6$
25	$8,27 \times 10^6$	25	$12,78 \times 10^6$
35	$16,20 \times 10^6$	35	$25,05 \times 10^6$
50	$33,06 \times 10^6$	50	$51,12 \times 10^6$
70	$64,80 \times 10^6$	70	$100,20 \times 10^6$
95	$119,36 \times 10^6$	95	$184,55 \times 10^6$
120	$190,44 \times 10^6$	120	$294,47 \times 10^6$
150	$297,56 \times 10^6$	150	$460,10 \times 10^6$

Se puede observar que un conductor unipolar o tripolar de 4 mm^2 con aislación en PVC soporta una energía térmica máxima de $0,21.10^6$ y ese mismo conductor en XPLE, de $0,33 \times 10^6$. La aislación de XLPE soporta temperaturas mayores y esa aptitud se refleja en una mayor capacidad de energía térmica.

Ejemplo 4:

Continuar la verificación del Ejemplo 3.

S = 4 mm^2 de conductor Norma IRAM NM 247-3.

Máxima energía térmica = 0,21 x 10^6 = 210.000.

Máxima energía pasante de interruptor automático modelo C25A, poder de corte 6 k A y clase de limitación 3 (Tabla 771-H.X) = 55000.

55000 < 210000

Resumen del método de verificación de conductor

1. Con la sección y tipo de conductor determinar el valor de su máxima energía térmica.

2. Se establece el valor de máxima energía pasante "aguas debajo" de la protección con el modelo de interruptor automático de cabecera del conductor.

3. Se verifica que el conductor disponga de un mayor valor de energía térmica que la que el interruptor automático "dejará pasar".

Verificación de sección por mínima corriente de cortocircuito $I_{k\,mín}$

Circuitos seccionales

Se debe calcular la longitud máxima del circuito seccional (entre el TP y el TS o entre dos TS) que aseguré la actuación instantánea de la protección por corriente de cortocircuito mínima.

La RIEI ofrece tablas para determinar la longitud máxima de los conductores (aislación termoplástica o termoestable) que asegura la actuación de los interruptores automáticos según Norma IRAM 2169 ó Norma EN 60898.

El resultado indica la corriente asignada y tipo de curva de actuación del interruptor automático que garantiza el fin buscado.

Necesitamos entonces conocer o calcular la corriente de cortocircuito en los diversos lugares donde debemos verificar la actuación de las protecciones por corriente de cortocircuito.

Determinación	Dato	Verificación	Resultado	Proyecto
$I_{k\,mín}$	$I_k^{''}$ S I_n Curva IA	Tablas de la RIEI	S_3	Si $S_3 > S$ entonces $S = S_3$

Ejemplo 5:

Continuar la verificación del Ejemplo 3.

S = 4 mm^2 de conductor Norma IRAM NM 247-3.

Protección de cabecera seleccionada: C25A

Verificación de la longitud máxima de conductor que garantiza el accionamiento de la protección por "acción instantánea".

Se puede utilizar la Tabla 771-H.VII de la RIEI, para lo cual se debe conocer el valor de la corriente de cortocircuito en el TP, pues de este TP parte el circuito seccional y contiene la protección a los cortocircuitos (para los cálculos de corriente de cortocircuito ver Anexo 771-H Informativo de la RIEI, y ejercicios de este libro).

Suponemos el valor de la corriente de cortocircuito de 6000 A en TP.

Utilizamos el método de la RIEI para el cálculo de la corriente de cortocircuito en un TS conociendo la corriente de cortocircuito en el TP.

Conductores con aislación de PVC (parte de la Tabla 771-H VII de la RIEI)

Sección Cu	Corriente asignada del interruptor automático			3000	4000	6000	10000	12000	15000
	Norma IRAM 2169	Norma IEC 60898	Tipo Curva	Longitud máxima de los conductores para la actuación del interruptor automático [m]					
4	25	25		66	68	70	72	72	73
			B	170	172	174	175	176	176
			C	81	83	85	87	87	87
			D	37	39	41	42	43	43
6	32	32	B	197	200	203	205	205	206
			C	93	95	98	101	101	102
			D	40	43	46	49	49	50
10	40	40		128	133	138	142	143	144
			B	268	273	278	282	283	284
			C	124	129	134	138	139	140
			D	52	57	62	66	67	68
16	50	50		98	106	114	120	122	124
			B	332	340	348	354	356	357
			C	150	158	166	172	174	175
			D	59	67	75	81	83	85
25	63	63		107	120	132	142	144	147
			B	398	411	423	433	435	438
			C	174	187	199	209	212	214
			D	63	75	87	97	100	102

Resultado = 85 metros máximos de circuito seccional con sección de 4 mm^2.

Si por proyecto no necesitamos una distancia de circuito seccional de 85 metros y es aceptable la distancia de 41 metros, se podría elegir en la cabecera del circuito seccional un modelo de interruptor automático D25A que, al disponer de curvas de acción instantánea de mayor rango, ofrece una mejor selectividad frente a los otros interruptores automáticos ubicados "aguas abajo" en el TS.

De la solución C25A se puede decir que "se pierde selectividad" entre el interruptor automático de cabecera del circuito seccional y los interruptores automáticos de los circuitos terminales. Por lo mencionado deberá evaluarse en qué medida es fundamental la selectividad en la instalación que estamos proyectando.

Resumen del método de verificación de conductor.

1. Conocer el valor de corriente de cortocircuito en ampere en el TP o el tablero de donde parte el circuito seccional.

2. Determinar la sección del conductor del circuito seccional y la corriente asignada del interruptor automático correspondiente por los procedimientos anteriores.

3. Utilizar la Tabla de la RIEI para determinar la máxima longitud del circuito seccional para garantizar la acción instantánea del interruptor automático.

Verificación de sección por máxima caída de tensión

Verificación de la caída de tensión en el extremo del circuito	I_n	Según Norma	S_4	Si $S_4 > S$ entonces $S = S_4$

Caídas de tensión en servicio normal.

En circuitos terminales:

A los efectos del cálculo, los circuitos de tomacorrientes se consideran cargados en su extremo más alejado del TS con 10 A y los de iluminación con el 66% de la corriente total en el extremo más alejado del TS (ver ejemplos en este libro).

En circuitos seccionales:

A los efectos del cálculo, se debe considerar el valor de la corriente de proyecto obtenida mediante el procedimiento indicado en 771.9.3 de la RIEI. El valor máximo establecido porcentual de caída de tensión para circuitos seccionales no debe superar el **1 %**.

Un método que se puede utilizar para un cálculo aproximado es el ofrecido en 771.19.7 de la RIEI, con la siguiente expresión:

$$\Delta U = GDC \frac{I.L}{S}, \text{ en V.}$$

Expresión válida para conductores de Norma IRAM NM 247-3, 62267, 2178 y 62266 en cañerías o conductos, en aire o enterrados o dispuestos en tresbolillo. No es válido para cables dispuestos en plano separados un diámetro.

Dónde:

GDC: Gradiente de caída (ver la RIEI).

I: Intensidad de corriente de circuito seccional en A.

L: Longitud del circuito en metros.

S: Sección nominal de los conductores en mm^2.

Ejemplo 6:

Continuar la verificación del Ejemplo 3.

S = 4 mm^2 de conductor Norma IRAM NM 247-3.

Corriente de proyecto: I_{p3f} = 21 A.

Suponemos que la distancia del circuito seccional es 36 metros.

Verificación de longitud máxima de conductor para garantizar la máxima caída de tensión del 1 % establecida por la RIEI.

$$\Delta U = GDC \frac{I.L}{S}, \text{ en V.}$$

Caída de tensión porcentual:

0,035 x 21 A x 36 x 100 / (4 x 380 V) = 1,74 % > 1 % (no cumple).

Estimemos la necesaria:

S = 0,035 x 21 A x 36 x 100 / (1 x 380 V) = 6,96 mm^2

Caída de tensión porcentual con sección de 10 mm^2:

0,035 x 21 A x 36 x 100 / (10 x 380 V) = 0,69 % < 1 % (cumple).

Sección necesaria del circuito seccional por la condición de máxima caída de tensión: 10 mm^2

Selección final de la sección de conductores.

Es común en los proyectos que la sección mínima por caída de tensión máxima imponga finalmente la sección de los circuitos seccionales.

5.9. Tipos y espacios disponibles de caños

En general, la denominación de los caños responde a su aptitud de manipuleo:

- Φ **Rígidos**: se curvan solo con herramienta adecuada.

- Φ **Flexibles**: se pueden doblar con las manos y con fuerza reducida.

- Φ **Transversalmente rígidos o "con aptitud de volver"**: se les aplica una fuerza de aplastamiento durante un tiempo reducido.

Espacios disponibles

El diámetro interno mínimo se determina en función de la cantidad, sección y diámetro (incluida la aislación) de los conductores.

Para los casos no previstos, el área total ocupada por los conductores, comprendida la aislación, no debe ser mayor que el 35 % de la sección interna del caño o conducto.

Conviene realizar una tabla para diversos tipos de caños y espacios ocupados por conductores. Luego, realizar las comprobaciones habituales que consisten en verificar que los conductores y cables no ocupen más del 35 % del espacio interno disponible del caño.

Sección total que ocupa el cable con su aislación, para diversas secciones de cobre.

SECCIÓN DE COBRE (mm^2)	SECCIÓN TOTAL CON AISLACIÓN (mm^2)
1	5,5
1,5	7,1
2,5	9,3
4	13,9

6	21,3
10	33,2

Espacio utilizable disponible interno de caños (RS semipesado y RL liviano):

Caño normalizado Norma IRAM (pulgadas comercial).	Sección utilizable (35 % de la total) en mm^2
RL 16/14-5/8"	53,85
RS 16/13-5/8"	46,43
RL 19/17-3/4"	79,4
RS 19/15-3/4"	61,81
RL 22/20-7/8"	109,9
RS 22/18-7/8"	89,02
RL 25/23 -1"	145,34
RS 25/21 -1"	121,16
RL 32/29-11/4	231,06

Ejemplos de selección de caños (en pulgadas, denominación habitual no normalizada)

Instalar 2 conductores de 4 mm^2 más uno de 2,5 mm^2 que ocupan 2 x 13,9 mm^2 + 9,3 mm^2 = 37,1 mm^2. El caño adecuado en la variante RS (semipesado) debe ser de 5/8" pues dispone de un espacio de 46,43 mm^2 > 37,1 mm^2.

Instalar 2 conductores de 6 mm^2 más uno de 2,5 mm^2 que ocupan 2 x 21,3 mm^2 + 9,3 mm^2 = 51,9 mm^2. Si el caño a seleccionar es tipo RS, conviene el tamaño 3/4 pues dispone de espacio interior de: 61,81 mm^2 > 51,9 mm^2.

5.11. Modelos de canalizaciones y su aplicación

Resumen para caños de acero y sintéticos en canalizaciones embutidas.

Se considera que las cañerías embutidas son susceptibles de riesgo eléctrico por la posible introducción de clavos u otros elementos punzantes. Los riegos se pueden minimizar por las características propias de los materiales de las canalizaciones, o bien por condiciones que deben observarse en la instalación de los caños.

Se considera que los caños de acero semipesado y pesado conformes a Norma IRAM IAS U 500 2005 y Norma IRAM IAS U 500 2100 tienen condiciones propias que proveen protección mecánica para la agresión mecánica.

Se considera que los caños de acero liviano conformes a Norma IRAM IAS U 500 2224 y los caños de material sintético no propagantes de la llama según Norma IEC 61386-21 para cañerías rígidas, IEC 61386-22 para las curvables y trasversalmente recuperables e IEC 61386-23 para las flexibles; están expuestas a condiciones de agresión mecánica y riesgo incrementadas.

Los eventuales deterioros mecánicos pueden reducirse instalando los caños a 50 mm entre superficie terminada del tabique a la parte más exterior de la canalización. Como alternativa, se indica la utilización o interposición de barreras sólidas de resistencia mecánica adecuada (de acero con características equivalentes a las de caño semipesado o bien con una capa adecuada de concreto).

La RIEI establece que las canalizaciones embutidas se realizaran conforme a:

- Con caños de acero pesado o semipesado respectivamente, sin restricciones.

- Con caños de acero liviano o de material sintético en cualquiera de sus tipos, instalados con:

  Embutidos de manera que su parte más externa quede a no menos de 50 mm de las superficies terminadas del tabique.

  Protegidos por una barrera de acero, de espesor no menor que el caño semipesado, interpuesta en todas las partes que tengan una distancia de la superficie terminada del tabique menor que 50 mm y con un ancho que exceda el del caño en no menos de 5 mm por cada lado. Esta barrera será continua y estará fijada de modo a asegurar las condiciones de protección en forma permanente.

  Protegidos por una mezcla de concreto de cemento (dosaje mínimo 1:3, una parte de cemento por cada tres partes de arena, sin cal ni yeso), interpuesta en todas las partes que tengan una distancia de la superficie terminada del tabique menor a 50 mm y con un ancho que exceda el del caño en no menos de 10 mm. Esta barrera será continua, tendrá un espesor no menor que 10 mm y nos asegura las condiciones de protección en forma permanente en toda la longitud del caño protegido.

Montaje de canalizaciones

Las uniones entre conductos se realizarán mediante accesorios que no disminuyan su sección interna, que no generen discontinuidad que pueda dificultar la colocación de los conductores y que aseguren su protección mecánica. En conductos metálicos deberá garantizarse la continuidad entre sus partes y el conductor PE.

Las uniones conductos y cajas se realizarán mediante conectores o tuerca y boquilla, o según proyecto. Los accesorios serán Norma IRAM 2224/73 o 2005/72. Los accesorios de vinculación serán metálicos en canalizaciones metálicas y de material sintético para canalizaciones sintéticas.

En tramos rectos y horizontales sin derivación se colocará como mínimo una caja cada 12 m. y en tramos verticales un mínimo de una caja cada 15 m. Las cajas de paso y de derivación serán siempre accesibles.

Como es posible la acumulación de agua en cruces por debajo de los pisos, se instalarán únicamente modelos de cables Norma IRAM 2178, 62266 ó 2268, en cañerías de material sintético, hierro galvanizado o acero inoxidable (no de acero esmaltado).

Las curvas en las canalizaciones se consideran como una canalización de sección circular con ángulos interiores comprendidos entre 90 y 135°. No se admitirán más de tres curvas incorporadas a la cañería y entre dos cajas consecutivas. Las curvas deberán terminar en ángulos interiores menores que 90°. La distancia mínima entre dos curvas consecutivas no será menor a diez veces el diámetro exterior del caño.

Si la canalización es metálica, se deberá mantener la equipotencialidad del conducto mediante tramos de conductor PE verde y amarillo fijados en cada componente metálico.

En instalaciones intemperie, la cañería deberá ser de hierro con adecuada protección ante la corrosión (galvanizado por inmersión en caliente, inoxidable, etc.) o de material sintético con protección contra la radiación ultravioleta.

Instalación de cajas y bocas

Caja de paso: caja a la que ingresan y egresan el mismo número de circuitos, sin que ninguno de ellos tenga derivación alguna.

Caja de paso y derivación: caja a la que ingresan y egresan el mismo número de circuitos, pudiendo tener alguno de ellos derivaciones.

Boca: punto de un circuito terminal donde se conecta el aparato utilizador por medio de borneras, tomacorrientes o conexiones fijas. No se consideran bocas a las cajas que contienen elementos de maniobra o protección (interruptores de efecto, atenuadores, etc.).

Se puede continuar o derivar solo un circuito en cajas de paso o derivación con un único circuito, como por ejemplo en una boca para tomacorriente

Las cajas instaladas en losas; de paso, derivación o paso derivación; serán consideradas como **bocas** y contarán para el Grado de Electrificación si sus medidas alcanzan 100 mm x 100 mm inclusive.

Las cajas y tomacorrientes en espacios semicubiertos se realizarán con grado de protección mínimo IP 44. El conjunto de cajas y tomacorrientes deberá tener grado IP 44 o superior, y ser resistentes a la corrosión, no permitiéndose el empleo de cajas de hierro.

Canales de cables

Son ductos en el piso que alojan cables o canalizaciones en recintos internos o a la intemperie (Tapas modelos IP44).

Los muros serán de ladrillo u hormigón y el piso será de hormigón con tratamiento hidrófugo con terminación interior de estuco de grano fino con cemento. Las aristas superiores deberán protegerse contra golpes mediante perfiles metálicos de tipo 50 mm x 50 mm x 4,5 mm con trabas.

En los canales se permite el empleo de cables según Norma IRAM 2178, 2268, 62266 y en cañerías dentro de los canales con conductores Norma IRAM NM 247-3.

Para los conductores de PAT de protección se podrán utilizar los de Norma IRAM NM 247-3 (verde amarillo) o conductores desnudos, o pletinas; apoyadas en los largueros en su parte interna.

Los canales deberán contar con tapas antideslizantes de hormigón armado, de acero rayado, etc. que aseguren una resistencia mecánica a la carga del tránsito.

Corrientes inducidas en canalizaciones metálicas

Los conductores de corriente alterna deben instalarse de modo de evitar la inducción de la envolvente metálica, y por ello se deben instalar agrupados en un mismo caño.

Cables en conductos, cámaras de aire y otros huecos

En los conductos para la extracción de vapores de todo tipo no se deben realizar instalaciones eléctricas.

Tampoco se debe hacer instalaciones en conductos o chimeneas utilizados para la extracción de vapor o la ventilación de cocinas comerciales. Ejemplo: incendio en cables instalados dentro de los conductos.

En conductos o cámaras de aire construidos para ventilación natural, sólo se permiten instalaciones eléctricas con cañerías metálicas flexibles o rígidas estancas o herméticas de longitud no superior a 1,50 m para conectar equipos y dispositivos aprobados para poder ser instalados en estos conductos y cámaras de aire (plenos).

5.12. Instalación de los conductores en las canalizaciones.

Reglas de instalación

Antes de instalar los conductores se habrá concluido con el montaje de las canalizaciones y completado los trabajos de mampostería y terminaciones superficiales. Deberá dejarse 150 mm como mínimo de conductor aislado en cada caja para poder realizar las conexiones.

Los conductores que pasen sin empalme a través de las cajas deberán formar un bucle.

Los conductores colocados en cañerías verticales deberán estar soportados, mediante dispositivos colocados en cajas accesibles, en tramos no mayores de 15 m. Los elementos de soporte deberán estar colocados y tener formas tales que no dañen la envoltura o la aislación de los conductores.

No están permitidas las uniones o derivaciones de conductores en el interior de los caños, sólo en cajas.

Durante el montaje no se deberá ejercer sobre los conductores un esfuerzo superior a 50 N/mm² de su sección nominal.

Agrupamiento de conductores en una misma canalización

Todos los conductores pertenecientes a un mismo circuito, incluyendo el conductor de protección, se instalarán dentro de la misma canalización.

Cada circuito se alojará en una cañería o conducto independiente.

Los circuitos seccionales deberán alojarse en caños o conductos independientes. No obstante, se admitirán en un mismo caño hasta tres circuitos seccionales, pero con cables Norma IRAM 2178, 2268, 62266 y siempre que correspondan a un mismo medidor.

Si se opta por el empleo de bandejas, los circuitos seccionales podrán alojarse en la misma bandeja.

Los circuitos para usos generales, especiales y los de consumos específicos deberán tener cañerías independientes. No obstante se permite que:

En circuitos para usos generales podrán alojarse en una misma cañería en un máximo de tres, si pertenecen a una misma fase y tablero seccional, **la suma** de las corrientes asignadas de los dispositivos de protección de los circuitos no sea mayor que 36 A y el número total de bocas de salida del conjunto no será mayor que 15.

Ejemplo: Si la práctica aconseja instalar en una misma cañería un circuito IUG y un circuito TUG con conductores de 1,5 mm² y 2,5 mm² respectivamente la condición tiene su lógica utilizando protecciones de 16 A para el IUG y protecciones de 20 A para el TUG (ver ejemplo Módulo 7).

En todas las cajas donde converjan circuitos diferentes, los conductores deberán estar identificados buscando evitar que pueda alterarse la correlación o mezclarse conductores de diferentes circuitos y de diferentes fases o diferente neutro. Esa identificación podrá hacerse por colores de los conductores, anillos numerados u otros medios adecuados de identificación, indelebles y estables en el tiempo.

Cada boca de salida servirá como tal a un sólo circuito y servirá como caja de paso pero **no de derivación de otros circuitos**. Por ejemplo, en las cajas que alojen interruptores de efecto y tomacorrientes les deberá llegar un sólo circuito, que podrá continuar hacia otros puntos de la instalación.

Los conductores de los circuitos de 380/220 Vca, MBTS; MBTF o señales débiles deberán colocarse dentro canalizaciones independientes.

Los cable-canales múltiples se consideran canalizaciones independientes, sólo si cuentan con separadores, paredes o barreras, fijos y permanentes, diseñados y dispuestos de manera que sea imposible que un conductor alojado en una sección pueda entrar en la otra. Los conductores de circuitos de tensiones diferentes deberán estar separados por una pantalla metálica vinculada a la PAT de protección. Los conductores de circuitos de diferentes tensiones podrán estar en un mismo cable multipolar, pero los de tensiones menores deberán aislarse individual y colectivamente de acuerdo con la mayor tensión presente.

Cuando existan pantallas metálicas, serán conectadas entre sí y al conductor PE.

5.13. Luminarias e instalaciones de iluminación.

Protección contra los efectos térmicos.

En cuanto a los efectos térmicos de las luminarias hacia su entorno, se debe tener en cuenta:

- √ La potencia máxima disipada por las lámparas.
- √ La resistencia al fuego de los materiales adyacentes en el lugar de la instalación, en las áreas afectadas térmicamente.
- √ La distancia mínima entre las luminarias y los materiales combustibles incluyendo los ubicados en el camino del haz de luz emitida por la luminaria.

Según la resistencia al fuego de los materiales adyacentes en el lugar de la instalación y en las áreas afectadas térmicamente, se deberán seguir las instrucciones del fabricante.

Sistemas de cableado

Para los cables aislados dentro de la luminaria se deben seleccionar los adecuados en concordancia con la marcación de la temperatura de funcionamiento de la luminaria.

Para luminarias que cumplen con Norma IEC 60598 o Norma IRAM AADL J2020 y J2021 y no tienen marcada la temperatura de funcionamiento, no se requieren cables de alta temperatura o resistentes al calor.

Para luminarias que cumplen con Norma IEC 60598 o Norma IRAM AADL J2020 y J2021 y tienen marcada la temperatura de funcionamiento, se deben emplear cables de alta temperatura o resistentes al calor adecuados a la temperatura marcada.

Equipos auxiliares

Para luminarias que se monten embutidas en cielos rasos suspendidos, los equipos auxiliares, como balastos, ignitores, capacitores, transformadores, etc. deberán instalarse sobre una bandeja que forme parte de la luminaria o apoyarse sobre un bastidor construido al efecto o suspenderse del techo por arriba del cielorraso en la cercanía de la luminaria a la que alimenta.

En cualquier caso se debe asegurar el fácil acceso para mantenimiento.

En ningún caso se permitirá que los equipos auxiliares apoyen directamente sobre el cielorraso.

Efecto estroboscópico

En iluminación de locales, donde funcionan máquinas con partes en movimiento giratorio, se debe tener en cuenta el efecto estroboscópico, ya que puede implicar la confusión de pensar que una paleta en movimiento se encuentra parada.

Este efecto debe ser evitado por la elección adecuada de las luminarias y los equipos auxiliares, y por la correcta realización de la instalación (por ejemplo, alimentación alternada de luminarias desde distintas fases en instalaciones trifásicas con neutro).

Cordones o cables para conexión de luminarias

Cuando estén embutidas (plafón) debe considerarse la aptitud a ser desmontadas para el mantenimiento.

Se permitirá instalar un cable flexible con envoltura (Norma IRAM 2158, 2188, 2178 o 62266) de sección adecuada a la corriente de la luminaria y como mínimo de 1,5 mm^2 de cobre, recomendándose que la longitud del cable flexible no supere los 5 m.

Si la temperatura lo exige, deberá emplearse un cable flexible con envoltura, pero aislado con goma siliconada, adecuado para altas temperaturas, con las mismas consideraciones sobre la determinación de la sección.

Cuando se requiera alimentar una luminaria con aislación Clase II (alimentación sin conductor PE), el cordón deberá ser bipolar con ficha normalizada de dos polos sin puesta a tierra.

Cuando se requiera alimentar una luminaria con aislación Clase I (se requiere del conductor PE), que el cordón deberá ser tripolar con ficha normalizada de dos polos más borne de tierra.

Módulo 6

Selección de protecciones eléctricas, interruptores automáticos, protecciones diferenciales. Condiciones de seguridad en instalaciones eléctricas.

6.1. Introducción, conceptos relacionados con interruptores automáticos

6.1.1. Introducción

Las protecciones deben desconectar los conductores de los circuitos que transportan una determinada corriente, pero la utilización hace posible y previsible que se originen sobrecargas y/o cortocircuitos.

Las estadísticas mencionan como causas de incendio, entre otras, a:

La actuación demorada de fusibles reforzados o no calibrados que supuestamente están instalados para proteger conductores ante sobrecargas y no son aptos para proteger y desconectar los conductores en el tiempo máximo que indica la Norma del conductor y evitar la destrucción de su aislación.

La realidad nos muestra incendios en lugares precarios y no tan precarios donde "todo" está alimentado por conexiones directas a la red de servicio o mediante alambres parecidos a fusibles y un riesgo de contactos, sobrecargas y cortocircuitos.

Sobrecargas no desconectadas por el interruptor automático que corresponde a la corriente admisible del conductor en sus condiciones de instalación. Si la relación técnica entre la corriente asignada de la protección de sobrecarga y la corriente admisible del conductor no se cumple es posible que conductor quede sometido a sobrecargas que elevarán la temperatura de su aislación y podrán originar finalmente un cortocircuito.

En tableros de muchas prestaciones, circuitos y equipamientos es aconsejable revisar las temperaturas de funcionamiento interno de bornes y cableados por medio de la termografía; que por una vía indirecta y con el tablero en funcionamiento permite detectar por medio de una cámara manual los puntos o lugares que presentan temperaturas mayores a las admisibles en cada caso.

La utilización de equipos y materiales fuera de Norma.

Es una actitud irresponsable y antisocial utilizar productos que estén fuera de Normas y en lo personal creo que debería ser motivo de demandas de la justicia sea quien sea el actor de esa actitud. Me ha tocado escuchar a funcionarios que ejecutan planes de viviendas populares con cualquier "material" porque a ellos les interesa más la cantidad de viviendas que la calidad y seguridad de las mismas.

La baja retención de contactos (tomacorrientes fuera de Norma) en conexiones de equipos, empalmes de baja calidad, conexiones de cables mediante el uso indebido de cinta aisladora, conexiones entre interruptores automáticos y cables flojas, terminales de conexión de interruptores automáticos de mala calidad y que se recalientan con las corrientes de servicio, desclasificación de la corriente de actuación normalizada de sobrecargas de interruptores automáticos por su proximidad con otros dispositivos, etc.

En argentina es común utilizar indiscriminadamente la cinta aisladora que ya hace años ha sido reemplazada, por ejemplo, por cajas de conexión por borneras con el fin de establecer conexiones y derivaciones seguras.

Algunas marcas comerciales de interruptores automáticos y con el fin de competir con otras marcas de mala calidad ofrecen productos alternativos con el mismo sello que sus productos normalizados. También en argentina se comercializan dispositivos con sellos de calidad que en lo personal no tengo claro de donde proviene su derecho en utilizarlos.

Ante la ley el responsable directo de los siniestros es el instalador como sujeto responsable por el código Civil y difícilmente algo se les imputara a los fabricantes o quienes comercialicen esos dispositivos "baratos".

Un tablero no es "una caja para amontonar protecciones" y es común observar que el proyectista o instalador no conoce, por ejemplo; que las interferencias térmicas" pueden originar la desclasificación de los valores asignados de los interruptores automáticos ante temperaturas mayores a 30 ºC.

Las protecciones eléctricas cubren la necesidad de desconectar las fallas que deben estar contempladas en cualquier proyecto eléctrico, desde una modesta hasta una compleja instalación de un edificio donde pueden estar afectados cientos de personas.

Las protecciones que normalmente se utilizan en este tipo de instalaciones detectan y si corresponde desconectan las sobrecargas y/ cortocircuitos del circuito mediante elementos "en serie" con la corriente "circulante" (térmico y bobina de apertura).

Los interruptores automáticos (de acción termomagnética) especificados, entre otras Normas, por la Norma IRAM 2169, Norma IEC 60898 (ámbito de uso doméstico, usuario BA1), Norma IEC 60947-2 (ámbito de uso por personal calificado o idóneo en electricidad, usuario BA4/BA5); son los dispositivos que por su confiabilidad y seguridad de maniobra se han impuesto en las instalaciones eléctricas.

El interruptor automático es capaz de interrumpir sobrecargas y cortocircuitos hasta una **corriente máxima** denominada **poder de corte**, que es la máxima corriente que el interruptor automático es capaz de cortar. Como en la vida útil del interruptor automático interviene también la **cantidad de veces** que puede cortar el valor de cortocircuito las Normas establecen determinados ciclos de trabajo de apertura y re cierres del interruptor automático sobre una corriente de cortocircuito máxima.

Por ejemplo un ciclo 0-t-CO indica que el interruptor automático ha sido ensayado con:

Φ Una apertura con la corriente de cortocircuito máxima - 0

Φ Tiempo de espera - t

Φ Un re cierre sobre corriente de cortocircuito máxima - **C**

Φ Una apertura – 0 y final del ciclo de prueba

Los pequeños interruptores automáticos (en algunas líneas hasta 63 A y otras líneas hasta 125 A) están fabricados para ser montados en "riel DIN" en un TS y pueden ser operados por personas con o sin conocimiento de los riesgos que puede originar el uso de los aparatos eléctricos. Es decir que los pequeños interruptores automáticos (PIA) se pueden utilizar en ámbitos domésticos e industriales indistintamente.

En el ámbito doméstico es posible que un operador BA1 someta al PIA a "varios cierres sobre fallas" y para estas exigencias el PIA debe cumplir las condiciones de poder de corte indicadas en la IEC 60898. En el ámbito industrial un operador BA4 o BA5, se entiende, que "no someterá" al PIA varios cierres sobre fallas (pues buscara resolver la falla) entonces el PIA debe cumplir las condiciones de poder de corte indicadas en la IEC 60947-2.

La Norma establece que el fabricante debe ensayar e indicar el valor de Icu (poder de corte máximo) según el ciclo de ensayo de Norma IEC 60947-2 (**0-t-C0**). Si el ciclo de ensayo es más riguroso y está motivado por el uso del interruptor automático por personas no capacitadas (BA1, ámbito doméstico), es posible que por desconocimiento sometan al interruptor automático a más de un cierre sobre falla (varios cierres sobre la falla). Esa solicitación adicional hacia el interruptor automático está establecida en la Norma IEC 60898, que establece la corriente máxima de cortocircuito para una secuencia mayor de recierres sobre falla.

Por ello algunos fabricantes indican la capacidad de corte de un PIA en las dos Normas en forma diferente, pues el uso será diferente en cada ámbito.

Ejemplo: Modelos de PIA que en su placa característica indican que ofrecen un poder de corte Icn de 6000 A según IEC 60898 y y DIN VDE 0641 parte 11 y un poder de corte Icu de 10 kA según IEC 60947-2. y DIN VDE 0660.

Como el PIA dispone de menor capacidad de corte si se lo somete a varios cierres sobre fallas que el que ofrece PIA si ante un corte no se insiste en cerrarlo nuevamente sobre la falla; se debe aclarar que:

> **Esta doble designación se establece para modelos de interruptores automáticos designados como PIA en la RIEI y que se consideran de uso doméstico (BA1) o uso para BA4 o BA5 y hasta corrientes asignadas de orden máximo de 125 A.**

Datos de interés

Símbolo normalizado por la RIEI	Vista de modelos de PIA
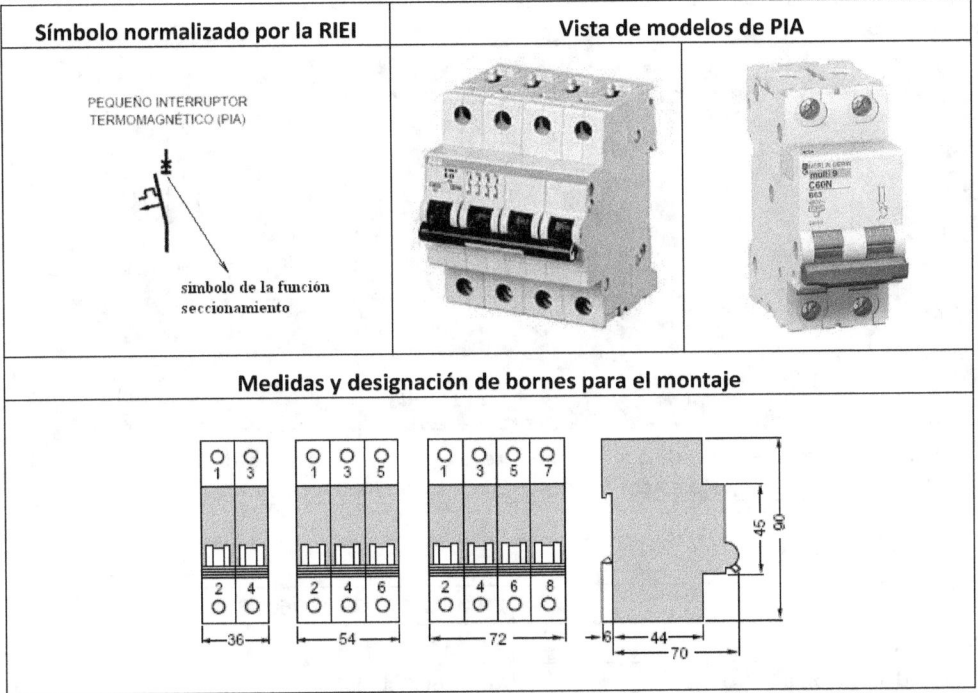	

Medidas y designación de bornes para el montaje

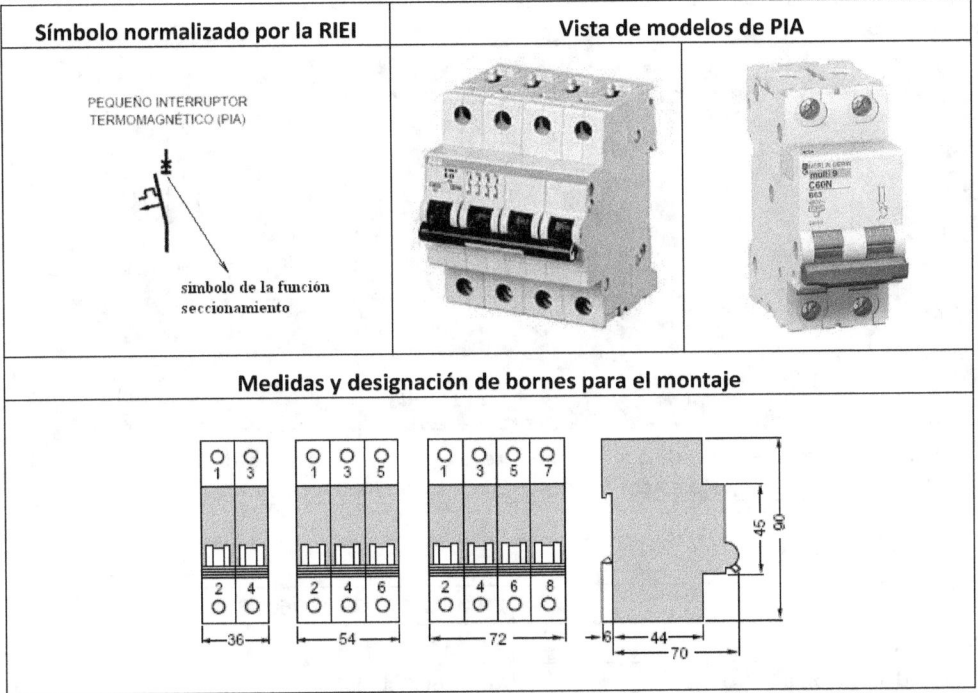

Cuando se designa las características de un interruptor automático de modelo utilizado sólo en el ámbito industrial (operador BA4 / BA5), **la indicación del poder de corte es única**.

Los ajustes en este tipo de interruptores automáticos es, según modelo, por medio de selectores, por ejemplo, con ajuste térmico y/ o magnético

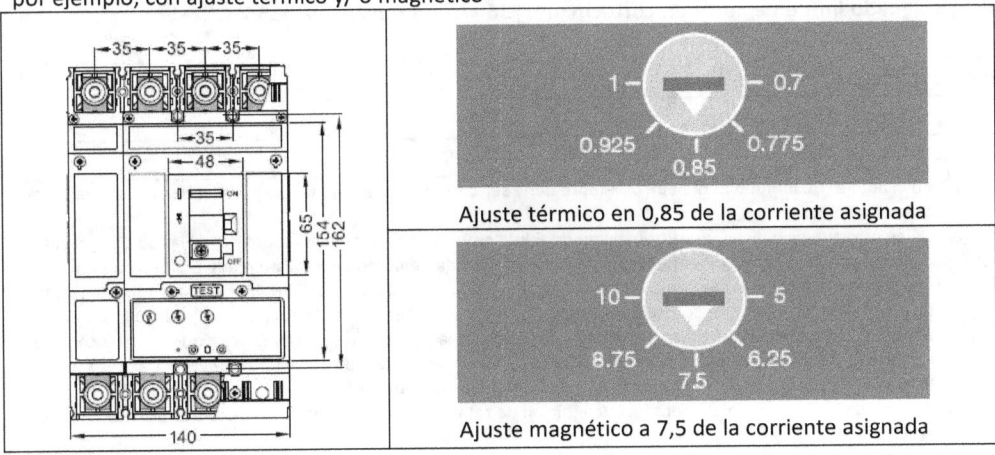

Ajuste térmico en 0,85 de la corriente asignada

Ajuste magnético a 7,5 de la corriente asignada

Algunos fabricantes indican la corriente asignada como In del dispositivo.

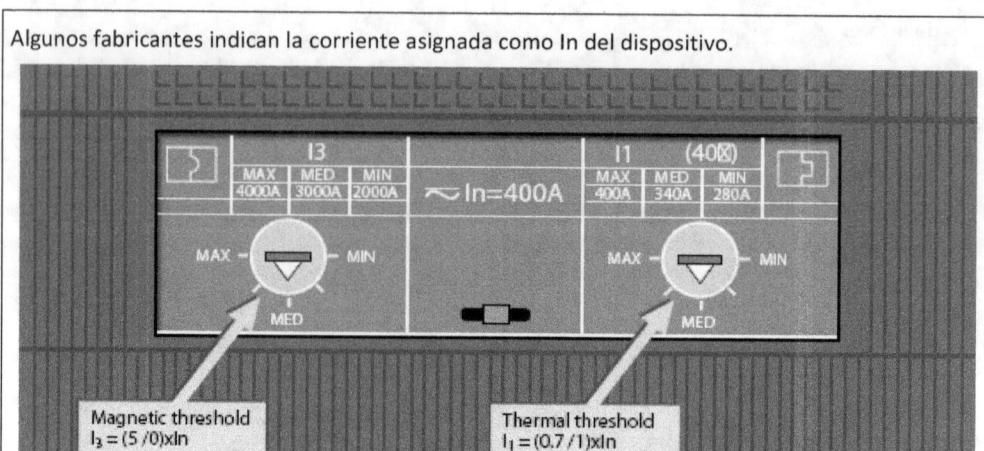

Este modelo de corriente asignada o In = 400 A ofrece un ajuste térmico desde 0,7 x In hasta 1x In (280 A hasta 400 A) y un ajuste magnético desde 5 In a 10 In (2000 A hasta 4000 A)

Ejemplo modelo comercial

Normas	EN IEC 60947-2 o IEC 60947-2.
Número de polos	3 o 4 (1)
Intensidad asignada o In (A)	100, 160,200,250
Tensión asignada de empleo	Máxima 690 AC
Tensión asignada soportada de impulso	8 kV (2)
Tensión asignada de aislación	690 V
Poder asignado límite de corte en cortocircuito Icu	36 kA con tensión de 415 V CA (3)
Tiempo de desconexión en Icu	10 ms (4)
Protección frontal el dispositivo	IP40 (5)
Protección de bornes	IP20 (6)

(1) En el ámbito de inmuebles el neutro siempre debe ser cortado. En el ámbito industrial a veces se utilizan modelos de 3 polos.

(2) Diversos estudios indican un valor máximo de 6 kV como sobretensión de impulso desde la red de alimentación por descargas de rayos en la red de MT que trasciendan a la red de BT. Este modelo ofrece la seguridad que no se originará una descarga entre la entrada y salida del IA en posición abierto, pues este fabricante ofrece el valor de 8 kV. Esta condición de seguridad a veces se denomina condición de seccionamiento.

(3) El valor que ofrece el interruptor automático depende de la tensión de servicio. El valor que se debe considerar para redes de tensión alterna de 380V / 220 V, en este caso está indicado como 415 Vca.

(4) Este valor indica que el IA funciona como limitador (corte en medio ciclo).

(5) Esta condición le asegura al operador la condición de total seguridad al contacto directo sobre el elemento de accionamiento.

(6) Esta condición significa que, por ejemplo, con un elemento metálico tipo de 2 mm se puede tomar contacto directo con una parte viva del IA.

La correcta selección de una protección debe realizarse para preservar las instalaciones de los riesgos que pueden originar corrientes eléctricas no toleradas térmicamente por los cables que los llevan a procesos de reacciones térmicas de altas temperaturas y es la causa de numerosos incendios vinculados a fallas en instalaciones eléctricas.

Como al usuario de un interruptor automático no le es posible realizar los ensayos de verificación de características que la Norma establece es de fundamental importancia que los interruptores automáticos se presenten para su comercialización en el marco de una Norma específica de pruebas y ensayos "de tipo" con su certificación correspondiente, lo que garantiza una calidad documentada y referida a los avanzados conceptos de actualización que debe disponer el producto.

6.1.2. La aparición de la Norma IEC 60947 (Partes 1 y 2)

Esta Norma resume y actualiza las condiciones que deben cumplir los interruptores automáticos.

Como todos los materiales eléctricos, los interruptores automáticos se deben diseñar, fabricar y ensayar para cumplir con la "Norma de producto" respectiva.

Las publicaciones de las Normas IEC son en Argentina una referencia para las correspondientes Normas IRAM, por ello se entiende que los productos de origen internacional se pueden presentar como productos en conformidad a Norma IRAM o Norma IEC (Según indica la Resolución 92/98).

La conformidad a Norma se exige en las operaciones comerciales y permite en Argentina la comercialización de los productos de acuerdo a la Resolución 92/98.

En el campo de las instalaciones eléctricas relacionadas con la electrotecnia existen tres tipos de Normas que se deben respetar.

Normas de productos:

Establecen los requisitos básicos de diseño que deben cumplir los productos en el desempeño de su función específica para brindar seguridad al usuario.

Normas de calidad:

Establecen la metodología y procedimientos que un proveedor debe implementar para garantizar que el diseño, fabricación, gestión de compra de materiales constitutivos de sus productos y ensayos sobre el producto terminado, aseguren la confiabilidad mediante un standard de calidad. La Norma de calidad **garantiza el cumplimiento en el tiempo** de la Norma de producto.

Normas de instalación:

El uso de un interruptor automático, como cualquier componente de una instalación eléctrica, debe ajustarse a los criterios indicados en la Norma correspondiente. En Argentina se debe utilizar para instalaciones eléctricas de inmuebles la RIEI.

Es importante mencionar que la Normas y Reglamentaciones se consideran cada vez más necesarias en el mundo para establecer un conjunto de reglas a respetar en la concepción (proyecto), realización y explotación de una red para asegurar:

> ➢ Alimentación de receptores en condiciones de servicio convenidas (tensión, continuidad de servicio, etc.).
>
> ➢ Seguridad de personas y bienes.

➢ Conservación de características de la instalación en el tiempo, mediante adecuados controles y verificaciones.

➢ Asegurar la mayor eficiencia energética y funcionalidad de la instalación eléctrica. Este tema impone la debida reflexión técnica del proyectista y/ o instalador pues de otro modo se cae en el error "del menor costo".

Las Normas de instalación también establecen criterios relacionados con:

Seguridad de la instalación, ECT, máxima corriente admisible para los distintos tipos de conductores, verificación de componentes por corriente de cortocircuitos, modo de instalar los conductores y componentes, componentes prohibidos y permitidos para cada función, etc.; como conceptos técnicos que si son establecidos permiten evitar los riesgos eléctricos e incendios.

6.1.3. Las principales novedades introducidas por la Norma IEC 60947 (Partes 1 y 2)

6.1.3.1. Ensayos de interruptores automáticos para verificar la capacidad de ruptura ante cortocircuitos

La Norma IEC 60947-2 introduce una serie de exigencias al fabricante que le garantizan al usuario calidad de prestación, pues los ensayos según esta Norma tienen en cuenta las condiciones de funcionamiento REAL de un interruptor automático dentro de una red de baja tensión.

Decimos que se verifica el REAL funcionamiento, pues se ensayan los interruptores automáticos al máximo poder de corte. Luego de los ensayos de poder de corte y actuación del interruptor, la Norma indica verificar la aptitud del interruptor automático para seguir ofreciendo el servicio establecido en forma segura hacia el operador.

Por ejemplo la Norma IEC 60947-2 establece un poder de corte en kA para un ciclo de trabajo O-t-CO de "un recierre sobre falla" con corriente de cortocircuito máxima. Esa aptitud es denominada **Icu** (capacidad de corriente última). También define un poder de corte a un ciclo más riguroso 0-t-CO-t-CO (dos recierres sobre falla) y la denomina Ics (poder de corte en servicio).

La Ics en algunos catálogos se expresa como un porcentaje de Icu.

Algunos fabricantes garantizan que sus modelos de interruptores automáticos disponen de capacidad de corte **Ics = Icu, es decir Ics = 100 % Icu.** Esta aptitud del interruptor automático al máximo poder de corte y mayor número de cierres sobre falla (Ics =100% Icu) le garantiza al usuario la integridad del interruptor automático ante usos más rigurosos y **mayor vida útil.**

6.1.3.2. Especificaciones de funciones adicionales en los interruptores automáticos

La Norma IEC 60947-2 establece que el interruptor automático según el modelo puede disponer de funciones adicionales como:

Protección de personas o bienes por medio de protecciones diferenciales incorporadas, señalización, mando motorizado, etc.

Algunos fabricantes ofrecen modelos que están diseñados de modo que si algún polo queda soldado por efecto de un arco eléctrico, no se pueda bajar la palanca que indicaría "polos abiertos" y conducir esto a un accidente.

6.2. Características y ensayos de interruptores automáticos:

6.2.1. Ensayo de resistencia a las sobretensiones

La instalación puede estar sometida a sobretensiones de alto impulso y breve tiempo, como las originadas en sobretensiones atmosféricas o sobretensiones de maniobra provenientes de la red de MT/BT.

Por ello, los materiales utilizados en las redes e instalaciones eléctricas deben soportar ensayos de rigidez a 50 Hz y también cumplir con los ensayos de impulso que reproducen la acción de sobretensiones transitorias de descargas atmosféricas (onda de impulso denominada **Uimp** y de duración frente /cola de **1,2/50µs**).

La importancia de la función "seccionamiento".

En el esquema normalizado la RIEI lo indica como una raya horizontal cruzada en el contacto de ingreso del interruptor automático

La Norma IEC 60947-1 establece una serie de pruebas de modo de garantizar que cuando el interruptor automático está en posición de "abierto" no permita el paso de **corrientes de fuga** que pongan en peligro al usuario.

Este ensayo "de tipo" permite asegurar que el interruptor automático soporta los valores Uimp indicados y por lo tanto es apto para "seccionamiento".

Las características de ensayo ante sobrecargas de los interruptores automáticos o PIA deben responder a las tolerancias térmicas de los cables que protegen tomando como referencia lo establecido por la RIEI en 771.19.3 como sigue:

Corriente de ensayo del interruptor automático.	Tiempo límite de disparo o de no disparo de interruptor automático.	RESULTADO A SER OBTENIDO
1,13 x In	t = 1 hora (para IA de In < 63 A) t = 2 hora (para IA de In > 63 A)	No disparo
1,45 x In	t ≤ 1 hora (para IA de In < 63 A) t ≤ 2 hora (para IA de In > 63 A)	Disparo
2,55 x In	1 seg. < t < 60 seg. (para In < 32 A) 1 seg. < t < 120 seg. (para In > 32 A)	Disparo

Interpretación de la tabla: Se puede observar que los interruptores automáticos fabricados y ensayados bajo condiciones de ensayo normalizadas y de modelos de hasta 63 A garantizan la actuación en menos de una hora ante sobrecarga de 1,45 In. Estos valores concuerdan con lo exigido para proteger al conductor asociado (medidas de protección y seguridad establecidas por la RIEI).

La tabla nos indica que el circuito puede tolerar una sobrecarga del 45 % (en una hora o dos horas según corriente asignada del interruptor automático) y por sobre la corriente admisible del conductor. Esta condición y relación entre interruptores automáticos y cableados nos ofrece una margen de sobrecarga que podemos denominar "funcionalidad".

> Todo interruptor automático que se instale en instalaciones eléctricas de inmuebles debe cumplir, entre otras, la condición de funcionalidad pues de otro modo no se le brinda al usuario final los beneficios establecidos en la RIEI

Como ante todo tipo de cortocircuitos es necesario que el accionamiento sea instantáneo, el disparo magnético del interruptor automático debe cumplir con condiciones de ser "instantáneo" a determinadas corrientes que podemos denominar máximas hasta el valor de cortocircuito máximo del modelo. También la RIEI indica que se verifique la acción instantánea del interruptor automático por corrientes de cortocircuitos mínimas.

> El proyectista o instalador debe evaluar las condiciones de supuestos cortocircuitos e indicar en cada caso el cumplimiento de lo establecido por la RIEI al respecto.

La designación del valor de "actuación magnética" del interruptor automático se indica con una letra (B, C, D, etc.). Su actuación instantánea responde a los siguientes valores normalizados:

Curva B (acción instantánea de 3 a 5 veces In), IEC 60898
Curva C (acción instantánea de 5 a 10 veces In), IEC 60898
Curva D (acción instantánea de 10 a 20 veces In), IEC 60898

Las curvas de accionamiento térmico y magnético (termomagnético) de los interruptores automáticos se deben presentar como resultados de ensayos y en un diagrama de "veces" la corriente asignada respecto del tiempo.

Ejemplo

Curva B con accionamiento magnético entre 3 y 5 veces la corriente nominal
Curva C con accionamiento magnético entre 5 y 10 veces la corriente nominal

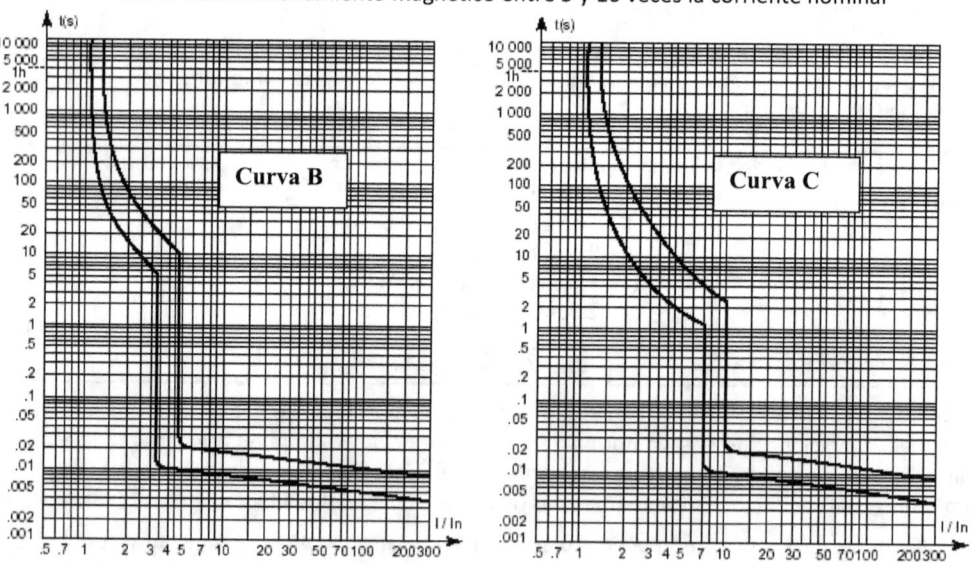

Ejemplo de modelos:

Un modelo **B16A** significa un interruptor automático de 16 A y accionamiento de 3 a 5 veces la corriente asignada. Este tipo de accionamiento instantáneo de interruptor automático es apto para proteger cables donde **se instalarán cargas que no presenten corrientes de conexión elevadas** que puedan accionar el instantáneo ante su conexión (cargas de alumbrado, de calefacción, etc.).

Un modelo **C16A** significa un accionamiento instantáneo de 5 a 10 veces la corriente asignada. Este tipo de accionamiento instantáneo es apto para proteger cables donde se instalarán cargas **con corriente de conexión,** siempre que estas cargas de conexión estén por debajo del valor de actuación instantáneas (que sean menores a 5 In). Este tipo de curva es la más ofrecida comercialmente para circuitos para usos generales.

Un modelo **D16A** significa un accionamiento instantáneo de 10 a 20 veces la corriente asignada. Este tipo de accionamiento instantáneo es apto para proteger cables donde se instalarán cargas **con altas corrientes de conexión,** siempre que estas cargas de conexión estén por debajo del valor de actuación instantánea (que sean menores a 10 In). Por ejemplo, para la conexión de transformadores de aislación, comando, etc. Este tipo de curva "**D**" también la utilizaremos para mejorar la selectividad por instantáneos, como se expondrá más adelante.

> Es importante aclarar que tanto el interruptor automático B16A como el C16A o un D16A tienen la misma corriente asignada y curva de accionamiento térmico, pues deben proteger las sobrecargas del mismo tipo cable en sus condiciones de instalación.

Ejemplo de aplicación:

Los cables de un circuito trifásico más neutro de cobre de 2,5 mm^2 instalados según método B52-4B1 de Tabla 771.16.I admiten 18 A y pueden estar protegidos a las sobrecargas por los interruptores automáticos tetrapolares (4P) de modelos B16A o C16A o D16A.

6.2.3. Aislación de interruptores automáticos a 50 Hz.

Se debe designar mediante su tensión de empleo Ue en V. Algunos fabricantes la indican como valor máximo.

6.2.4. Poder de corte, valor habitual

Figura como valores en A o de kA en la guía técnica del interruptor automático.

Verificaciones en circuitos seccionales y terminales

La RIEI establece que se debe calcular la longitud máxima del circuito seccional (entre el TP y el TS o entre dos TS) que asegure la actuación instantánea de la protección ante la corriente de cortocircuito mínima.

El lector se preguntará ¿cuál es la corriente de cortocircuito mínima y qué diferencia tiene con la corriente de cortocircuito máxima?

Sin entrar en conocimientos que exceden este trabajo, se puede mencionar que en un circuito trifásico con o sin neutro se considera que una falla entre las tres fases entre sí, o entre las tres fases entre sí y el neutro o la tierra origina una corriente de cortocircuito máxima. En ese mismo circuito una falla entre dos fases, o entre una fase y el neutro en el punto más alejado de esa línea originará corrientes de cortocircuito mínimas.

El lector podrá preguntarse ¿qué nivel de corriente originará la falla a tierra de alguna fase en un sistema TT?

De hecho esas fallas originarán corrientes que dependen del esquema de conexión a tierra y en el ECT TT son de valores reducidos (retorno por Ra + Rb) que difícilmente sean detectadas por los interruptores automáticos. Por lo tanto, la falla a tierra no se considerará en las verificaciones de cortocircuito mínimo en circuitos de inmuebles.

A los efectos de aplicación práctica aproximada se considera que el cortocircuito mínimo de mayor probabilidad de ocurrencia es el que se origina por la falla de alguna fase con el neutro.

Merece destacarse que con la utilización del ECT TN-S los valores de corriente de cortocircuito son mucho más elevados que en el ECT TT. En el ECT TN-S una falla en una masa origina una corriente hacia en neutro por un conductor metálico sin intervenir la puesta a tierra y los valores de cortocircuito pueden ser cientos de veces mayores a los valores de falla a tierra que se puedan originar en el ECT TT.

Aclarar esta diferencia es muy importante, pues la decisión de imponer un ECT implica considerar valores diferentes en las corrientes de cortocircuito y, en consecuencia, se debe dimensionar correctamente al esfuerzo térmico de los componentes de la instalación eléctrica.

Verificación en circuitos secciónales

La RIEI ofrece tablas para determinar la longitud máxima de los conductores (aislación termoplástica o termoestable) que asegura la actuación por cortocircuito mínimo de la protección por interruptores automáticos de Norma IRAM 2169 ó Norma IEC 60898.

El resultado indica la corriente asignada y tipo de curva de actuación del interruptor automático que garantiza el fin buscado.

Conductores con aislación termoplástica (Tabla 771-H.VII)

Corriente de cortocircuito presunta en el TP (A) (*)			3000	4000	6000	10000	12000	15000	18000	20000	22000
Sección de Cu mm²	Corriente asignada del interruptor automático según Norma y curva de fabricación		Longitud máxima de los conductores para la actuación en instantáneo del interruptor automático [metros]								
	IRAM 2169	IEC 60898	Tipo Curva								
4	25	25	B	170	172	174	175	176	176	176	177	177
			C	81	83	85	87	87	87	88	88	88
			D	37	39	41	42	43	43	43	43	43
6	32	32	B	197	200	203	205	205	206	206	207	207
			C	93	95	98	101	101	102	102	102	103
			D	40	43	46	49	49	50	50	50	50
10	40	40	B	268	273	278	282	283	284	285	285	285
			C	124	129	134	138	139	140	141	141	141
			D	52	57	62	66	67	68	69	69	69
16	50	50	B	332	340	348	354	356	357	358	359	359
			C	150	158	166	172	174	175	177	177	177
			D	59	67	75	81	83	85	86	86	87
25	63	63	B	398	411	423	433	435	438	439	440	441
			C	174	187	199	209	212	214	216	216	217
			D	63	75	87	97	100	102	104	105	105

(*) Desde el TP a veces parten circuitos secciónales, pero hay también TS desde donde también parten circuitos secciónales. El RIEI utiliza el término líneas secciónales que como término no corresponde con el esquema 771.6 de la página 20. De todos modos se entiende que el proyectista y/ o instalador debe tomar como dato de estos cálculo la corriente de Tablero desde donde parte el circuito seccional.

Ejemplo:

Se puede observar que ante una corriente de cortocircuito de 6000 A en un TS; la longitud máxima de circuito seccional con conductor de cobre de 6 mm^2 es 98 metros para garantizar la actuación del instantáneo de un modelo de interruptor automático **C**32A (Norma IRAM 2169 o Norma IEC 60898).

El lector se preguntará ¿qué longitud máxima cubriría en el circuito seccional del ejemplo anterior un interruptor automático de C25A con la misma sección de conductor de 6 mm^2?

La utilización de un interruptor automático de menor corriente asignada, y por ello menor corriente de accionamiento instantáneo (magnético) originará que el interruptor automático "vea" cortocircuitos mínimos a distancias mayores. Ese valor no lo podemos determinar de la Tabla anterior y se podría realizar mediante cálculos, pero para el alcance de este trabajo me parece suficiente tener la idea de la situación.

Verificación en circuitos terminales

Conductores con aislación termoplástica

Corriente de cortocircuito presunta en TS [A]			1500	3000	4000	5000	6000	7000	8000	9000	10000
Sección de Cu mm² [mm²]	Corriente asignada del interruptor automático según Norma y curva de fabricación.		Longitud máxima de los conductores para la actuación en instantáneo del interruptor automático [m]								
	IRAM 2169	IEC 60898	Tipo Curva								
1,5	10	10	B	160	163	163	164	164	164	164	164	165
			C	77	80	81	81	81	81	82	82	82
			D	36	38	39	40	40	40	40	40	40
2,5	16	16	B	163	167	169	169	170	170	170	171	171
			C	77	81	83	83	84	84	84	85	85
			D	33	38	39	40	41	41	41	41	42
4	25	25	B	162	170	172	173	174	174	175	175	175
			C	73	81	83	84	85	86	86	86	87
			D	29	37	39	40	41	41	42	42	42

Ejemplo:

Se puede observar que ante una corriente de cortocircuito de 4000 A en el TS se determinan longitudes máximas diversas de circuitos terminales de acuerdo a la sección de conductor de cobre de 1,5 mm^2, 2,5 mm^2 y 4 mm^2. Estos valores indican con curvas de menor ajuste magnético (como de tipo B) "se detecta el cortocircuito mínimo" con una mayor longitud del circuito terminal. Si se utiliza un ajuste magnético tipo D esa decisión requiere de una menor longitud del circuito terminal y esa condición debe ser verificada.

La sección de conductor creciente no influye demasiado en las longitudes máximas "cuando al mismo tiempo" y como se indica en la Tabla se selecciona un interruptor automático de mayor calibre (por ejemplo la sección de 2,5 mm^2 y el interruptor automático C16A permite 83 m y la sección de 4 mm^2 e interruptor automático C25A permite igualmente 83 m). No obstante, si se mantiene el mismo calibre del interruptor automático, se puede demostrar que el beneficio utilizando curvas de mayor sensibilidad magnética (curva B en vez de C) nos permite aumentar la longitud e intentar verificar el cortocircuito mínimo si ese fuera el caso.

Tablas de orientación de máxima energía específica pasante $I^2 . t$ de interruptores automáticos.

La característica $I^2 . t$ resulta de la clase de limitación que posee el elemento de protección. La Norma IEC 60898 no exige marcar la clase de limitación en el frente del dispositivo, algunos fabricantes la indican y otros no. La coherencia de cumplimiento de las Normas establece que todo fabricante deberá entregar la información a solicitud del proyectista en forma de curvas o dato garantizado.

La Clase del dispositivo define el poder de limitación:

Por ejemplo la Clase 3 indica que el interruptor automático brinda el mayor poder de limitación que puede ofrecer el modelo del dispositivo y por ello es la Clase3 la que mejor preserva a los conductores de los circuitos asociados, como se revisará en las verificaciones más adelante.

Algunos fabricantes ofrecen curvas de limitación donde para cada uno de sus modelos de interruptores automáticos de 0,5 A hasta 63 A y presentan el valor de A^2 s para los valores de corriente de cortocircuito eficaz de proyecto (A$_{eff}$)

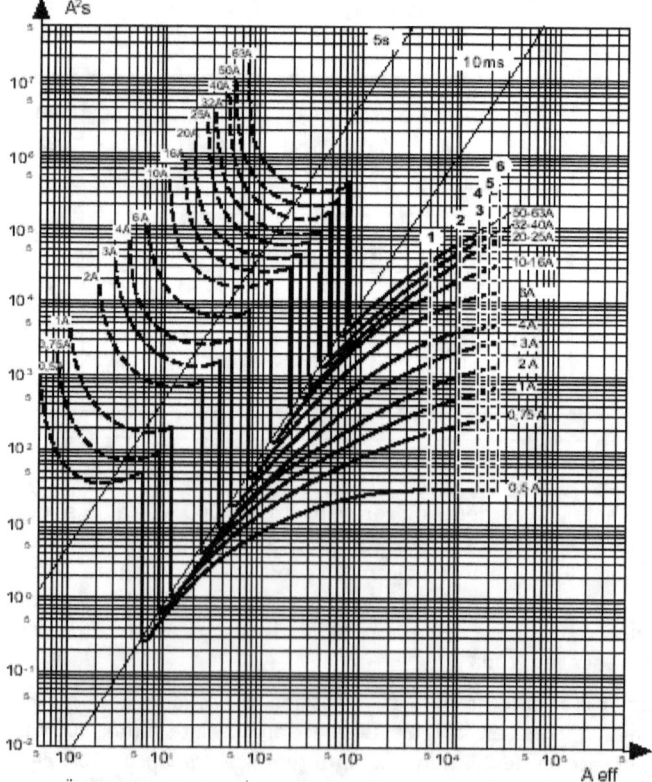

En los interruptores automáticos que responden a la Norma Europea EN 60898, la clase de limitación está grabada en el frente del aparato con un número dentro de un cuadrado.

Como datos de orientación el RIEI **indica valores máximos** de $I^2 . t$ (energía específica pasante) para los interruptores automáticos de corriente asignada hasta 16 A inclusive y para los comprendidos entre 16 A y 32 A construidos según Norma EN 60898 y para diferentes capacidades de ruptura.

Decimos que son valores máximos normalizados, pero si el proyectista verifica que el valor de su cálculo de cortocircuito es menor al indicado en las Tablas de la RIEI, podrá ingresar al gráfico de ensayo del fabricante y determinar la energía pasante para ese valor de corriente de cortocircuito.

Valores para interruptores automáticos hasta 16 A

Poder de corte [A]	Clase de limitación de energía			
	Clase 2		Clase 3	
	$I^2 . t$ máxima en [A² s]		$I^2 . t$ máxima en [A² s]	
	Tipo B	Tipo C	Tipo B	Tipo C
3000	31 000	37 000	15 000	18 000
4500	60 000	75 000	25 000	30 000
6000	100 000	120 000	35 000	42 000
10000	240 000	290 000	70 000	84 000

Valores para interruptores automáticos de 16 A hasta 32 A

Poder de corte [A]	Clase de limitación de energía			
	Clase 2		Clase 3	
	$I^2 . t$ máxima en [A² s]		$I^2 . t$ máxima en [A² s]	
	Tipo B	Tipo C	Tipo B	Tipo C
3000	40 000	50 000	18 000	22 000
4500	80 000	100 000	32 000	39 000
6000	130 000	160 000	45 000	55 000
10000	310 000	370 000	90 000	110 000

La clase de limitación de energía debe encontrarse indicada en los interruptores automáticos según Norma EN 60898 mediante un número indicativo de la clase encerrado en un cuadrado:

Ejemplo:

Ejemplo de aplicación

Verificar la condición de seguridad al cortocircuito en un conductor protegido por un interruptor automático limitador de **Clase 3**:

Suponemos un circuito TUG con conductores Norma IRAM NM 247-3 (valor de k = 115), sección de 2,5 mm², protegido con un interruptor automático C16A con 6000 A de capacidad de ruptura y clase de limitación 3.

$$\text{Sección del conductor} \quad \Rightarrow \quad S = 2,5 \ mm^2$$

Aplicando la ecuación:

$$k^2 . S^2 \geq I^2 . t \quad \Rightarrow \quad (115)^2 . (2,5)^2 \geq 42000 \ \text{A}^2 \text{s}$$

149

$82656 \ A^2 \ s > 42000 \ A^2 \ s$

En conclusión, se verifica que el interruptor automático seleccionado es el adecuado para la sección y tipo de conductor protegido.

Pero ¿qué hubiera sucedido si el interruptor automático modelo C16A fuera de Clase 2?

$82656 \ A^2 \ s < 120000 \ A^2 \ s$

Aquí no se verificaría la condición de protección del conductor. Esta situación obligaría a aumentar la sección del conductor, que entiendo es más costoso que seleccionar un interruptor automático de Clase 3 que cumple con la condición necesaria establecida por la RIEI.

Esta verificación se ha realizado con la corriente de cortocircuito de 6000 A, suponiendo la condición de limitación más desfavorable, es decir la condición de máximo poder de corte del interruptor automático.

En la tabla anterior, decíamos que se trata **de valores máximos normalizados** $I^2 \cdot t$. Si en una instalación en su TS se originara un cortocircuito de menor valor (por ejemplo 4000 A), podemos determinar, por medio de las curvas de energía específica pasante que debe proveer el fabricante y la corriente de 4000 A, el modelo de interruptor automático y la energía pasante de esa situación. Esta energía será menor a 42000 favoreciendo aún más el preservar los cables y la instalación a las acciones térmicas y dinámicas de las corrientes de cortocircuito.

En cuanto a poder de corte, el interruptor automático debe disponer de un valor mayor al dato de corriente de cortocircuito provisto por la ED o del cálculo que realice el proyectista.

La RIEI propone procedimientos aproximados de cálculo de Icc cuando la ED no nos ofrece el dato mencionado.

Las instalaciones eléctricas de inmuebles están vinculadas a redes eléctricas que por razones diversas pueden crecer en potencia y en valores de cortocircuito y entonces en lo personal no estoy de acuerdo en establecer "valores típicos" que a veces responden a influencias comerciales. Se pueden observar ofertas con 3 kA, 4,5 kA, 6 kA, etc. A mi entender y cuando se desconoce el lugar de instalación del TP me inclino a recomendar interruptores automáticos de poder de corte del orden de 6 kA.

> En mi opinión la utilización de modelos de 3 kA en instalaciones eléctricas de inmuebles debe ser cuidadosamente analizada y más en la situación actual en argentina donde, por ejemplo, las menores factibilidades de gas en edificios lleva al crecimiento de la potencia eléctrica de las redes y mayores corrientes presuntas de cortocircuitos.

6.3. Comentarios de características y modelos

Dispositivos de protección de circuitos en tableros seccionales

Los interruptores deberán seccionar y proteger también al conductor neutro.

Se prohíbe el uso de dispositivos unipolares o bipolares denominados con "neutro no protegido", "neutro pasante" o marcados "1P+ N" en las instalaciones monofásicas.

La protección de circuito derivada de cualquier tipo de tablero cumplirá con:

➢ No se deben intercalar interruptores unipolares en el conductor neutro de instalaciones polifásicas.

➢ Prohibición de utilización de dispositivos unipolares de corte de neutro.

➢ Corte y protección bipolares en las instalaciones monofásicas de los dispositivos para maniobra y protección.

➢ Corte y protección tetrapolar en las instalaciones trifásicas con neutro de los dispositivos para maniobra y protección

Se aclara que esta restricción es una exigencia de la RIEI que considera razones de seguridad para los modelos exigidos de interruptores automáticos. Pero los interruptores unipolares pueden estar certificados bajo la Norma de producto y pueden ser utilizados, por ejemplo, como interruptores de efecto para iluminación brindando una protección adicional.

Los interruptores automáticos deberán garantizar el cierre y la apertura simultánea de todos sus polos.

Como elemento de seccionamiento pueden utilizarse interruptores diferenciales, siempre y cuando tengan la aptitud de seccionamiento garantizada por el fabricante (RIEI punto 771.20.5.4.a.5).

Pero no todo interruptor diferencial normalizado según Norma IEC 61008/9 o IRAM 2301 tiene aptitud al seccionamiento, pues esa condición no es requerida por esas Normas.

Si estamos proyectando una instalación para personas BA1, y si esas personas por un orden lógico, realizarán maniobras en el interruptor diferencial de un TS, debemos entender la importancia de establecer la aptitud de seccionamiento en ese interruptor diferencial, pues les debemos garantizar a esas personas la necesaria seguridad de seccionamiento que indican las Normas.

La reflexión que debemos realizar es:

➢ Si el que decide es un proyectista que es el responsable ante la ley ante daños a terceros no puede dudar en establecer las condiciones de seguridad que requiera cada tipo de operador de la instalación.

Todo TS deberá poseer un dispositivo que actúe como corte general.

La protección en el TS puede ser realizada por:

➢ Interruptor automático tetrapolar o bipolar según el tipo de suministro y con todos los polos protegidos. Esta variante debe ser analizada pues:

Si el IA ubicado en el TS es de igual valor de corriente asignada que el IA ubicado en la cabecera del circuito seccional no habrá selectividad entre los dos IA.

Si el IA ubicado en el TS es de menor valor de corriente asignada que el IA ubicado en la cabecera del circuito seccional se pierde la posibilidad de sobrecarga que ofrece el circuito seccional.

➢ Interruptor diferencial con apertura por corriente diferencial, que cumpla con lo indicado en la RIEI y posea aptitud al seccionamiento garantizada por el fabricante.

En TS de inmuebles es aceptable disponer como corte general al interruptor diferencial o si corresponde a criterio del proyectista y/ o instalador puede también establecer la posibilidad de:

➢ Interruptor bajo carga (no es una protección) que permite el corte bajo carga de la alimentación al TS. Esta solución a veces es requerida por algunas Empresas Aseguradoras del

Riesgo del Trabajo (ART) que en algunos casos también exigen un contactor de corte general del TS mediante orden de un dispositivo denominado "golpe de puño" para el corte rápido de la alimentación del TS. La ventaja del corte por contactor es además la posibilidad de que la orden de corte provenga de, por ejemplo, una central de incendio.

Si el TS dispone de alimentación trifásica más neutro se presentan dos posibilidades en cuanto al modelo de interruptor diferencial:

1) Ubicar un interruptor diferencial tetrapolar y los circuitos terminales monofásicos conectarlos a fases diferentes tratando de realizar un equilibrio de cargas. En este diseño ante una falla a tierra desconecta toda la carga del TS.

2) Instalar interruptores diferenciales "por fase" y cada uno para un conjunto de circuitos terminales. En este diseño ante una falla a tierra solo desconecta el interruptor diferencial de la fase correspondiente, brindando una mejor funcionalidad al TS.

En establecimientos educacionales no se permite el agrupamiento de circuitos bajo un mismo interruptor diferencial (Ver ejemplos en Módulo 7).

Por cada una de los circuitos terminales se instalará un interruptor automático con apertura por sobrecarga y cortocircuito.

Para TP y TS, la propuesta es utilizar interruptores automáticos de las siguientes características:

➢ Bipolares, 2P, deben cortar fase y neutro (220 V), por un dispositivo de accionamiento interno. Son **por fabricación** "bipolares" (dos polos activos y protegidos, obligatorio).

➢ Tripolares, 3P, deben cortar circuitos trifásicos (380 V) por un dispositivo de accionamiento interno. Son **por fabricación** "tripolares" (tres polos activos y protegidos). Se trata de circuitos trifásicos sin neutro, es de poca aplicación en inmuebles.

➢ Tetrapolares, 4P, deben cortar circuitos trifásicos más conductor neutro (380 V/220 V) por un dispositivo de accionamiento interno. Son **por fabricación** "tetrapolares" (cuatro polos activos).

Los interruptores automáticos tetrapolares que disponen de un sistema mecánico **interno** ejecutando el corte de fases y neutro en forma simultánea por actuación de cualquier polo cumplen con la condición de corte simultáneo de los polos ante la acción protección o de maniobra. La cruceta que une las cuatro palancas de un interruptor automático tetrapolar **no garantiza por sí sola** el cierre y apertura simultánea que exige la RIEI.

Es conocido que el interruptor automático también puede ser operado como dispositivo de maniobra, por lo que se debe considerar esa situación en la calidad y seguridad del dispositivo para ser maniobrado por personas no capacitadas (BA1).

Lo que indica la RIEI es que si las entradas de los TS y TP en inmuebles son trifásicas y tienen neutro distribuido, el neutro debe ser siempre cortado en forma simultanea por el interruptor automático para asegurar la inexistencia de tensión **neutro-tierra** en el circuito que el interruptor automático ha cortado.

Cortar **siempre** el neutro permite garantizar, que en la instalación, no existan tensiones peligrosas provenientes del neutro de la red de distribución (por corte de neutro, fallas y asimetrías), situación que ya ha originado muertes por electrocución. Se aclara que la Norma internacional IEC 60364 como la RIEI considera al neutro como un conductor activo.

6.4. Definición de sobrecargas

6.4.1. Definición de la corriente de sobrecarga

La RIEI indica que la protección asociada al conductor debe detectar la sobrecarga mediante un dispositivo (elemento térmico en interruptores automáticos) que cumpla con la siguiente condición:

$$I_B \leq I_n \leq I_Z$$

Además:

$$I_2 \leq 1,45 \, I_Z$$

Siendo:

I_B: Intensidad de corriente de proyecto definitiva.

I_Z: Intensidad de corriente admisible del conductor seleccionado en las condiciones de su instalación (tablas de conductores de fabricante o tablas de la RIEI).

I_n: Intensidad de corriente asignada del dispositivo de protección.

I_2: Intensidad de corriente de operación segura de la protección de sobrecarga.

Explicación:

> Elegido un determinado conductor y su correspondiente I_Z (por Tablas de la RIEI), ese conductor debe ser protegido mediante una protección de sobrecarga que tenga una actuación segura y en menos de 60 minutos, cuando se exija al conductor un 45 % por sobre su corriente admisible.

Los interruptores automáticos (tipo "riel DIN" en uso doméstico IEC 60898 o IRAM 2169) por **Norma** de producto están fabricados y diseñados para cumplir lo indicado por la RIEI pues poseen un elemento interno térmico (bimetálico) que tiene una curva **adecuada** de actuación corriente-tiempo, además del dispositivo magnético de apertura instantánea ante cortocircuitos.

Ante lo requerido, la selección de la corriente asignada del interruptor automático con relación a la corriente admisible del cable protegido, queda expresada por la siguiente regla básica:

> La corriente asignada del interruptor automático debe ser menor o igual a la **corriente admisible** (en las condiciones de instalación) del conductor que protege.

Ejemplo de aplicación:

1) La corriente admisible de conductores según la Norma IRAM NM 247-3 resulta de los valores normalizados dados por la RIEI en la Tabla 771.16.I. El proyectista podrá usar conductores de otros tipos con los valores de corrientes admisibles garantizados por los fabricantes de cables, bajo las Norma de producto correspondientes.

2) La corriente asignada de los interruptores automáticos está indicada en los catálogos de su fabricante.

Para cumplir lo establecido debe haber coherencia entre los valores admisibles de conductores en sus condiciones de instalación y los valores de corriente asignada de los interruptores automáticos.

Más adelante se brindarán ejemplos:

6.5. Selección de interruptores automáticos para proteger cables de circuitos seccionales (TP-TS) o en circuitos terminales. Selección de corriente asignada de interruptores diferenciales.

6.5.1. Necesidades de seguridad en la selección de interruptores automáticos

Para la selección de la corriente asignada del interruptor automático debemos conocer la corriente admisible del cable que debe ser protegido "en las condiciones de su instalación" y para cada tipo de conductor. En este libro utilizaremos las Tablas de conductores indicadas por la RIEI.

Ejemplo de aplicación de la condición de seguridad de detección de fallas a tierra en ECT TT:

Se trata de revisar si es posible que una falla en una masa pueda originar la actuación de un interruptor automático de modelo C20A.

Supuestos:

1) Falla franca en la masa es decir resistencia de falla nula.

2) Se desprecian los valores de impedancia de los cableados.

3) Se considera que la tensión de falla de 220 V se aplica en la serie de Ra + Rb

4) Se considera como corriente de defecto al valor de $Id. = 220V/(Ra+Rb)$

5) Se considera como tensión de contacto de la masa al valor de $Ud. = IdxRa$

6) La condición de seguridad impone que el interruptor automático C20A (instantáneo de 10 In) opere en acción instantánea, es decir se debe asegurar que la falla de la masa impulse una corriente de 200A o mayor. Esta condición impone para Ra + Rb un valor que.

$220V / Ra + Rb = 200A$, prácticamente Ra + Rb deben tener un valor de 1,1 ohm

En definitiva en este ejemplo se observa que lograr 1,1 ohm de la suma de Ra + Rb es incierto y prácticamente imposible y no se puede considerar que un interruptor automático detecte y desconecte una falla en una masa en un ECT TT. Esta situación proviene de pretender generar con Ra + Rb una corriente que origine la acción instantánea del interruptor automático asociado.

Hace aproximadamente 40 años la tecnología nos brindó el interruptor diferencial "que funciona con corriente diferencial" y entonces podemos asegurar que detectara y desconectará corrientes de fallas en masas de valores de iguales o mayores a 30 mA (en realidad están fabricados para funcionar entre 15 mA y 30 mA).

La ley 19587 impone que una masa que adquiera un valor igual o mayor a 24 Vca debe ser desconectada en forma automática.

¿Cuál es el valor de tensión de contacto en la masa utilizando la detección de 30 mA con el valor de Ra de 40 ohm máximo establecido por la RIEI?

$$Id.Ra \leq 24Vca$$

$$30mAx40ohm \leq 1,2Vca$$

Estos cálculos nos indican la importancia del interruptor diferencial que con su corriente diferencial permite valores de Ra aceptables económicamente y desconectan una falla en una masa (que esté vinculada a Ra) cuando la masa adquiere el valor de 1,2 V o mayor.

La puesta en tensión de la masa si no es desconectada puede originar un contacto indirecto que la estadística menciona como de mayor ocurrencia y peligro.

Si la masa no está puesta a tierra el contacto con falla franca se trasforma en contacto directo.

Si volvemos a insistir en la posibilidad de realizar la desconexión mediante un interruptor automático modelo C20A que tiene un accionamiento instantáneo del orden de 5 a 10 veces la In, entre 100 A y 200 A. ¿Qué valor debe tener Ra para cumplir con el fin que establece la ley 19587?

El valor de Ra que garantizaría que el interruptor automático C20A detectara en forma instantánea el valor de 200 A es:

Ra < 24 V/ 200 A $\cong 0, 12$ ohm

Una resistencia Ra tan reducido es costosa y difícil de mantener en el tiempo en el ECT TT; por lo que la condición de seguridad que establece la ley 19587 **no se puede cumplir sólo** por medio de protecciones convencionales de sobrecorriente. De hecho que el contacto directo solo puede ser desconectado por un interruptor diferencial de $I_{\Delta n} \leq 30mA$.

En definitiva, este relato indica la necesidad de utilizar interruptores diferenciales de corriente diferencial adecuada para evitar contactos indirectos con tensiones mayores a 24 V en instalaciones eléctricas de inmuebles, donde como se ha relatado se exige ECT- TT.

La RIEI permite en inmuebles el interruptor diferencial de $I_{\Delta n} \leq 300mA$.

¿Cuál es el valor de tensión de contacto en la masa utilizando la detección de 300 mA con el valor de Ra de 40 ohm máximo establecido por la RIEI?

$$Id.Ra \leq 24Vca$$

$$300mAx40ohm \leq 12Vca$$

Con el modelo de interruptor diferencial de *Id= 300 mA* disponemos de un margen de seguridad de actuación entre los 12 V detectados y los 24 V de detección obligatoria de puesta en tensión de una masa.

Pero se debe tener en cuenta que los interruptores diferenciales de corriente diferencial $I_{\Delta n} \leq 300mA$ no son aptos para la protección de personas ante contactos directos.

Si la masa no está vinculada a Ra y existe una falla en la masa, la tensión de contacto adquiere el valor de contacto directo, por ejemplo, 220 V. Es claro que un interruptor diferencial de corriente diferencial $I_{\Delta n} \leq 300mA$ "no es apto" para el contacto directo.

En la industria donde generalmente se utilizan $I_{\Delta n}$ de corriente diferencial de 300 mA o de mayor valor la PAT adquiere una importancia fundamental pues si no existe una PAT la masa puede adquirir tensión peligrosa y presentar un contacto directo donde los ID de 300 mA o de mayor valor no ofrecen seguridad correctiva.

Por ello la PATP "es sagrada" pues nos garantiza la acción de los modelos indicados por la RIEI y desconectar siempre los contactos indirectos en una acción preventiva.

Los interruptores o bloques diferenciales de más de 30 mA de sensibilidad y/ o con sensibilidad y **retardos ajustables** sólo podrán ser usados en instalaciones controladas por personal BA4 / BA5.

6.5.2. Necesidades de seguridad en la selección de interruptores diferenciales

6.5.2.1. Selección de la corriente diferencial asignada del interruptor diferencial y su protección ante sobrecargas y/ cortocircuitos.

De acuerdo a la corriente asignada (de paso) de los interruptores diferenciales se debe establecer la necesaria protección de los interruptores diferenciales contra sobrecorrientes por medio de una protección de sobrecargas ubicada "aguas arriba".

Se debe verificar que la corriente asignada (de paso) del interruptor diferencial sea igual o mayor que la corriente asignada del dispositivo de protección contra las sobrecorrientes ubicado "aguas arriba".

En los casos en que exista más de un interruptor diferencial en un tablero, deberá verificarse que la corriente asignada de cada uno sea mayor o igual que la corriente asignada del dispositivo de protección ante sobrecarga (interruptor automático) ubicado "aguas arriba".

Como los interruptores diferenciales disponen de una capacidad de ruptura reducida, el proyectista debe protegerlos contra las corrientes de cortocircuito por medio de interruptores automáticos ubicados "aguas arriba".

En definitiva "aguas arriba" del interruptor diferencial se ubican los interruptores automáticos que cubren las sobrecargas y/ cortocircuitos que puedan afectar al interruptor diferencial.

Los fabricantes en general brindan la información del máximo valor de corriente asignada del interruptor automático que es necesario anteponer para proteger al interruptor diferencial. La siguientes Tablas brinda algunos ejemplos de coordinación de protección entre interruptores automáticos (antepuestos) e interruptores diferenciales.

Polos	Corriente asignada del interruptor diferencial $I_{\Delta n}$ [A]	Corriente diferencial asignada Id [mA]	Capacidad de ruptura del interruptor diferencial. Norma IEC 61008 o Norma IRAM 2301 [A]	Máximo valor de corriente asignada del interruptor automático ubicado "aguas arriba" [A]
2	25	30	500	25
	40	30 / 300	500	40
	63	30 / 300	630	63
4	25	30 / 300	500	25
	40	30 / 300	500	40
	63	30 / 300	630	63

Ejemplos de selección de interruptores automáticos e interruptores diferenciales

Tabla de selección de interruptores automáticos y diferenciales para contactos indirectos a instalar en circuitos seccionales **monofásicos** de conductores unipolares Norma IRAM NM 247-3 en caños metálicos (Tabla 771.16.I método B52-2B1 a temperatura ambiente de 40 °C).

Sección (mm²)	Corriente admisible del conductor (A).	Interruptor automático modelo 2P sugerido Curva magnética "D" (1)	Corriente asignada del interruptor diferencial de $I_{\Delta n} \leq 300mA$ tipo "S"- 2P (2)
4	28	D25A	25 A (ver posibilidad comercial)
6	36	D32A	40 A
10	50	D50A	63 A

(1) Es interesante intentar que interruptor automático ubicado en TP ofrezca una mejor selectividad respecto al ubicado "aguas abajo" en TS. La propuesta es elegir curva magnética **D**.

(2) Corresponde utilizar un interruptor diferencial de $I_{\Delta n} \leq 300mA$ en el TP o en un TS ubicado "aguas arriba" de otro TS; el ubicado "aguas arriba" debe disponer de una temporización interna de actuación para que no accione simultáneamente con el interruptor diferencial de $I_{\Delta n} \leq 30mA$ ubicado "aguas abajo". El interruptor diferencial de $I_{\Delta n} \leq 300mA$ **"no es apto como protección contra contacto directo"** y su instalación supone que en el tramo entre TP y TS no existen tomacorrientes o dispositivos que posibiliten contactos directos. En circuitos seccionales si se logra la Clase II no se requiere de interruptores diferenciales de corriente diferencial de $I_{\Delta n} \leq 300mA$ en la cabecera del circuito seccional.

Tabla de selección de interruptores automáticos y diferenciales para contactos indirectos a instalar en circuitos seccionales **trifásicos** de conductores unipolares Norma IRAM NM 247-3 en cañería (Tabla 771.16.I método B52-4B1 a temperatura ambiente de 40 °C)

Suponemos que no se logró la Clase II.

Con este cableado es necesario la utilización de interruptor diferencial de $I_{\Delta n} \leq 300mA$ selectivo "S" en la cabecera del circuito seccional.

Sección (mm²)	Corriente admisible del conductor (A)	Interruptor automático modelo 4P sugerido Curva magnética "D" (1)	Corriente asignada del interruptor diferencial de $I_{\Delta n} \leq 300mA$ - "S" - 4P
4	25	D25A	25 A (ver posibilidad comercial)
6	32	D32A	40 A
10	44	D40A	40 A

Tabla de selección de interruptores automáticos y diferenciales para contactos indirectos a instalar en circuitos seccionales **monofásicos** de conductores unipolares en PVC Norma IRAM 2178 en cañería (Tabla 771.16.III método B2 a temperatura ambiente de 40 °C).

Suponemos que no se logró la Clase II.

Con este cableado es necesario la utilización de interruptor diferencial $I_{\Delta n} \leq 300mA$ selectivo "S" en la cabecera del circuito seccional.

Sección (mm²)	Corriente admisible del conductor (A)	Interruptor automático modelo 2P sugerido Curva magnética "D" (1)	Corriente asignada del interruptor diferencial de $I_{\Delta n} \leq 300mA$, "S" -2P
4	26	D25A	25 A (ver posibilidad comercial)
6	33	D32A	40 A
10	45	D40A	40 A

Tabla de selección de interruptores automáticos a instalar en circuitos para usos generales con conductores Norma IRAM NM 247-3 (Tabla 771.16.I método B52-2 B1 a temperatura ambiente de 40 °C)

Sección (mm²)	Corriente admisible del conductor (A)	Interruptor automático modelo 2P sugerido	
		Curva magnética para circuito iluminación o de tomacorrientes	
		Circuito de iluminación	Circuito de tomacorrientes
2,5	21	B16A[4]	C20A[5]
1,5	15	B10A	No se puede utilizar esta sección

Tabla de selección de interruptores automáticos a instalar en circuitos para usos especiales con conductores Norma IRAM NM 247-3 (Tabla 771.16.I método B52-2B1 a temperatura ambiente de 40 °C)

Sección (mm²)	Corriente admisible del conductor (A)	Interruptor automático modelo 2P sugerido (corriente asignada) Curva magnética B para circuito iluminación Curva magnética C para circuito de tomacorrientes	
		Circuito de iluminación	Circuito de tomacorrientes
2,5	21	B20A	C20A
4	28	B25A	C25A

En cuanto a modelos de IA y su relación con los cables IRAM NM 247-3, más adelante se ofrecen otras verificaciones entre modelos de IA y cables.

Ejemplo de interruptores diferenciales instalados en ECT TN-S

Hay que considerar la Norma aplicable a interruptores diferenciales, IRAM 2301 o la Norma IEC 61008, que indica que disponen de una capacidad de ruptura de 500 A o del orden de 10 x corriente asignada del interruptor diferencial.

Un interruptor diferencial de corriente asignada de 25 A debe tener una capacidad de ruptura mínima de 500 A, y uno de 63 A una capacidad de ruptura mínima de 630 A.

Hay que tener especial cuidado en sistemas TN-S debido a que las corrientes de falla a tierra pueden superar la capacidad de ruptura de los interruptores diferenciales estándar (diferenciales que cortan la corriente mediante relé propio). En esos casos, para ciertos valores de corriente de falla a tierra, el interruptor diferencial puede responder más rápidamente que la protección de sobre-

---

4. Máxima corriente asignada de la protección de sobrecarga en circuitos IUG
5. Máxima corriente asignada de la protección de sobrecarga en circuitos TUG

carga del interruptor automático, y quedar destruido por una corriente de falla que supera su capacidad de corte.

Cuando se requiera una protección diferencial, por ejemplo, en un esquema TN-S donde una falla en una masa origina altas corrientes que pueden destruir un interruptor diferencial convencional se pueden seleccionar modelos de interruptores automáticos que permitan agregar, por ejemplo, bloques diferenciales incorporados (asociados).

En este caso, el corte de potencia lo realiza el interruptor automático que dispone del poder de corte necesario para despejar la falla y se evita así la destrucción de los interruptores diferenciales cuando intentan abrir una falla en forma directa con corrientes que superan su capacidad de ruptura.

Estos modelos permiten adosar al interruptor automático un dispositivo diferencial que tendrá a su cargo la detección y enviara la orden de apertura al interruptor automático asociado.

En el ECT TN-S es aconsejable utilizar "bloques diferenciales" que detectan la corriente diferencial y operan un interruptor automático asociado. De esta manera, el interruptor automático es el que asume el corte del arco con su adecuada capacidad de ruptura.

Ejemplos de aplicación con interruptores automáticos y bloques diferenciales donde el poder de corte por corriente de cortocircuito la asume el interruptor automático y la capacidad de detección de corrientes diferenciales la asume el bloque diferencial:

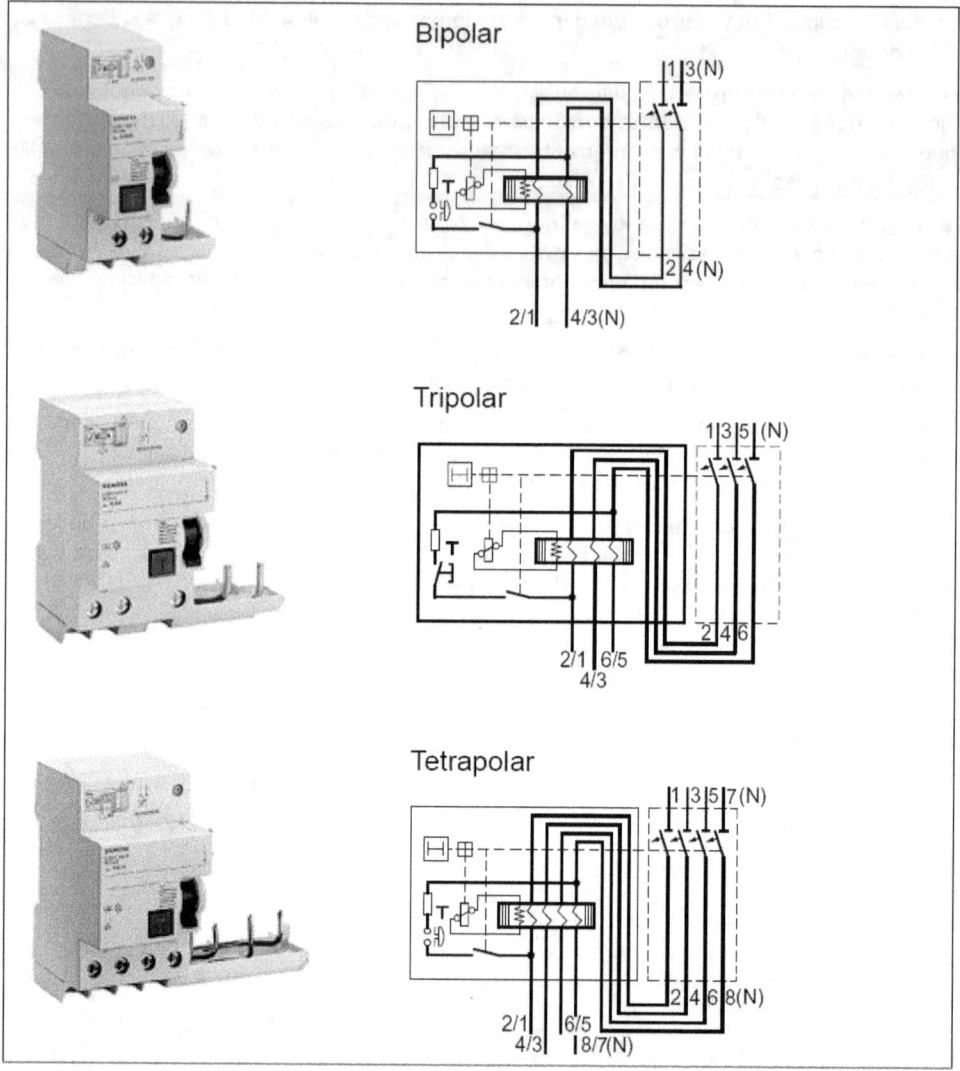

Bipolar

Tripolar

Tetrapolar

Sistemas de detección de corriente diferencial por medio de transformadores e interruptores de potencia

Este tipo de solución se aplica en instalaciones donde no es posible implementar interruptores diferenciales "directos" y se requiere detección de corrientes a tierra y "ajustes" para cumplir programas de selectividad de la detección diferencial (personal BA4 y BA5).

Se ofrecen dispositivos que detectan la corriente residual por medio de transformadores de corriente en las fases y neutro o en la conexión de PATS de un transformador de potencia.

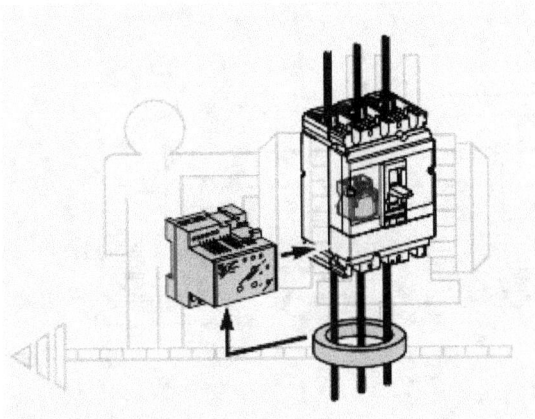

6.5.3. Protección contra las subtensiones o cero tensión

Cuando una caída o falta transitoria de tensión con un posterior restablecimiento pueda implicar situaciones peligrosas para las personas o bienes, se deberán tomar precauciones para la instalación, equipo, máquina o aparato utilizador de energía eléctrica.

Estas reglas se aplican en máquinas, equipos o aparatos que contengan motores susceptibles de arrancar automáticamente, luego que una caída de tensión los sacó de servicio. Los dispositivos de protección contra las bajas tensiones son necesarios en las instalaciones eléctricas de los edificios, en los cuales existen alimentaciones de seguridad y de reserva, cuando la tensión de la alimentación principal caiga por debajo de un límite.

Las características de los dispositivos de protección contra las caídas de tensión deberán ser compatibles con los requisitos exigidos para arranque y uso de los equipos protegidos.

Cuando la reconexión de un dispositivo de protección pueda crear una situación peligrosa, esta reconexión no debe ser automática.

Se pueden usar para estos casos interruptores automáticos con bobinas de cero tensión de modelos instantáneos o temporizados.

6.54. Protecciones contra sobretensiones de origen atmosférico:

Es conocido que los equipos con **componentes electrónicos** deben ser protegidos ante sobretensiones que por diversas causas provienen de la red externa. Estos protectores se ubican **en serie y anteriores** a los equipos a proteger y deben derivar a tierra en forma eficiente las sobretensiones. El proyectista debe elegir dispositivos de calidad y eficiencia y establecer un diseño adecuado de ubicación y PAT.

Soluciones del fabricante con dispositivos fabricados y ensayados según Norma IEC 61343-1.

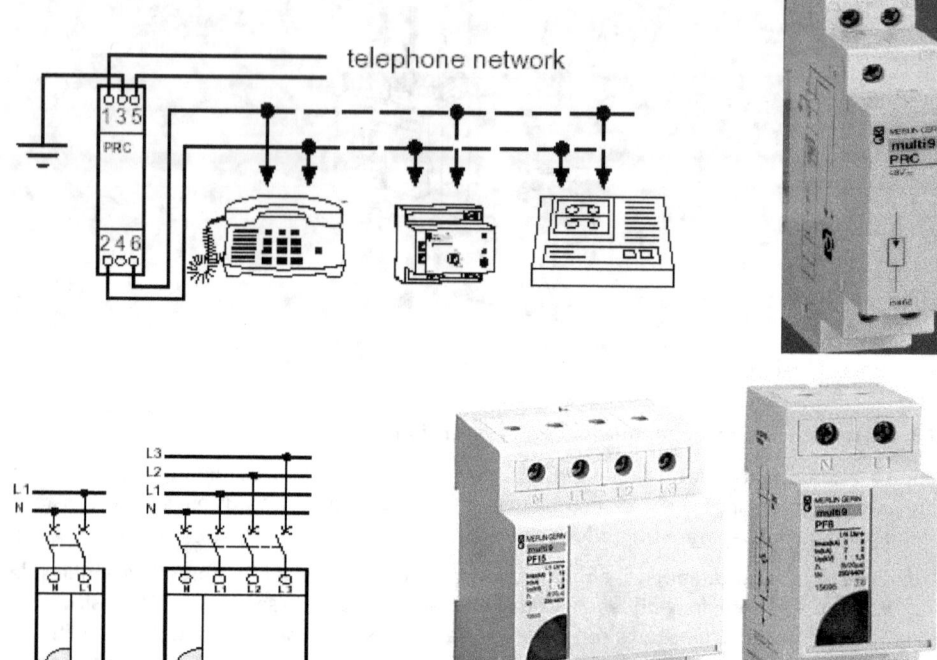

6.6. Selectividad de protecciones

Se trata de lograr que ante una falla actúe **sólo** la protección más próxima "aguas arriba", de modo de aislar la falla a costa de desconectar la mínima parte del sistema.

Cuando no se ha realizado una buena selectividad o se han alterado los valores de la instalación original (por ejemplo en fusibles con recambio por otro calibre o por otro de mala calidad) y ocurre una falla, es posible que desconecten mayores partes que las necesarias para aislar la falla. Por ejemplo, una falla en el sistema de bombeo, o en el sistema de ascensores, termina desconectando el circuito seccional de todos los servicios generales por actuación "no selectiva" de su protección general.

6.6.1. Criterios de selectividad utilizando interruptores automáticos

Entre interruptores automáticos:

Es posible establecer una determinada selectividad entre los PIA mediante la diferencia en sus corrientes asignadas, pues existe el "desplazamiento" de sus respuestas de accionamiento térmico. Esta diferencia de valores nominales en general se cumple, pues los conductores "aguas arriba" son de mayor sección que los de "aguas abajo" y por lo tanto, se puede elegir interruptores automáticos "en cascada" de calibres mayores "arriba" y menores "abajo".

En un TS de un inmueble la sección de los conductores del circuito seccional es mayor a las secciones de los circuitos terminales.

En cuanto a TS de inmuebles la RIEI indica que deben existir al menos dos circuitos terminales con el de tomacorrientes o el de iluminación con tomacorriente derivado con sección mínima de 2,5 mm^2.

Si instalamos un circuito seccional de sección 2,5 mm^2 (que lo permite el RIEI) en un TS de un inmueble y al menos un circuito terminal es de sección 2,5 mm^2 ¿Cómo construimos una selectividad por sobrecarga si las secciones son las mismas?

Como la RIEI indica que se pueden utilizar en circuitos seccionales la sección 2,5 mm^2 no me queda claro en qué situación de un inmueble se puede utilizar esa posibilidad.

> Entiendo en concordancia con la literatura técnica que en un TS siempre hay cambio de secciones entre el circuito seccional y los circuitos terminales, y entonces se pueden seleccionar interruptores automáticos en la cabecera de mayor corriente asignada que los interruptores automáticos de los circuitos terminales.

Esto puede no ser suficiente y ante un cortocircuito podrían accionar interruptores en cascada en forma simultánea, cuando la corriente de cortocircuito alcance el valor de accionamiento de los magnéticos (instantáneos) de ambos interruptores. Para que esto no suceda, deberíamos elegir el interruptor automático ubicado "aguas arriba" con un dispositivo magnético temporizado; pero los interruptores automáticos utilizados en este tipo de instalaciones no disponen de esa posibilidad que en general agregaría un costo significativo al dispositivo.

La selectividad ideal sería la que garantiza que, ante una falla de todo tipo en un circuito, sólo opere la protección de ese circuito.

Una mejora de selectividad utilizando este tipo de interruptores automáticos, que no disponen de temporización en el accionamiento magnético, es seleccionar **curvas de accionamiento magnético diferentes de acuerdo a la ubicación del interruptor automático.**

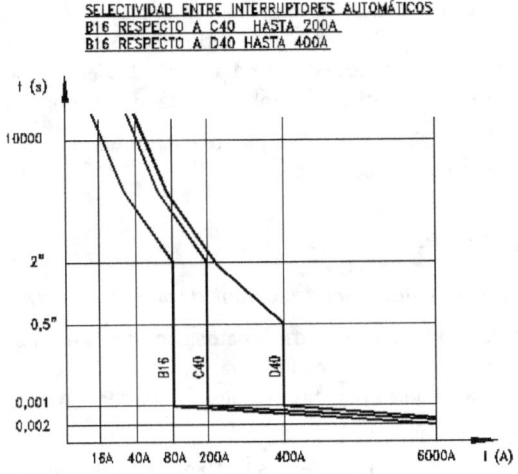

SELECTIVIDAD ENTRE INTERRUPTORES AUTOMÁTICOS
B16 RESPECTO A C40 HASTA 200A
B16 RESPECTO A D40 HASTA 400A

Ejemplo de aplicación:

En la figura anterior se puede apreciar en forma genérica las curvas de accionamientos diferentes de dos modelos (C40A y D40A) de interruptores automáticos ubicados en un TP, frente a un modelo B16A de interruptor automático ubicado en TS.

La ventaja selectiva de instalar un modelo D40A en TP respecto al modelo C16A ubicado en el TS es:

> Como el modelo **D40A** dispone de un instantáneo mínimo de 10 In, extiende el nivel de selectividad por magnéticos instantáneos hasta 10 x 40 A = 400 A aproximadamente. Si se hubiera elegido un **C40A** la selectividad por magnéticos instantáneos se extendería solo hasta 5 x 40 A = 200 A.

En definitiva, se ganó un espacio de selectividad hasta 400 A con la combinación D40A y B16A. De utilizarse la combinación C40A y B16A, la selectividad hubiera llegado sólo hasta 200 A.

De todos modos, merece comentarse que la elección de interruptores automáticos en instalaciones para inmuebles cumple básicamente la necesidad de proteger conductores y complementar la acción de protecciones diferenciales. Por ello, **en general**, no es necesaria una estricta selectividad ante cortocircuitos francos, que por otro lado son poco frecuentes frente a los habituales cortocircuitos a tierra donde sólo accionan los interruptores diferenciales obligatorios establecidos por la RIEI. En este tipo de instalaciones es prioritaria la seguridad de las personas más que la selectividad.

La sugerencia de realizar una mejora de la selectividad mediante la instalación de fusibles "aguas arriba", lleva al riego que implica operar fusibles en el ámbito doméstico o a cambiar los calibres de los fusibles (alambres no calibrados) en la emergencia. Este tipo de situaciones puede llevar a que el conductor de vinculación no quede protegido, con el consecuente riesgo de incendio en la instalación o en el tablero.

En otros ámbitos de instalaciones (industrial, hoteles, hipermercados, etc.) es importante ofrecer selectividad para mantener servicios considerados prioritarios. Para este tipo de instalaciones existen soluciones utilizando interruptores automáticos de selectividad energética que permiten lograr "selectividad total". Este tipo de selectividad también se denomina por acompañamiento.

En el caso de instalaciones industriales se pueden plantear criterios de selectividad energética, pero el tema excede el alcance de este trabajo.

6.7. Seguridad en instalaciones eléctricas

Protección de las personas y animales domésticos contra contactos eléctricos

Permiten desconectar la instalación ante contactos directos con partes normalmente activas de la instalación sin que los dispositivos conectados a ella hayan fallado o desconectarla ante contactos indirectos con masas metálicas accesibles puestas en tensión accidentalmente a consecuencia de una falla de aislación.

Toda instalación destinada a BA1, BA2 y BA3 debe ser objeto de medidas de protección contra contactos directos e indirectos.

Protección simultánea contra los contactos directos e indirectos por MBTS

La protección simultánea contra contactos directos e indirectos también se puede lograr mediante el uso de circuitos de MBTS (Muy Baja Tensión Sin contacto a tierra).

La protección contra los choques eléctricos por medio de la MBTS se considera asegurada tanto contra los contactos directos como contra los contactos indirectos cuando:

> ➤ La tensión nominal no sea superior a 24 V para ambientes secos, húmedos y mojados y de 12V para lugares en donde el cuerpo pueda estar sumergido.

> ➤ Con un transformador a MBTS que cumpla los requisitos establecidos por el RIEI

> ➤ La fuente de alimentación debe tener un transformador de seguridad que cumpla con los requisitos de fabricación y ensayos establecidos en la Norma IEC 61558-2-6, con separación de sus circuitos y destinado a alimentar circuitos con muy baja tensión mediante:

Tensión de salida igual o inferior a 24 V.

Separación de protección entre los circuitos primario y secundario (no se admiten los auto-transformadores), por medio de:

- Doble aislación (Clase II).

- Aislación principal y una protección por pantalla que se logra por la separación de circuitos eléctricos de partes activas peligrosas por una pantalla conductora de protección que, al igual que el núcleo, debe estar eléctricamente vinculada a la PATP equipotencial de tierra.

Los circuitos secundarios de MBTS no deben ser conectados a tierra, ni a partes activas o conductores de protección pertenecientes a otros circuitos.

Los conductores de MBTS estarán separados de cualquier otro circuito.

Si esto no fuera posible, se considerarán al menos una de las siguientes condiciones:

- Adicionalmente a su aislación principal, los conductores de los circuitos de MBTS tendrán vaina no metálica (Por ejemplo; cables Norma IRAM 2178 e IRAM 62266).

- Los conductores de los circuitos con tensiones diferentes estarán separados por una pantalla metálica conectada a tierra.

Un cable multipolar o un agrupamiento de cables unipolares pueden contener circuitos de tensiones diferentes, siempre que los conductores de los circuitos de MBTS estén aislados individualmente o en conjunto para la tensión más elevada del circuito.

Las fichas y tomacorrientes empleados en MBTS no deben permitir su acoplamiento cuando pertenezcan a tensiones diferentes y responderán a Normas IRAM – IEC 60309.

Las fichas y tomacorrientes empleados en MBTS no deben ir provistas de contacto de protección (no deben permitir la conexión de un conductor de protección).

Las masas de los equipos eléctricos conectados a los circuitos MBTS, no deben estar conectadas a tierra, ni a conductores PE o masas de otros circuitos.

Protección contra los contactos directos

La protección contra los contactos directos en instalaciones eléctricas de inmuebles se debe asegurar por medio de:

- Aislación.

Por ejemplo por medio de la aislación de cableados.

- Barreras o envolturas.

Por ejemplo por medio de envolventes de equipos, canalizaciones y tableros.

- Obstáculos

Por ejemplo por medio de bloqueos de inserción en tomacorrientes, etc.

Protección por dispositivos a corriente diferencial (de fuga)

Todo circuito (IUG, IUE, TUG, etc.) deberá estar protegido por un interruptor diferencial de corriente diferencial de $I_{\Delta n} \leq 30mA$ de actuación instantánea según Norma IRAM 2301 o Norma IEC 61008, o Norma IEC 61009

El empleo de interruptores diferenciales de corriente diferencial de valor igual o inferior de 30 mA es reconocida internacionalmente como medida eficaz y terminante de protección contra los contactos directos accidentales. Estos contactos se originan por fallas en las protecciones contra contactos directos, en la falta de puesta a tierra de una masa o imprudencias que, según indica la estadística, estarían motivadas en el desconocimiento de los riesgos de la electricidad.

La utilización de estos dispositivos no está reconocida como medida de protección completa contra contactos directos y por lo tanto, no exime al proyectista en establecer el empleo del resto de las medidas de seguridad enunciadas por la RIEI. Por ejemplo, un contacto mano-mano con la persona aislada de la tierra no originará la acción correctiva del interruptor diferencial.

Los interruptores diferenciales también evitan la generación de incendios ante una corriente de fuga a tierra.

Canalizaciones y dispositivos de doble aislación (Clase II)

La experiencia indica la necesidad de evitar tensiones peligrosas sobre las partes accesibles de los materiales, equipos y componentes eléctricos.

En el material Clase II, la protección contra contactos indirectos se obtiene con la aislación principal de cables y la suplementaria de canalizaciones o conductos. Por ejemplo, la utilización de una cañería aislada (Clase II) para contener un circuito seccional. Como toda canalización vincula circuitos, la Clase II integral se logra si los TS son también de Clase II

Protección contra los contactos indirectos por corte automático de la alimentación. Permite la eliminación de la falla antes que pueda producirse un efecto fisiológico peligroso sobre una persona por una tensión de contacto (Norma IRAM 2371 ó Norma IEC 60479).

Para locales con la presencia de personal con capacidad BA4 ó BA5 y ante reparaciones se debe garantizar que el sistema de seguridad mantenga sus características de proyecto. Por ejemplo, si los TS son de Clase II que sigan siendo de Clase II a pesar de la intervención.

6.7.1. Seguridad ofrecida por las envolturas del equipo

La Norma IRAM 2444 especifica la aptitud de **las envolturas** de equipos eléctricos para bloquear la penetración de sólidos, líquidos, o su aptitud para resistir daños mecánicos producidos por impactos.

Las condiciones para las envolturas se establecen mediante un código de 3 cifras.

$$IP\ X_1, X_2, X_3$$

La primera cifra (X_1) indica la aptitud de la envoltura para bloquear la penetración de sólidos (según IRAM 2444 con un "dedo" de prueba de 80 mm de longitud).

La segunda cifra (X_2) indica la aptitud de la envoltura como protección contra ingreso de líquidos o humedad.

La **tercera cifra ($X3$)** indica la aptitud de la envoltura para **resistir daños mecánicos por impactos.**

Lo que la Norma IRAM 2444 indica se encuentra actualmente modificado y mejor definido en dos normas internacionales IEC 60529 para grados de protección IP.

Las cifras tienen un número del siguiente significado:

	1° CIFRA CARACTERÍSTICA		2° CIFRA CARACTERÍSTICA
	Protección del material contra la penetración de cuerpos sólidos extraños	Protección de las personas contra el acceso a las partes activas peligrosas	Protección del material contra la penetración de agua con efectos nocivos.
0	(no protegido)	(no protegido)	(no protegido)
1	De Ø > a 50 mm	Dorso de la mano.	Gotas de agua verticales
2	De Ø > a 12 mm	Dedo.	Gotas de agua verticales 15° de inclinación
3	De Ø > a 2,5 mm	Herramienta Ø 2,5 mm.	Lluvia 60° de inclinación
4	De Ø > 1 mm	Hilo Ø 1 mm.	Proyección de agua
5	Protegido contra polvo	Hilo Ø 1 mm.	Proyección con lanza de agua
6	Estanco al polvo.	Hilo Ø 1 mm.	Proyección potente con lanza
7			Inmersión temporal
8			Inmersión prolongada

Existen otros grados de indicación pero el tema excede este trabajo.

Ejemplo de aplicación:

En cuartos de baño, la RIEI establece que en la denominada "zona de protección" sólo se instalarán artefactos eléctricos de conexión fija, de Clase II, y de grado IP44. Esta indicación en la práctica consiste en elegir artefactos de cubierta exterior plástica sellados con burlete.
Un tomacorriente convencional ofrece el grado IP 20, es decir que se puede tomar contacto con una parte viva con un elemento metálico menor a 12 mm y que no está protegido contra penetración de agua.

6.7.2. Seguridad ofrecida por la Clase de aislación del equipo

Clase de un equipo

En figura más adelante se indican la forma **"genérica"** de conectar a tierra las masas o partes metálicas.

CLASE	CARACTERÍSTICA
0. Sin protección	Peligro total ante falla de la aislación básica hacia la superficie externa metálica.
I. Puesta a tierra de la masa	El peligro está relacionado con la actuación preventiva o correctiva de la protección asociada al ECT (interruptor diferencial obligatorio en TS de inmuebles).
II. Aislación doble	Sin peligro de contacto hacia el usuario.
III. Seguridad intrínseca por utilizar fuente de MBTS	Sin peligro aun ante contactos.

Equipo de Clase 0:

Significa una protección contra shock eléctrico sólo basada en una aislación básica y no se conectan las masas o partes metálicas a tierra o a un conductor de protección.

Este tipo de equipo no está permitido en los alcances de la Normativas y Regulaciones argentinas.

Equipo de Clase I:

Significa una protección contra shock eléctrico basada en su aislación básica y se conectan las masas a tierra por medio de un conductor de protección **incorporado al cable y ficha de conexión del equipo.**

La RIEI indica, además de la PATP de las masas, el uso obligatorio del interruptor diferencial para la desconexión automática de la alimentación ante fallas de aislación que originen corrientes a tierra. La estadística nos indica como mayor posibilidad de riesgo a la pérdida de aislación de una masa, que si está puesta a tierra, genera una corriente a tierra y la posibilidad de desconexión automática por medio del interruptor diferencial.

En la Clase I la fase, el neutro y PATP debe ser realizada en forma conjunta mediante la ficha Norma IRAM correspondiente (espigas a 120 º entre si y espiga plana de mayor longitud y ubicada a 120 º respecto de las otras dos espigas).

Equipo de Clase 0-I:

Si a un equipo de Clase I, por desconocimiento de la seguridad que establece la continuidad de la PATP por medio de la ficha normalizada de conexión (2P +T) **se le interrumpe su PATP** mediante el uso de un "adaptador" para "adaptarse" a un tomacorriente sin toma de tierra (ya prohibido), el equipo pasa a ser de Clase 0-I (IRAM 2092 Parte 1, IEC 60335 Parte 1 Párrafo 2.4.6.). Esta práctica está totalmente prohibida, pues no responde a las normas de seguridad eléctrica, ni de productos ni de instalaciones establecidas por la RIEI.

También están comprendidos en Clase 0-I los antiguos electrodomésticos como heladeras, lavarropas, etc. Estos tienen en su parte metálica una conexión para un cable de protección de modo que esa conexión no está integrada a la ficha de conexión de tensión del equipo.

Equipo de Clase II:

Significa una protección contra shock eléctrico basada en su aislación básica más una suplementaria exterior (doble aislación). Este diseño ofrece una total seguridad y por lo tanto no es necesaria la conexión a tierra de las masas o partes metálicas internas. Por ejemplo, el uso de artefactos de iluminación en Clase II para ser instalados en la "zona de protección" de baños.

Equipo de Clase III:

Significa una protección de seguridad total basada en alimentar el equipo con una fuente de MBTS (<24V).

Los esquemas que siguen muestran la forma genérica los diseños de los equipo de cada Clase.

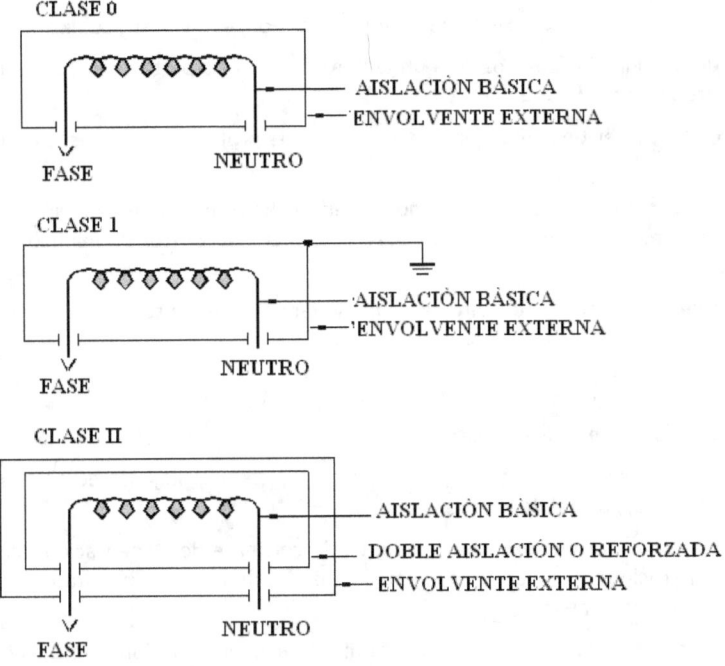

CLASE 0

— AISLACIÒN BÀSICA
— ENVOLVENTE EXTERNA

FASE   NEUTRO

CLASE 1

— AISLACIÒN BÀSICA
— ENVOLVENTE EXTERNA

FASE   NEUTRO

CLASE II

— AISLACIÒN BÀSICA
— DOBLE AISLACIÓN O REFORZADA
— ENVOLVENTE EXTERNA

FASE   NEUTRO

Equipos especiales de Clase II

Ejemplo: los equipos de computación a veces están fabricados con envoltura de Clase II (superficie externa de material aislante). Pero si se observa su ficha de conexión se notará frecuentemente que se indica su conexión correspondiente de fase, de neutro y de PATP. Se debe respetar la conexión de la ficha de origen, pues estos equipos tienen filtros y protecciones internas que deben estar conectadas a tierra. Por ese motivo se indica la PATP del equipo, a pesar que es de Clase II.

Estos filtros y las fuentes tipo "Switching" de las computadoras generan fugas a tierra en funcionamiento normal del equipo del orden de 2 mA. Por lo tanto, en una instalación donde haya que conectar más de 7 PC's, no es posible garantizar que no actúe el interruptor diferencial estándar de $I_{\Delta n} \leq 30mA$ (accionamiento de 15 a 30 mA) en forma errónea por la sumatoria de las fugas normales a tierra y por el funcionamiento normal del equipo.

La tecnología moderna ofrece interruptores diferenciales específicos que interpretan, por medio de sistemas internos, las fugas de alta frecuencia y las discriminan respecto a las fugas de 50 Hz de fallas reales a tierra.

Este tipo de interruptor diferencial puede ser ventajoso para conjuntos de luminarias de bajo consumo o tubos fluorescentes con balastos electrónicos donde en algunos casos se producen fugas a tierra normales aumentadas por las cantidades de equipos. En estos casos, las fugas dependen del tipo de lámpara y en el caso de tubos del tipo de balastos a veces es del orden de 1 mA., y puede ocurrir que un conjunto de luminarias de este tipo originen problemas de desconexión intempestiva en un interruptor diferencial convencional.

Tableros eléctricos

Contienen los dispositivos de conexión, maniobra, protección, etc. con sus cubiertas y soportes.

Nota: La caja de medidor (no se considera un tablero pero forma parte de la acometida). La ED lo utiliza para contener el medidor de energía.

Tablero principal (TP): recibe la línea principal, contiene la protección principal y deriva los circuitos seccionales.

Tablero de medidores (a veces denominados gabinetes): recibe la alimentación y contiene los medidores de energía, y los circuitos seccionales. Contiene dispositivos de maniobra y protección de circuitos seccionales.

Tablero seccional (TS): recibe el circuito seccional y deriva circuitos seccionales y/o circuitos terminales.

El TP y el primer TS pueden coincidir.

Condiciones y ubicación de los tableros

Se instalarán en lugares secos, ambiente normal, de fácil acceso y alejados de otras instalaciones, tales como las de agua, gas, teléfono, etc.

Cuando sean operados por personas BA1 (tableros de corriente de alimentación máxima 250 A), delante de la superficie frontal habrá un espacio libre no menor a 0,9 m. para facilitar la realización de trabajos y operaciones.

El recinto donde se ubicarán los tableros deberá disponer de iluminación artificial adecuada para operar los dispositivos de maniobra en forma segura y efectiva y poder leer los instrumentos con facilidad.

Las dimensiones mínimas del local y el número mínimo de salidas estarán de acuerdo con lo indicado en la RIEI. No existirán desniveles en su piso y el proyecto en cuanto a alturas debe cumplir la Norma y el código de edificación correspondiente.

El nivel de iluminación mínima en el local será de 200 lux medidos a un metro de nivel del piso, sobre el frente del tablero. Es conveniente disponer de iluminación de emergencia autónoma.

La puerta del local deberá abrir hacia afuera del mismo, sin impedimento alguno desde el interior, y poseer la identificación en caracteres de fácil lectura. Estará construida con material de una resistencia al fuego similar a las paredes del local según clasificación del Decreto PEN 351/79 Reglamentario de la Ley Nacional Nº 19.587 de Higiene y Seguridad en el Trabajo (Capítulo 18 "Protección contra incendio") y poseerá doble contacto y cierre automático.

Tipos de tableros

La elección de los aparatos de maniobra y protección de los TP y TS son de responsabilidad del proyectista.

Instalación y tipos de TP

Se ubicarán dentro de la propiedad a una distancia que en general se indica no superior a los 2 m "aguas abajo" de la caja que contiene el medidor de energía.

En caso de imposibilidad de respetar la distancia mencionada, la ubicación resultará del acuerdo entre proyectista, propietario y ED.

Dada la imposibilidad de detectar eficientemente potenciales peligrosos originados por fallas a tierra la tendencia en establecer la Clase II en la acometida y en el TP. Por ejemplo en una bajada de tipo pilar utilizar material sintético en el caño de bajada, caja de medidor y TP.

Es recomendable que el circuito seccional hasta el TS se diseñe de modo de lograr la Clase II.

Si el TP se instala a la intemperie diseñar un grado mínimo de protección no inferior a IP 54.

Instalación y tipos de TS

En general en el ámbito de la RIEI los TS son accionados por personas que no conocen los riesgos de la electricidad (BA1).

Se ubicarán en lugares de fácil localización dentro de la vivienda, oficina o local con buen nivel de iluminación y a una altura que facilite el accionamiento de los elementos de maniobra y protección.

No se instalarán en los cuartos de baño.

Forma constructiva de los tableros

Todo tablero eléctrico deberá llevar en su frente un logotipo marcado en forma indeleble para la prevención de la existencia de riesgo de choque eléctrico y una leyenda de tipo "TABLERO ELÉCTRICO PRINCIPAL" o "TABLERO ELÉCTRICO SECCIONAL" en caracteres de fácil lectura.

Las partes constitutivas podrán ser metálicas o de materiales sintéticos que tengan, además de la rigidez mecánica, las características y propiedades adecuadas al ambiente del proyecto. Para viviendas, oficinas y locales, el grado de protección mínimo será IP41. No tendrá partes con tensión accesibles desde el exterior, aún con la puerta abierta. El acceso a las partes con tensión será posible sólo luego de la remoción de tapas o cubiertas mediante el uso de herramientas. Las borneras de conexión deberán estar ubicadas a una altura mínima de 0.2 m., medida desde su parte inferior con respecto al nivel de piso terminado, para evitar la acción de la humedad o el agua eventual en el piso. Las partes no deberán superar las temperaturas establecidas en la Norma IRAM 2186.

Los tableros sintéticos para uso doméstico se dimensionarán de manera tal de no provocar elevaciones térmicas inadmisibles mediante un diseño que garantice no superar la corriente nominal indicada por el fabricante o verificar que el valor nominal del dispositivo de cabecera sea menor o igual que el valor nominal asignado por el fabricante del tablero. En tal caso, deben responder a la Norma IEC 60439-3, en caso contrario se deberá efectuar el cálculo térmico detallado en 771-H.3 de la RIEI.

Los que tengan más de tres circuitos de salida deberán contar con un denominado "peine de conexión" que es un juego de barras contenido en una cubierta aislante y que permita efectuar el conexionado o remoción de los dispositivos de un modo más seguro que con el cableado tipo guirnaldas.

Para tableros de hasta tres circuitos de salida, se admitirán las interconexiones realizadas con conductores aislados.

Las partes aislantes componentes, los peines de conexión y bornes de distribución deberán responder al ensayo de hilo incandescente (950 ºC), según Norma IEC 60695, y tener una rigidez mínima de 2,5 kV entre fases o entre fase y neutro, según Norma IEC 60664.

Las barras de los tableros de potencia deben proyectarse para una corriente nominal no menor que la de alimentación del tablero y para un valor de corriente de cortocircuito no menor que el valor eficaz de la corriente de falla máxima en el lugar de la instalación.

Para las barras dispuestas en forma horizontal su ubicación será N, L1, L2, L3, mirando desde el lugar de acceso a elementos bajo tensión o de arriba hacia abajo, mientras que para las ejecuciones verticales será de izquierda a derecha, mirando desde el frente del tablero. Las barras de los tableros estarán identificadas según código de colores normalizado.

No podrán instalarse otros conductores que los específicos a los circuitos del tablero y no se podrá usar los tableros como caja de paso o empalme de otros circuitos. Dispondrán de placas, barras o borneras identificadas y con la cantidad suficiente de bornes adecuados al número de circuitos de salida y de PATP.

Se deberá asegurar la conexión del PE a todas sus masas y las partes metálicas no activas. Para los diversos tableros seccionales de un edificio se debe establecer un sistema equipotencial que los vincule con la PATP y con los hierros con continuidad de las estructuras (ver designaciones en la RIEI).

Los tableros pre-armados estarán marcados indeleblemente por el fabricante de manera que las indicaciones permanezcan visibles después de la instalación (eventualmente luego de abrir una puerta sin usar herramientas).

Figurarán como mínimo los datos siguientes:

> Fabricante responsable.

> Tensión de utilización (monofásica o trifásica).

> Corriente de cortocircuito máxima de cálculo.

En los casos que sean armados por montadores electricistas deberán marcarse con los mismos datos de la cláusula anterior, reemplazando la indicación "Fabricante responsable" por la de "Montador responsable".

Los equipos y dispositivos instalados deberán estar identificados con inscripciones que precisen la función a la que están destinados.

El denominado PE debe vincular las masas a las barras de puesta a tierra (BPT), a las conexiones equipotenciales (CEP) y a la barra equipotencial (BEP).

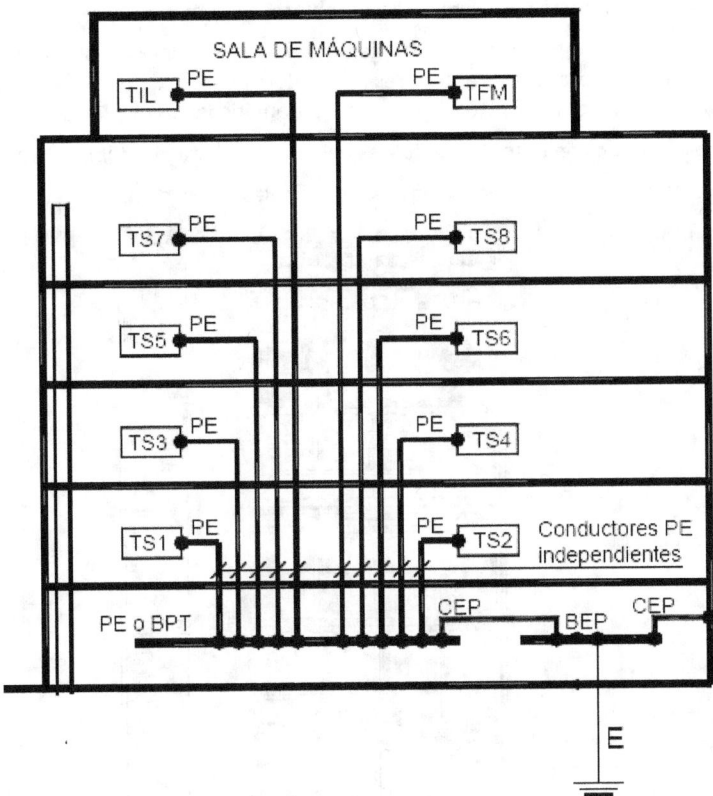

Algunos fabricantes indican que sus dispositivos (por ejemplo IA) pueden estar montados en forma horizontal. En el ámbito de inmuebles y por razones de seguridad de interpretación de su condición (abierto- cerrado) y por la necesaria posición vertical de su cámara apagachispas; se recomienda que los IA se instalen en forma vertical y alimentados por sus bornes superiores.

En general, se denominan tableros a los gabinetes o cajas que contienen dispositivos de maniobra y protección con envolventes metálicas o sintéticas. En algunos casos, los gabinetes no contienen protecciones y se entiende que son cajas y no tableros.

El material sintético, además de rigidez mecánica, debe presentar características de no inflamabilidad, no ser higroscópicos y ser adecuadamente dieléctricos. En TS es habitual instalar los modelos sintéticos con tapa y contratapa, de modo que los interruptores automáticos puedan ser accionados por los usuarios BA1 (domésticos) sin riesgo de contacto eléctrico directo o indirecto.

Existen modelos comerciales de "columnas" de material sintético modulares sin límites de medidores o tamaños. Las características relevantes de estos tableros son el sistema modular, la facilidad de armado y su aislación total ante fallas a tierra.

Esquema de espacios y ubicación de elementos en tableros para medidores:

Un ingreso por medio de dispositivo de corte general, barra de conexiones inferiores de fases, neutro y puesta a tierra, protecciones anteriores a medidores para cada cliente y servicio, y salida superior a columna montante mediante interruptores automáticos.

El modelo de tablero TP de conjunto de medidores debe responder a lo establecido por la ED.

Ejemplo genérico para observar las tendencias internacionales al respecto:

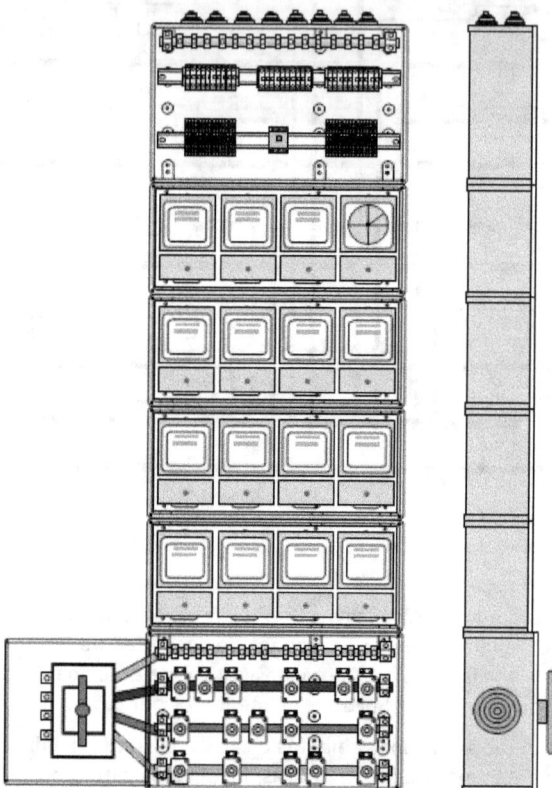

Orientación para dimensionar térmicamente y elegir los modelos de tableros sintéticos

Los tableros para ser accionados por personal no idóneo en electricidad (BA1) deberán estar normalizados por la Norma IEC 60439-3 con una corriente asignada. Esto significa que si el interruptor automático de entrada o la suma de las corrientes nominales de los interruptores automáticos de salida son iguales o inferiores a la corriente asignada del tablero, no es necesaria la verificación térmica de 771-H.3 de la RIEI.

Los tableros que tienen dispositivos de maniobra y protección mayores a 250 A no pueden estar al alcance de maniobras por no idóneos (BA1) y deben estar certificados por la Norma IEC 60439-1.

Reflexión de la utilidad de conocer estos cálculos en los tableros sintéticos

La realidad de competencia y falta de criterio muestra una oferta de **"cajas plásticas"** fuera de toda Norma que, "se dice", se presentan para satisfacer la necesidad de ofrecer modelos que garantizan seguridad en la operación y mantenimiento.

Sin entrar a analizar el tema de la durabilidad de estas cajas y reconociendo que todo material sintéticos es, de por sí, un avance en la garantía ante contactos indirectos, me interesa analizar el tema puntual de la disipación térmica de una "caja plástica" que funcione como tablero y que como tal debe cumplir la verificación de ensayo de "hilo incandescente" o la IEC 60439-3.

Se dice que un tablero es una envolvente que contiene protecciones y sus conexiones. Si existen componentes y conexiones como elementos de disipación en un tablero es evidente que existe una temperatura de funcionamiento normal y temperaturas extremas ante posibles sobrecargas que puedan provenir de los cables vinculados o por posibles cortocircuitos internos.

Un conductor que no esté adecuadamente protegido trasladará temperaturas al tablero y si éste es de calidad inaceptable, llegará a sobrecalentamiento y hasta su incendio.

Se podrá decir que sobre los conductores y conexiones existen cálculos establecidos por la RIEI, y de ese razonamiento suponer que el tablero sintético no debería cumplir ningún requisito de aptitud a la disipación térmica de temperaturas que puedan provenir de los cables que conecta.

Pero además de las dudas que merece el razonamiento anterior, está la necesidad de disipación térmica por el uso normal del tablero, pues sabemos que algunos tableros (cajas plásticas de material reciclado) no soportan el uso normal y prácticamente se derriten ante la primera circunstancia de temperatura motivada en cualquiera de los temas mencionados y lo que es aún peor el material es propagante de la llama no cumpliendo el ensayo de hilo incandescente obligatorio para todo material sintético de uso eléctrico.

Hay que imaginarse la situación de un cliente al cual se le ha instalado embutida una de esas cajas y se le derrite e incendia y hay que imaginarse el trabajo que deberá desarrollar el instalador para arreglar la situación o, aún peor, el incendio de destrucción total o parcial del inmueble. ¿Y el ahorro inicial, dónde quedó?

6.7.4. Causas de contactos eléctricos y seguridad brindada por la instalación

Como causas de contactos eléctricos directos podemos mencionar:

Accidental

La tensión no "se ve", no se advirtió el peligro. Por ejemplo, un contacto directo en un tomacorriente.

Intencional

La persona no conoce los peligros de la electricidad y establece un contacto directo. Por ejemplo se toma contacto "con cobre" de un conductor con su aislación dañada. Un avance importante en este tema es la exigencia de tomacorrientes con bloqueo de ficha de inserción, Norma IRAM 2071 o IEC 60884-1, cuando están ubicados al alcance de los niños (BA2).

La seguridad ante contactos se puede establecer mediante la seguridad intrínseca donde no hay riesgo de daños. Por ejemplo, utilizando fuentes de MBTS.

Ejemplo de utilización de fuente de M.B.T.S.

Iluminación de pileta de natación utilizando fuente de MBTS (transformadores de aislación galvánica de 220 V/ 12 V) y canalización de material sintético.

En este ejemplo se muestra un sistema para alimentar dos luminarias de 150W en 12 Vca, mediante un tablero denominado TSP

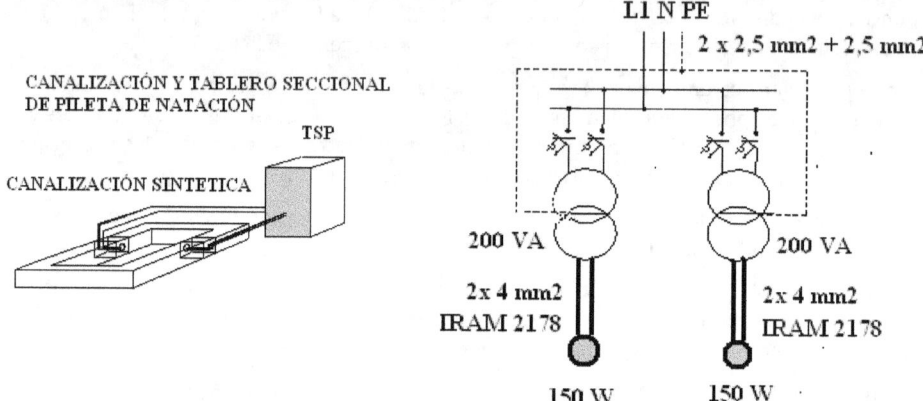

Nota importante: El transformador reductor de 220 V a 12 V debe ser un transformador de seguridad, "no" debe instalarse un autotransformador o sistema electrónico reductor de tensión o un
transformador que no cumpla los requisitos de seguridad establecidos en la RIEI para la MBTS.

Los trasformadores de seguridad en general se fabrican con:

- El bobinado primario y el secundario en columnas diferentes, de modo que la separación
  sea galvánica y con una pantalla entre núcleos vinculada a la PATP. Este diseño garantiza
  que una pérdida de aislación entre el bobinado primario y secundario origine la acción del
  interruptor diferencial ubicado" aguas arriba" del bobinado primario.

- Existen otros diseños que no requieren de pantalla metálica intermedia.

El transformador debe ser instalado sobre gabinete adecuado de forma de evitar ingreso de humedad o agua.

El transformador debe cumplir los ensayos de calidad establecidos por la RIEI

Es una práctica peligrosa utilizar un autotransformador o un sistema reductor de tensión de modelo electrónico, o un transformador que no sea de seguridad según los modelos de fabricación
normalizados por RIEI.

Seguridad preventiva

Se intenta evitar que se produzca el contacto actuando sobre las **causas formales.** Por ejemplo,
con el grado IP de Norma IRAM 2444 o Norma IEC 60529.

Seguridad correctiva

Se actúa sobre la causa eficiente limitando sus consecuencias. Por ejemplo, el uso obligatorio de
protección diferencial.

La RIEI indica la obligación de proyectar e instalar el dispositivo de protección diferencial residual, el que vinculado a una adecuada instalación de PATP realiza la desconexión automática de la alimentación cuando las tensiones son peligrosas (mayores a 24 V en ambiente seco o húmedo o mojado).

Para el contacto directo la única solución conocida es mediante la utilización de interruptores diferenciales de máxima corriente diferencial de $I_{\Delta n} \leq 30mA$.

Seguridad preventiva para evitar contactos eléctricos peligrosos

Como los equipos o dispositivos utilizados en instalaciones eléctricas tienen masas y partes metálicas, ellas deben estar eficientemente puestas a tierra.

Se debe establecer la continuidad de PATP entre todos los elementos metálicos y masas de equipos instalados (caños, cajas, equipos, etc.), mediante un conductor aislado verde-amarillo (PE) de cobre de sección mínima de 2,5 mm^2.

Esta conexión a tierra de las masas metálicas que puedan quedar electrificadas es totalmente obligatoria y prioritaria en inmuebles respecto de las otras medidas de protección. Este criterio es recomendable también para "locales industriales" destinados a BA4 o BA5.

Explicación sobre la prioridad de la PATP sobre todas las otras medidas:

- El lector se preguntará ¿cuál es la razón de exigir una PATP siendo obligatoria la instalación de una protección diferencial?

La pregunta es de suma importancia y se puede contestar con algunos ejemplos:

Si no existe la PATP en una instalación y ante un contacto indirecto, **es la persona y su posible vinculación a tierra** que hará actuar la protección diferencial, y se pierde la seguridad preventiva establecida por la RIEI para contactos indirectos.

Si no existe la PAT de protección en un circuito que no sea de Clase II y con protección diferencial de $I_{\Delta n} \leq 300mA$, puede existir una falla "no despejada" que involucre una tensión mayor a 24 V que puede ser fuente de peligro al contacto indirecto con el agravante que la protección diferencial, en este caso es de $I_{\Delta n} \leq 300mA$ no es apta para salvaguardar la vida humana.

Por lo mencionado las conexiones equipotenciales de puesta tierra de protección de toda masa metálica es lo primero que se debe establecer y asegurar en toda instalación eléctrica. La equivocada concepción de diseñar o tener protección diferencial sin PATP es inaceptable para lograr un diseño seguro de las instalaciones eléctricas.

GUIA DE SEGURIDAD ELÉCTRICA EN INSTALACIONES ELECTRICAS PROYECTADAS O EXISTENTES

Ensayo de funcionamiento de los interruptores diferenciales mediante la operación del pulsador de prueba (test de funcionamiento).	SI	NO
En instalaciones nuevas y en cada tomacorriente verificación con ficha normalizada y en cada tomacorriente de la polarización y simulación de actuación del interruptor diferencial correspondiente.	SI	NO
Ubicación (vertical) de interruptores diferenciales e interruptores automáticos (IA) y sus conexiones de acuerdo a plano unifilar adosado al TS.	SI	NO
Ejecución correcta de las conexiones de ingresos y egresos de cables entre interruptores diferenciales e interruptores automáticos en TS.	SI	NO
Verificación de la existencia de peines de conexión (cuando corresponda) en TS.	SI	NO
Utilización de los colores normalizados de cables IRAM NM 247-3 en TS.	SI	NO
Correcto conexionado de las borneras (si corresponde) y sus puestas a tierra en el TS.	SI	NO
Mediciones o pruebas de resistencia de aislación, resistencia de la puesta a tierra y continuidad eléctrica de acuerdo a pliego.	SI	NO
Existencia en todos los tomacorrientes de la conexión del conductor de protección a su borne de puesta a tierra	SI	NO
Verificación de secciones y tipos de conductor en TS de acuerdo a plano unifilar.	SI	NO
Correcta ubicación de los conductores de fase, neutro y protección en los bornes destinados a tal fin en las protecciones del TS	SI	NO
Correspondencia entre los colores de los conductores activos, neutro y de protección con los establecidos en el código de colores en circuitos terminales.	SI	NO
Tableros seccionales, correspondencia de ubicación y características constructivas y condiciones del operador, bloqueos de acuerdo a operadores BA1, BA4/ BA5.	SI	NO
Características nominales de los aparatos de maniobra, seccionamiento y protección (en cuanto a datos establecidos en pliego si corresponde), numero de polos activos y clase de limitación según tipo normalizado	SI	NO
Cumplimiento de las normas IRAM de todos los elementos componentes de la instalación, a través de la inspección del grabado que presentan los materiales o del análisis de los catálogos de los fabricantes o de la revisión de los protocolos de ensayos	SI	NO
Verificación de los tipos de los conductores establecidos por AEA 90364	SI	NO
Verificación de puestas a tierra equipotencial de las masas, especialmente en circuitos vinculados a interruptores diferenciales de corriente diferencial $I_{\Delta n} \leq 300mA$.	SI	NO
Cumplimiento de la relación de corriente asignada y nominal entre los IA y los cables protegidos	SI	NO
Cumplimiento de la relación de seguridad o de clase II en circuitos seccionales (cableados IRAM 2178 son clase II, TS con cablecanales sintéticos son clase II)	SI	NO
Verificación de espacios y filas de cables en bandejas de acuerdo a pliego	SI	NO

6.7.5. Ejemplos de peligro por contactos eléctricos

La instalación eléctrica puede originar tensiones respecto a tierra y la posible circulación de corrientes a tierra por personas o instalaciones.

En las figuras que siguen se observan las corrientes peligrosas y algunos contactos indirectos (de mayor ocurrencia) donde:

Φ La masa metálica **no tiene** tensión respecto a tierra producida por una pérdida de aislación. La persona no recibe ninguna tensión de contacto (Uc=0).

Φ La masa metálica **tiene tensión** originada por una pérdida de aislación y la masa metálica **está aislada de tierra** (por ejemplo se desconectó la PATP, se puso un "adaptador" de tres /dos patas y se perdió la PATP, etc.). La persona recibe la tensión de pérdida de aislación de hasta 220 V (Uc = Uo) y una situación de alta peligrosidad.

Φ Existe una **tensión de pérdida de aislación** pero la masa metálica está vinculada a la PATP (por medio de R_a) según establece la RIEI y para asegurar que operen las protecciones diferenciales obligatorias.

Φ Los riesgos de electrocución ya han sido estudiados por las Normas Internacionales y se relacionan con la corriente, con el tiempo de permanencia y con la parte del cuerpo afectada.

RIESGO DE ELECTROCUCIÓN (valores aproximados)	
1 mA	No produce ninguna sensación o efecto
1 mA a 8 mA	Produce choque indoloro y el individuo puede soltar a voluntad pues no pierde el control de los músculos
8 mA a 15 mA	Produce choque doloroso pero sin pérdida del control muscular
15 mA a 20 mA	Choque doloroso con pérdida del control de los músculos afectados. El individuo no puede soltar los conductores.
20 mA a 50 mA	Choque doloroso, contracciones musculares y dificultad para respirar
50 mA a 100mA	Fibrilación ventricular, en algunos casos muerte instantánea y en otros si no se hace la tarea de desfribilación puede morir en pocos minutos por asfixia
100 mA	Muerte por fibrilación ventricular

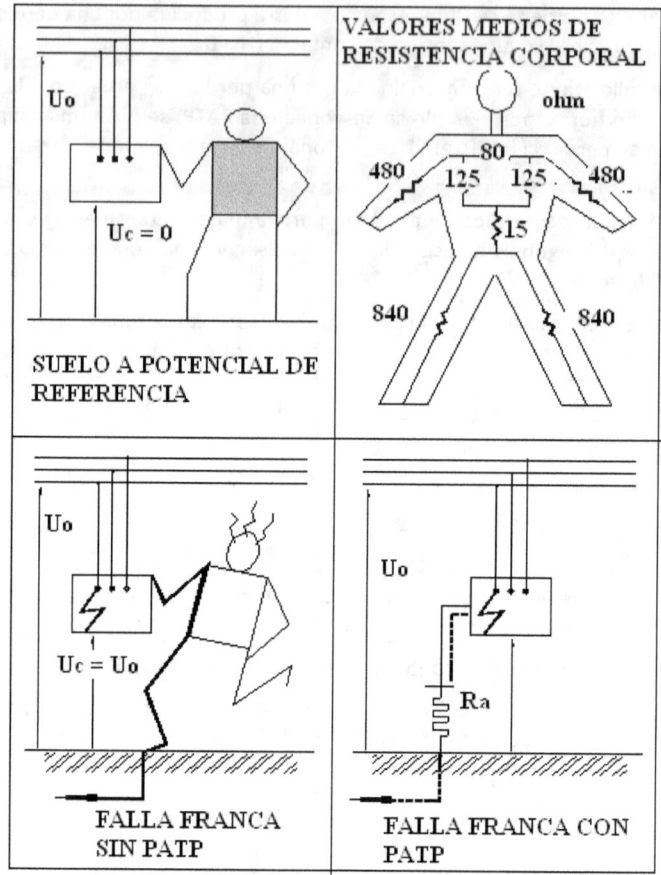

6.7.6. Protección diferencial. Relación corrientes / tiempos peligrosos para el ser humano

Afortunadamente se ha publicado y difundido las características excepcionales de esta protección, sólo considero importante destacar que:

El efecto fisiológico de la acción de la corriente sobre el ser humano está relacionado con.

- La intensidad de la corriente que se relaciona con la tensión de contacto y la resistencia de falla.

- El tiempo de permanencia del contacto.

- La frecuencia de la corriente de contacto que en estas instalaciones es 50 hz. A más de 100 kHz la corriente no produce contracción muscular ni fibrilación cardiaca sólo produce quemaduras, condición que se utiliza en métodos quirúrgicos a través de la acción de los equipos denominados electrobisturí.

- La resistencia del trayecto de la corriente sobre el ser humano (valor variable de acuerdo a estado de la piel intermediaria del contacto).

La Norma IEC 60479 y el interruptor diferencial de $I_{\Delta n} \le 30mA$

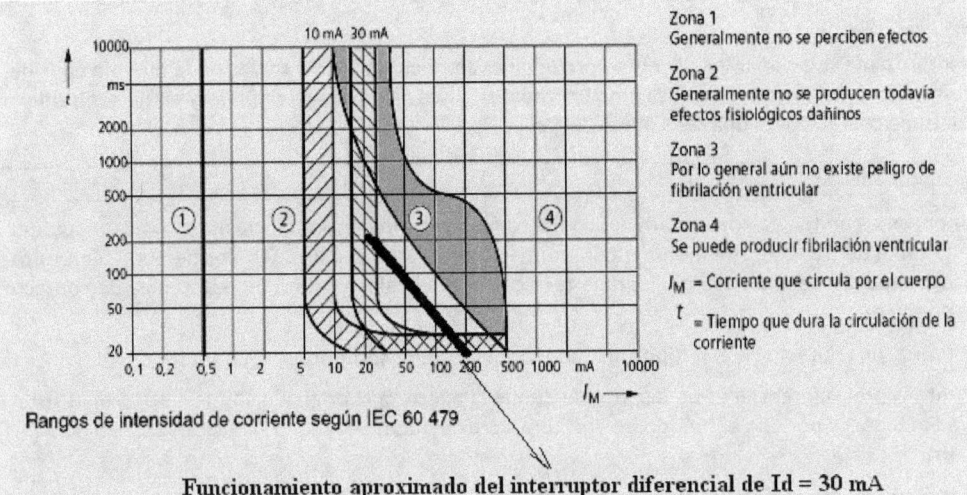

Rangos de intensidad de corriente según IEC 60 479

Funcionamiento aproximado del interruptor diferencial de Id = 30 mA

Se ha incorporado al gráfico la curva aproximada de funcionamiento del interruptor diferencial para poder observar el límite que el dispositivo ofrece en corrientes y tiempos de actuación; de modo que las corrientes de choque nunca alcancen ni en corriente ni en tiempo las zonas donde se puede originar una fibrilación ventricular de acuerdo a las curvas de la IEC 60479

Es habitual que un contacto que permanezca en el tiempo destruya la piel intermediaria y por ello disminuya el valor de resistencia del contacto, originándose un aumento de la corriente de circulación que agrava la situación

Los trayectos más peligrosos son los que involucran corazón o pulmones que inmovilizan al accidentado y lo ponen en riesgo de muerte si no es asistido.

El interruptor diferencial debe actuar (disparo) con la energía brindada por la misma corriente de falla (toma la energía de actuación del propio transformador de corriente). Los dispositivos electrónicos **no operan** cuando la tensión "es baja" o falta una fase o el neutro, y puede ocurrir un contacto eléctrico con una fase activa en la instalación "sin operar el dispositivo electrónico".

> **Los diferenciales de tipo "electrónicos" están prohibidos en Argentina y el MERCOSUR para ambientes domiciliarios y comerciales con personal BA1, BA2 y BA3.**

El interruptor diferencial **bajo Norma** de corriente diferencial de $I_{\Delta n} \le 30mA$ puede operar entre 15 mA y 30 mA. Esta característica debe ser contemplada por el proyectista de la instalación, pues existen equipos que originan pérdidas a tierra, que si bien son de pocos mA, si se acumulan pueden originar acciones intempestivas del interruptor diferencial. Las corrientes de fugas a tierra capacitivas a veces son generadas, por ejemplo, en equipos informáticos, fuentes conmutadas, balastos electrónicos, etc.

Los modernos interruptores diferenciales deben estar inmunizados a la acción de sobretensiones inducidas que puedan hacerlo accionar inútilmente.

Los interruptores diferenciales tetrapolares se puede utilizar en instalaciones de 220 V. Desde el punto de vista de la seguridad, hay que verificar que el "botón de prueba" quede en la misma fase de utilización de 220 V.

Es interesante relacionar la corriente aproximada (contacto teórico a través de la piel, sin considerar los elementos intermediarios como los zapatos, pisos, etc.) que se originaría en un ser humano que tome contacto con una tensión de 220 V.

Ejemplo y análisis:

Supongamos en forma aproximada un contacto mano-mano de resistencia aproximada resultante de la suma de trayectos (860 ohm + 860 ohm + 80 ohm = 1000 ohm). El valor de 1000 ohm es tomado como referencia en la bibliografía técnica como el valor mínimo de resistencia de contacto de humanos.

En teoría, un contacto de este tipo con 220 V originaría una corriente de 220V/1000Ω =220 mA.

En interruptor diferencial es un dispositivo donde la apertura la origina un "rele" (no es un dispositivo limitador) y por ello el tiempo de apertura aproximado no es menor a 2 ciclos que en 50 Hz es 40 ms.

Afortunadamente el tiempo de desconexión máximo que ofrece el interruptor diferencial (40 ms) es menor al tiempo de onda negativa del ciclo cardíaco de 200 ms. En definitiva el interruptor diferencial cumple la condición de desconectar las corrientes peligrosas en un tiempo menor al riesgo de fibrilación ventricular (200 ms).

Se observa que un interruptor diferencial fabricado y ensayado mediante la Norma IEC 61008, con la corriente de 220 mA actúa en 40 ms, lo que garantiza en la persona sólo un efecto de zona 2 (daños no permanentes).

La conclusión que podemos indicar para este ejemplo es:

¿Cuál es la razón por la cual la persona estableció este contacto eléctrico?

Si se disponen de bloqueos por las envolturas de aparatos (por ejemplo IP44), esto no debería ocurrir. El caso del tomacorriente merece un comentario especial, pues son conocidos los casos de electrocución por la inserción de elementos metálicos por "niños" (BA2) que están a "la altura del tomacorriente".

Los fabricantes ofrecen tomacorrientes según Norma IRAM 2071 o IEC 60884-1 con bloqueo mecánico de inserción que impide que "un elemento" que no sea la ficha normalizada ingrese a las partes vivas internas del tomacorriente y evitan así un posible contacto directo. Es de notar que la RIEI establece que en toda vivienda y hasta una altura de 90 cm del piso se deben instalar tomacorrientes con barrera de protección pues se consideran ambientes con presencia de personas BA2 (niños).

El contacto indirecto no debería ocurrir si se instala una PATP equipotencial de protección que posibilita que accione el interruptor diferencial "antes" que la persona tome contacto con la tensión peligrosa.

DESIGNACIÓN

TAMAÑOS

INTERRUPTOR DIFERENCIAL

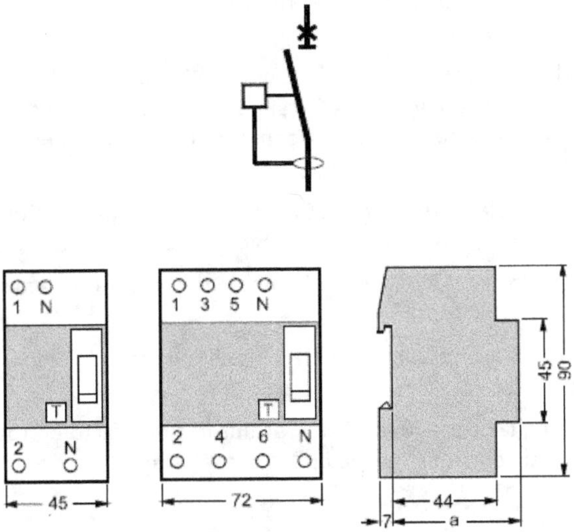

6.7.7. Seguridad por utilizar criterios en las conexiones

El interruptor de efecto y los tomacorrientes son componentes de la instalación que están exigidos en la vida diaria, por lo que en los países de vanguardia tecnológica son controlados y normalizados en forma rigurosa justamente por ser dispositivos manejados por personas (BA1) que en general no conocen los riegos de la electricidad.

Mejorar la seguridad eléctrica que ofrece la conexión de luminarias: Si una persona BA1 trata de cambiar la lámpara con el interruptor de efecto cerrado y con tensión, al menos no quedara a la tensión de fase en la rosca del portalámparas.

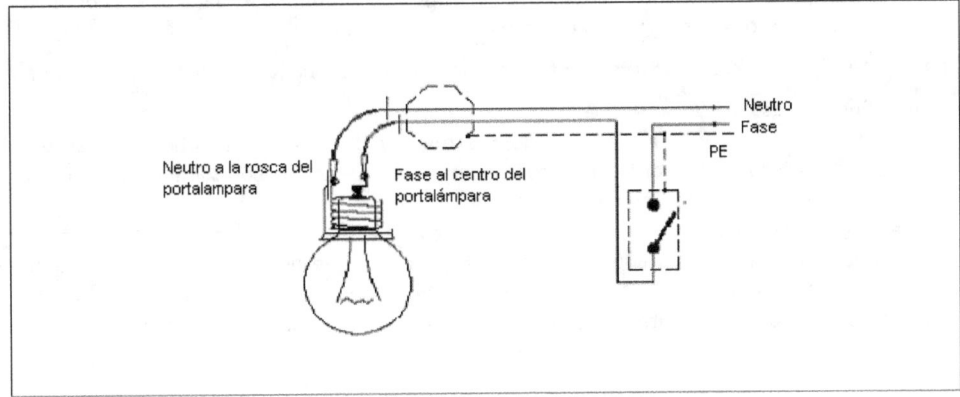

Una deficiente conexión en un tomacorriente (falta de presión de contacto) causa molestias y puede llevar a fallas de calentamiento que originen principios de incendios.

Cuando se instalan dispositivos de mala calidad por un motivo "de ahorro" de obra, en realidad le trasladamos el gasto al usuario que en poco tiempo deberá cambiarlos a un costo mayor.

Los modernos interruptores de efecto y tomacorrientes y sus bastidores tienen componentes sintéticos (termoplásticos) de alta tecnología resistentes a impactos y que no propagan las llamas y que toleran la acción de los calcáreos.

En cuanto a la calidad del interruptor de efecto, la Norma IRAM 2007 menciona que debe ser ensayado a 20000 interrupciones a 10 A y cos φ = 0,6 sin desgaste apreciable de contactos. Especialistas en el tema mencionan que esto lo cumple si al menos uno de sus contactos (fijo o móvil) es de plata o revestido en plata.

El tomacorriente debe cumplir la Norma IRAM 2071 (con toma de tierra). Deben poseer la comprobada tecnología de contactos para garantizar la capacidad de sujeción de la ficha.

La ficha con tierra debe ser Norma IRAM 2073 y la ficha sin tierra (para conectar aparatos de Clase II) debe ser Norma IRAM 2063.

Las fichas de calidad ofrecen sistema laberíntico de los cables internos de modo a evitar la desconexión "por tirado" del cable.

En cuanto a la tecnología de las conexiones, los interruptores de efecto de todo tipo (un punto, dos puntos, escalera, etc.) si cortan el conductor "de fase" se aporta seguridad hacia el usuario final.

Montaje y revisión de las instalaciones eléctricas

Se debe revisar la temperatura de los conductores de circuitos seccionales y terminales a su corriente nominal máxima, pues si están sobrecargados se originan temperaturas superiores a las previstas con pérdidas por calentamiento y desclasificación de sus protecciones asociadas en tableros y riesgos de cortocircuitos o incendios, además de mayor consumo energético.

Las conexiones flojas y con torque insuficiente aumentan las pérdidas de energía y pueden originar incendios, por lo que debe efectuarse un correcto diagnóstico periódico y ajuste de conexiones y limpieza de contactos, borneras, barras, etc. Es necesario disponer de un torquímetro entre otras herramientas necesarias del instalador.

El calentamiento puede ser causado, entre otras cosas por la sección inadecuada de los conductores o por empalmes y conexiones efectuados con elementos ineficientes.

Los fabricantes líderes ofrecen junto con sus protecciones de potencia los accesorios de conexión.

Ejemplos de productos y de errores en la práctica:
- Algunos fabricantes y para sus líneas de interruptores de potencia incorporan en el suministro los accesorios de conexión lo que garantiza elementos de conexiones eficientes por las pruebas realizadas por el mismo fabricante.
- Realizar conexiones de un interruptor automático sin cuidar ni verificar que la aislación del conductor quedo incorporada a la conexión; situación que puede originar una conexión "floja" y susceptible de calentamiento y punto de incendio.
- Realizar conexiones "tirantes" que pueden afectar los bornes de conexión de los equipos.

Algunas reglas de instalación

Cuando se instalan portalámparas, el circuito de entrada debe ingresar al punto medio y la rosca quedar del lado de la carga.

Las conexiones entre conductores de hasta 2,5 mm^2, se pueden realizar retorciendo sus hebras de cobre y una unión mecánica que asegure continuidad eléctrica.

Los terminales metálicos de cobre colocados como intermediarios de la conexión posibilitan que el instalador "apriete" suficientemente la conexión de modo de evitar que se generen pérdidas de calor que son motivo de destrucción de aparatos y fuente de incendios en tableros.

Hay que evitar que las uniones y derivaciones estén solicitadas mecánicamente. Para esto es fundamental que cuando se conectan cables a dispositivos se realice la conexión de modo que no quede "tirante" (los cables deben tener un tramo tipo "rulo" antes del acceso a la conexión).

Para todo tipo de secciones de conductores, existen en el mercado, y son de bajo costo, dispositivos simples de conexión tipo "conos" o tipo "dentados" que evitan el uso indiscriminado de cinta aisladora. Esta cinta, por estar erróneamente instalada o por ser de baja calidad, puede ser fuente de pérdida de aislación de la conexión.

También se comercializan cajas de conexión con borneras incorporadas que evitan los tradicionales manojos intrincados de cables en cajas.

En cuanto a la conexión se aconseja cubrirla con un aislante de calidad. En el mercado existen los elementos "termocontraíbles", para cubrir el tramo que pudiera quedar desnudo del cable en la conexión y cubrebornes, para aplicar al dispositivo conectado.

Los dispositivos (interruptores automáticos, de efecto, tomacorrientes, etc.) deben poseer bornes, donde el apriete se ejecute a través de un elemento plano o curvo de compresión y no por la acción directa de un tornillo que puede ser motivo de rotura de los hilos de cobre, aflojamientos de la unión y/o su debilitamiento en sección que lleva al calentamiento inaceptable de la conexión.

Para los circuitos de usos generales, los tomacorrientes deben ser tipo 2P+ T, de corriente nominal 10 A y conformes a Norma IRAM 2071.

Para los circuitos de uso especial sólo se admiten los tomacorrientes del tipo 2P+ T de corriente nominal 20 A, conformes a Norma IRAM 2071 o los de 16 A normalizados según IRAM - IEC 60309. Estos tomacorrientes son más grandes que los de 10 A, aunque mantienen la misma configuración y tipología de las espigas.

6.7.8. Seguridad por instalar un "sistema continuo" de PAT de protección (conductor PE)

Instalaciones de PAT de protección.

La elección y el montaje de los materiales deben asegurar los valores de resistencia establecidos en las Normas para la protección y el funcionamiento previstos de la instalación.

El diseño debe considerar que las corrientes de falla a tierra y las corrientes de fuga que puedan circular sean detectadas y, si corresponde desconectadas, para no originar peligros ni solicitaciones térmicas o electrodinámicas en los materiales.

Electrodos de PAT de protección (771.C.2.2)

Deberán resistir los daños debidos a la corrosión, pues estarán en contacto con el terreno. Los tipos son variados como jabalinas, pletinas, cables, placas o electrodos incluidos en fundaciones o cimientos.

La solución depende de las condiciones locales del terreno y al valor de la resistencia a lograr. El valor de la resistencia de PAT de protección será proyectada y deberá ser verificada por medición al final de la ejecución.

Algunos de los electrodos convencionales de PAT de protección son:

> ➢ Jabalina redonda de 12,6 mm de diámetro mínimo (sección mínima 124 mm^2), según Norma IRAM 2309, como mínimo se debe emplear una jabalina JL14 x 1500.

> ➢ Cables desnudos de cobre de la sección que corresponda a los cálculos de PAT y con diámetro mínimo del alambre componentes de 2,5 mm^2, según Norma IRAM 2467.

En obras nuevas, se podrá emplear un conductor de cobre desnudo como electrodo dispersor, colocándolo en el fondo de las zanjas de los cimientos en contacto íntimo con el terreno y que recorra el perímetro de la construcción.

Las canalizaciones metálicas de distribución de agua, de líquidos, calefacción central, etc., no deben utilizarse como electrodos de PAT de protección, pero deben vincularse equipotencialmente con la instalación general de PAT de protección (se interconectarán con el conductor PE).

Barras principales de PAT de protección

En toda instalación se debe instalar una barra equipotencial principal a la que se conectarán los conductores de PAT de protección, los conductores PE y las uniones equipotenciales. El sistema debe permitir medir la resistencia global de todo el sistema de PAT de protección.

Todos los desmontajes de conexiones deberán requerir utilización de herramientas y ser mecánicamente resistentes para asegurar el mantenimiento de la continuidad eléctrica. En cada punto donde se realiza una toma de tierra se debe instalar una cámara de inspección.

Secciones mínimas de los conductores de PAT de protección PE

Sección de los conductores del circuito S [mm^2]	Sección nominal del conductor de protección "S$_{PE}$" [mm^2]
S ≤16	S
16 < S ≤ 35	16
S > 35	S/2

Los valores de esta tabla son válidos si el conductor PE es del mismo material que los conductores activos.

Tipos de conductores de protección

Pueden ser utilizados como conductores PE los conductores que forman parte de cables multipolares, los conductores separados o los conductores aislados dispuestos bajo una envoltura común con los activos (con aislación bicolor verde-amarillo).

Se aceptarán conductores desnudos como PE en **bandejas portacables** pues se supone que no existen riesgos de contactos entre conductor desnudo y bornes con tensión o roces entre conductores desnudos y conductores activos.

No se permitirán como conductores PE los revestimientos metálicos (vainas, pantallas y armaduras), las tuberías metálicas o las partes conductoras ajenas (masas extrañas). Las envolturas metálicas, vainas (desnudas o aisladas) y/o caños no pueden ser utilizadas como conductores PE.

Las partes conductoras ajenas no pueden ser utilizadas como conductor PE. Las cañerías o conductos de gas inflamable no deben ser utilizados como conductor PE.

No obstante, será obligatorio conectar a tierra los elementos citados y otros similares, a partir del conductor PE mediante soldadura cuproaluminotérmica o uniones de compresión de calidad reconocida

Mantenimiento de la continuidad de los conductores PE

Deberán estar convenientemente protegidos contra los eventuales deterioros mecánicos y químicos y de los esfuerzos electrodinámicos.

Las conexiones deberán ser accesibles para inspección y ensayo.

No debe insertarse ningún dispositivo en el conductor PE, pero pueden utilizarse uniones desmontables (exclusivamente con la ayuda de herramientas) para mediciones o ensayos.

Características de los terrenos

La resistencia de la PAT de protección depende fundamentalmente del tipo de electrodo y de la resistividad del terreno.

La resistividad del terreno depende del tipo de terreno, humedad del suelo, salinidad, compactación, estratos, temperatura del terreno, factores estacionales, etc.

Humedad y salinidad del suelo: uno de los factores fundamentales para una baja resistividad del terreno es la humedad, que al aumentar disminuye la resistividad del suelo.

El suelo se compone principalmente de dos compuestos con características aislantes como el óxido de silicio y el óxido de aluminio. Las sales reducen la resistividad, pues el proceso electrolítico permite que por el agua del terreno circulen los electrones producidos en la disociación de las sales.

En los suelos con elevada humedad y alto contenido salino, el valor de la resistividad puede ser bajo debido a fenómenos electrolíticos.

En los suelos con poca humedad, los factores más importantes en la resistividad serán la granulometría de las partículas y el aire ocluido en sus intersticios.

Los terrenos arenosos tienen mayor capacidad de absorción de agua que los suelos arcillosos, pero retienen menos. Por esta razón, deben preferirse los suelos arcillosos, con menor drenaje de agua, a los arenosos ya que serán en general más húmedos que éstos, además de tener una menor resistividad intrínseca. Asimismo, y con el objetivo de captar mayor humedad, los electrodos de PAT de protección deben instalarse alejados de plantas y árboles que en general absorben la humedad del terreno.

Un exceso de agua puede ser perjudicial, como ocurre en los cauces de los ríos ya que las sales útiles para el proceso electrolítico serían eliminadas de la zona del electrodo por lavado, haciendo la zona más resistiva.

Estratos del terreno: a medida que un electrodo ingresa en las profundidades va encontrando diferentes estratos formados por diferentes materiales, lo que produce que la resistividad resultante sea una combinación de la resistividad de las diferentes capas y del espesor de cada estrato.

Cuando se desconoce la estratigrafía del terreno, previo a la ejecución de la PAT de protección; puede ser necesario efectuar una medición de resistividad del terreno hasta la profundidad prevista para el electrodo ya que una medición de la resistividad superficial y su extrapolación a mayores profundidades puede arrojar valores erróneos.

Compactación: un aspecto fundamental es asegurar la compactación del terreno que rodea al electrodo para garantizar un contacto directo con la tierra.

Cuando se introduzcan electrodos hincados, manualmente o con martillo o en zanja (conductor desnudo), o en pozo (placas), se deberá compactar la zona vecina al electrodo, rellenando previamente con tierra fina y con agregado de agua en forma lenta para ayudar a la compactación.

Temperatura del suelo y factores estacionales: un factor a considerar es la temperatura del terreno y su variación estacional.

La resistividad del suelo aumenta a medida que disminuye la temperatura del terreno, pero cuando el terreno baja su temperatura por debajo del punto de congelación del agua, la resistividad aumenta en forma extremadamente rápida. Esto es debido a que cuando el terreno está por debajo de 0°, el agua contenida se congela y el hielo así formado es aislante desde el punto de vista eléctrico (impide el movimiento de los iones existentes en el terreno a través del agua).

En zonas donde las temperaturas de invierno puedan alcanzar valores por debajo de 0° C, los electrodos se deben instalar a mayor profundidad.

Ante la estacionalidad de las lluvias puede haber zonas con períodos de importantes lluvias seguidos de períodos de sequía, por lo que una mayor profundidad de los electrodos garantiza una mayor humedad permanente y una menor resistividad del suelo.

Se recomienda que las mediciones de resistividad del suelo o de la resistencia de PAT de protección se realicen en las épocas más desfavorables (bajas temperaturas y escasez de lluvias).

Puesta a tierra de acometidas y de instalaciones internas. Neutro a tierra en acometidas

Algunas empresas de distribución especifican que las partes metálicas de la acometida deben ser vinculadas a un conductor de cobre (en general mínimo 10 mm²) protegido mecánicamente por canalización aislada y conectado a la jabalina o conjunto de puesta a tierra.

Otras distribuidoras de Argentina especifican cajas de medidores aisladas y de policarbonato. En estos casos el instalador deberá consultar la especificación técnica de acometida correspondiente.

La conexión de la jabalina al conductor de PAT de protección debe ser accesible, pues el instalador debe realizar posteriores tareas de verificación del valor de resistencia y mantenimiento del sistema de PAT de protección.

Es conocido que la puesta a tierra de la acometida (ver ejemplo más adelante) no garantiza en modo alguno la actuación segura de las protecciones de acometida (tradicionalmente mediante fusibles). Como la responsabilidad de la acometida es de la ED, algunas ED han indicado que las cajas y tableros que contengan medidores eléctricos deben ser Clase II.

Ejemplo:

¿Qué resistencia debe tener el sistema de puesta a tierra de la acometida, de modo a garantizar que accionen las protecciones (fusibles) cuando se origina una pérdida de aislación de 24 V en las partes metálicas de la acometida?

Supongamos un fusible de 30 A (generalmente son de mayor calibre) que accione con una corriente mínima a tierra del orden de 2,5 veces su corriente nominal (75 A).

Para lograr esta condición, la resistencia Rt de la puesta a tierra de la acometida debe ser:

Rt = 24 V /75 A = 0,32 ohm

Pretender ese valor de Rt o un valor aún menor si el fusible fuera de mayor calibre, es de difícil realización práctica e imposible de mantener en esquemas de conexión a tierra TT.

Desde lo técnico este peligro en acometidas sólo tiene solución utilizando Clase II

La directiva de utilizar cubiertas sintéticas, que por otro lado es tendencia generalizada en todo el mundo, ofrece una mejor garantía para evitar contactos eléctricos indirectos en la acometida y brinda una solución concreta ante la imposibilidad práctica de instalar protecciones diferenciales en la red de servicio.

Es obvio que el contacto directo en la acometida y hasta el TS es prácticamente imposible, pues la acometida y el circuito seccional no son accesibles a personas BA1.

En forma complementaria a este sistema, es una tendencia de las empresas de distribución conectar a tierra el neutro de la red en la acometida. Este diseño de múltiples conexiones de neutro a tierra garantiza a la ED una mayor estabilidad de tensiones de red ante el corte accidental del conductor del neutro y evitar las sobretensiones de un sistema desequilibrado sin neutro.

Se aclara que los detalles técnicos de las acometidas no están incluidos en la RIEI dado que el punto de origen de las instalaciones inmuebles y por consiguiente para la ley de Higiene y Seguridad en el Trabajo 19587 comienza en los bornes de entrada del dispositivo ubicado en el TP.

No obstante, la RIEI indica la necesaria separación entre la PAT de servicio más cercana del neutro de la red de distribución pública, (aproximada mínima de 3 m con jabalinas convencionales de 1,5 m) y la PAT de protección de la instalación para evitar que se pierdan las características del ECT-TT. Las partes metálicas y masas accesibles a usuarios no deben estar vinculadas a la puesta a tierra de la acometida (ver más adelante). Si la ED conecta el neutro de la red a tierra, debe garantizar que la tensión de neutro no supere 24 V (se entiende que se refiere a la tensión de neutro que pueda ser accesible a los usuarios de la acometida).

Utilización de jabalinas

Deber estar fabricadas según Norma IRAM. 2309.

Los fabricantes ofrecen componentes de jabalinas para empalmar siendo este sistema muy eficiente donde el terreno tenga una considerable humedad a varios metros bajo el nivel de enterramiento. Desde el largo mínimo de jabalina (habitual según Norma IRAM de 1,5 m) se han dado casos de mejora sustancial de la resistencia de PAT de protección logradas con acoples de jabalinas, en algunos casos llegando hasta profundidades de 15 m.

Como en general el terreno presenta mayor humedad con la profundidad, es de esperar una disminución mayor en la resistencia lograda con jabalinas profundas.

Posibles efectos de instalar jabalinas en paralelo: el uso de varias jabalinas "en paralelo" es un medio muy eficiente para disminuir el valor final de la resistencia de la PAT de protección. Con mayores separaciones entre jabalinas se logra una disminución de la resistencia final de la PAT de protección.

La distancia recomendada es del orden del largo de la jabalina o un valor del orden de 2 m.

La experiencia indica que para lograr el menor valor posible de **resistencia de PAT** de protección es necesario un íntimo contacto de la jabalina con la tierra, por lo que electrodo jabalina se debe instalar por percusión (sin perforación previa).

La jabalina **debe responder a Norma IRAM 2309** (jabalina de acero con depósito electrolítico de cobre de espesor mínimo establecido en Norma IRAM 2309), lo que garantiza una perdurable unión metalúrgica cobre-acero y, por lo tanto, una duración aproximada de veinte años de la jabalina ante las acciones de agresividad química del terreno.

El uso generalizado del cobre como material de contacto con la tierra está motivado en características del cobre que no es atacado por el agua a ninguna temperatura y además las acciones externas crean una capa de sulfato de cobre (color verdoso) que reduce la oxidación en aproximadamente 1 micrón por año.

La jabalina Norma IRAM 2309 debe tener obligatoriamente grabado **"nombre del fabricante, marca comercial, modelo, y Norma IRAM o Internacional equivalente"**.

En cuanto a cumplir determinados valores de resistencia de PAT de protección utilizando variantes de jabalinas **de 1/2" o jabalinas de 3/4"**, se logra a lo sumo disminuir la resistencia en el orden del 10 % utilizando jabalinas de 3/4" y el costo es casi el doble, por lo que no es conveniente aumentar el diámetro más allá de la necesidad de rigidez mecánica necesaria para su hincado.

Por lo expresado, lo que generalmente se utiliza en instalaciones de inmuebles es jabalina de diámetro 12,6 mm (1/2).

La conexión jabalina-conductor de cobre será realizada mediante accesorios normalizados de tipo grapas de bronce (que permitan desconexiones posteriores para tareas de medición) y debe quedar en una caja de inspección de montaje obligatorio.

Si la jabalina está construida **fuera de Norma IRAM 2309**, como las de tipo acero a la que se le coloca un caño de cobre extruido, se puede prever que ocurrirá una oxidación en el espacio de aire intermedio entre el acero y el cobre; lo que finalmente originará que el óxido que ocupa más lugar que el aire haga un efecto de expansión del tipo de una "explosión" y el consecuente agrietamiento del caño de cobre extruido.

Diversos estudios indican que las características de un electrodo óptimo, donde se busque lograr una baja resistencia y un costo menor nos lleva a electrodos de tipo jabalina, frente al uso de placas, caños, etc.

Los cables para construir una malla de PAT, por ejemplo perimetral en un edifico, deben ser de cobre electrolítico de sección mínima del orden de 25 mm^2 a 50 mm^2, o la que indique el proyecto respectivo.

Si se han previsto bajadas de conductores hacia la malla y se estima que los mismos pueden resultar dañados, se los debe proteger mediante conductos "no metálicos" (caños sintéticos).

Ejemplo de sistema de PAT de protección en edificios a construir

Se colocarán conductores de sección 50 mm² formando un anillo en el perímetro de fundación y en fondo de zanjas de cimientos. Todos los conductores estarán en contacto íntimo con la tierra y vinculado a los hierros estructurales mediante soldadura cuproaluminotérmica o con elementos de conexión a compresión normalizados.

Desde la malla se derivarán los "chicotes" de conexión a la PAT de protección de cajas, tableros, etc.

La Norma IRAM 2281 también aconseja vincular el sistema de PAT de protección con los componentes metálicos denominados "tierras naturales" del edificio (estructuras que efectivamente están puestas a tierra). Por ejemplo, los hierros embebidos en hormigón de estructura o zapatas de fundación.

Características de los conductores de protección (PE) para la PAT

En general, en instalaciones internas de viviendas o edificios, el conductor de PAT de protección que acompaña a los otros conductores debe ser Norma IRAM NM 247-3 bicolor verde-amarillo.

En el recorrido del conductor de protección no deben instalarse protecciones (fusibles o interruptores automáticos). Sólo se admite que el conductor de protección pueda ser interrumpido por dispositivos mecánicos, que son necesarios para las comprobaciones de verificación de continuidad exigidas.

En pasos por paredes o lugares expuestos, se protegerá los conductores de protección ante las posibles acciones mecánicas, químicas o electrodinámicas que lo puedan deteriorar.

Las uniones equipotenciales o uniones entre diversos sistemas puestas a tierra (vinculación de bajadas relacionadas a protecciones contra descargas atmosféricas o para sistemas de comunicaciones) deben ser visibles y accesibles.

Conceptos a cumplir en instalaciones de PAT de protección según Norma IRAM 2281-I.

Cuando sea posible elegir el sitio de la PAT, se pueden adoptar las siguientes medidas:

- Un suelo con cantidad de humedad tipo pantanoso o el tipo más común arcilloso con mínimo componente de arena, evitando los pedregosos o de basalto.

- Se elegirá suelo de "no buen drenaje" **pero no llegar a suelos empapados**, dado que la ventaja de disminuir a lo sumo un máximo del 20 % de la resistencia de PAT de protección por la presencia de la humedad, es afectada por el lavaje de sales que, en definitiva, aumenta el valor de PAT de protección y la convierte en inestable.

- Cuando no sea posible el clavado de jabalinas, se realizará un agujero por perforación y se llenará el lugar con tierra zarandeada **y luego se hincará la jabalina por percusión.**

En todos los casos, se aconseja que el hincado de penetración de las jabalinas se lo realice con inyección de agua, para evitar huecos y facilitar la salida de aire. El agua se aplicará por goteo alrededor de la jabalina y en el proceso de hincado.

Mejorar el suelo con sales comunes (cloruro de sodio), aunque es económico, finalmente conduce a una rápida corrosión de la jabalina y por consiguiente está prohibido.

Diversos estudios indican que en suelos de resistividad baja (10 a 100 Ω.m) la resistencia de PAT de protección que establece el electrodo disminuye, en general, con la profundidad de hincado hasta profundidades máximas de 6 m. A más profundidad, no se logra reducciones sustanciales en el valor de resistencia de PAT de protección y el costo de electrodos y mano de obra, aumenta.

Predeterminación teórica de valores resultantes de PAT

Consultando la Norma IRAM 2281 y bibliografía, se pueden predeterminar resultados teóricos aproximados de resistencia de PAT logrados con jabalinas de 5/8" de diámetro.

Tabla de valores con relación a largo de jabalina y resistividades de terreno de 10 a 55 $\Omega \cdot m$ (terrenos ideales, zona de Pampa Húmeda argentina o similares)

Largo de jabalina (m)	RESISTIVIDAD DE TERRENO (ohm/metro)									
	10	15	20	25	30	35	40	45	50	55
1,50	7,12	10,68	14,24	17,86	21,36	24,92	28,48	32,04	35,60	39,16
2,00	5,57	8,35	11,14	13,92	16,71	19,49	22,28	25,06	27,85	30,63
3,00	3,93	5,89	7,86	9,82	11,78	13,75	15,71	17,68	19,64	21,60
4,50	2,76	4,14	5,52	6,91.	8,29	9,67	11,05	12,43	13,81	15,19
6,00	2,15	3,22	4,30	5,37	6,44	7,52	8,59	9,67	10,74	11,81

También se indican valores de corrección cuando se instalan jabalinas en paralelo como sigue:

Número de jabalinas en paralelo	2	3	4	5	6	7	8	9	10
K	0,57	0,42	0,33	0,27	0,24	0,21	0,19	0,17	0,15

Ejemplo:

Resistividad del terreno = 20 $\Omega \cdot m$.

Jabalina seleccionada = JL-16 x 3000.

De la Tabla se obtiene un valor de R = 7,86 Ω con una sola jabalina. Si se colocan 4 jabalinas se debe corregir el resultado con k = 0,33, lo que en definitiva conduce a un valor de:

R_4 = 0,33 x 7,86 Ω = 2,59 Ω .

Al instalar las cuatro jabalinas se debe verificar que, entre ellas, exista al menos 4 m entre sus ejes de clavado (evitar interferencias entre ellas).

Como el RIEI establece el valor máximo de Ra = 40 ohm no es necesario instalar múltiples jabalinas en viviendas ubicadas en zonas de terrenos de resistividad del orden de 55 ohm/m. A veces en un edificio el proyectista recomienda múltiples jabalinas y conexiones a estructuras para que la PATP perdure en el tiempo.

6.8. Seguridad por evitar el traslado de tensiones peligrosas

Traslado de tensiones peligrosas desde las masas de la acometida a las masas del inmueble.

La RIEI establece que el nivel de seguridad de la instalación interna del inmueble se debe garantizar mediante la PAT de protección equipotencial de la instalación interna (a partir del TS) y la obligatoriedad de la protección diferencial en TS.

Es decir que cualquier tensión peligrosa que origine corrientes a tierra por personas o bienes y que supere la corriente de accionamiento del interruptor diferencial de $I_{\Delta n} \leq 30mA$ debe ser cortada en el tiempo establecido por las Normas.

En general, los instaladores **"interpretan"** que la PAT de la acometida **"es LA puesta a tierra"** y así vinculan la instalación interna de la vivienda o local mediante el conductor PE a las partes metálicas de la acometida. Dicho de otro modo, interconectan las masas y partes metálicas de la instalación interna de la vivienda con las masas y partes metálicas de la acometida.

Esta concepción, que es generalizada sobre todo en las provincias donde no se alientan o aceptan acometidas con componentes "aislados", trae como consecuencia el traslado de tensiones desde la acometida a las instalaciones internas por fallas a tierra "no desconectadas" en la acometida:

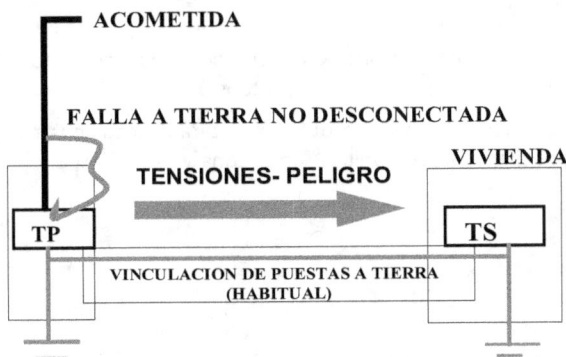

La tensión peligrosa proveniente de la falla a tierra (por ejemplo, en la caja metálica de un medidor de energía) puede trasladarse a las masas de la instalación interna dado que, como se conoce, una falla a tierra en la acometida no es cortada, pues las protecciones de la red de servicio no son ni es aconsejable que sean de tipo diferenciales para desconectar fallas a tierra.

Si bien la situación descripta puede ser interpretada como algo rebuscada, creo necesario reflexionar en el interés de alentar la Clase II en las acometidas como forma de mejorar la seguridad eléctrica. Esto, sobre todo, desde el punto de vista de reconocer que los valores de puesta a tierra de las acometidas no son controlados ni exigidos por las empresas de distribución, lo que agrava la posibilidad planteada.

Reflexión: si una tensión peligrosa se traslada desde las masas de la acometida a las masas de la instalación interna, la situación se vuelve peligrosa, pues esa tensión no es detectada ni desconectada por la protección diferencial obligatoria instalada en el TS.

6.9. Seguridad en el trabajo en instalaciones eléctricas

El ejecutor u operador de la instalación debe considerar a la instalación "bajo tensión" mientras no compruebe lo contrario mediante medios propios de verificación.

No se deben emplear elementos de material conductor (escaleras metálicas) y las herramientas deben estar aisladas a la tensión de utilización (verificar la conservación del medio aislante).

Emplear equipos de protección personal como guantes, protectores faciales, detectores de tensión, interruptores diferenciales en equipos portátiles, etc.

6.10. Protección contra las sobretensiones transitorias (atmosféricas) desde el ambiente externo

Como consecuencia del continuo incremento de equipos y sistemas electrónicos en todos los sectores de la sociedad, se ha verificado un considerable aumento en los daños causados en las instalaciones eléctricas por sobretensiones transitorias y permanentes, debidas fundamentalmente a las descargas atmosféricas.

Las medidas de protección que deben considerarse al ejecutar los proyectos o incorporarse en las instalaciones existentes, se ajustarán a las prescripciones de las Normas IRAM 2184-1, IRAM 2184-1-1 básicamente en:

- Sistema externo o primario: conformado por captores, conductores de bajada y el sistema de puesta a tierra.

- Sistema interno o secundario: consiste en la equipotencialidad de todas las masas y en la instalación, y el diseño de limitadores de sobretensión.

La eficiencia del conjunto de los sistemas de protección estará indicada por los organismos competentes o basándose en los mapas isoceráunicos[6] de la zona y en la frecuencia anual promedio de rayos directos.

---

6. **Isoceráunico.** Se llama con este nombre la cantidad de tormentas eléctricas (en las que se escuchan truenos) que hay en un año. El número de tormentas eléctricas tiene indudable relación con el número de descargas que ocurren por unidad de superficie y unidad de tiempo. Es más representativo el número de descargas eléctricas por unidad de superficie (km. cuadrado) y por año, que mide la probabilidad que tiene un punto del terreno de ser alcanzado por una descarga atmosférica. Ej. En la zona de Buenos Aires, las mediciones realizadas durante algunos años arrojaron un resultado de 5 descargas / km2 año. En consecuencia, una obra de 200 x 100 m tiene una probabilidad de ser alcanzada de 0.02 x 5 = 1 descarga / 10 años.

Módulo 7

Ejemplos de diseño de instalaciones

Objetivo de este Módulo

Por medio de ejemplos se aplicarán los requerimientos de la RIEI para los cálculos técnicos de carga, demanda, selección de conductores, canalizaciones, protecciones asociadas, tableros normalizados, reglas de la instalación, etc. En los ejemplos se ha evitado repetir los temas y ofrecer diversas soluciones pues en instalaciones eléctricas no existen soluciones únicas; entendiéndose que cualquiera sea la solución elegida, debe cumplir lo requerido por la RIEI. Incluso, en los ejemplos, el lector observará que no se terminó todo el proceso técnico de cálculo que involucra un proyecto, pues de ese modo serían muy tediosos y la enseñanza sería la misma.

Por ejemplo, si el criterio consiste en diseñar instalaciones eléctricas con circuitos en una misma cañería, criterio que se dice ideal en cuanto a la economía de obra, esa decisión está permitida pero también condicionada por la RIEI. En el proyecto del edificio en PH (Módulo 8) se ha tratado de lograr la economía de obra utilizando circuitos en cañerías comunes y tomacorrientes derivados, pero esa decisión ha implicado que al circuito IUG se lo deba considerar con una DPMS de 10 A, lo que lleva a sobredimensionar los circuitos seccionales. El lector se preguntará, en definitiva, por qué se buscó un camino que no logró la economía de obra y la respuesta es que, a mi entender, es importante conocer las alternativas, pues las instalaciones eléctricas deben ser tratadas por especialistas y sobre todo por quienes conozcan a fondo no sólo las economías, sino también los condicionamientos normativos. Sin un proyecto elaborado y ejecutado por especialistas y sin el control oficial correspondiente se cae en la triste realidad de muertes o incendios en instalaciones eléctricas que "sólo son económicas".

También se analiza el tema de la relación técnica entre los IA y los cableados y la selección de productos comerciales que no siempre se comercializan con una información técnica clara hacia quienes los utilizan De todos modos los profesionales debemos observar la oferta comercial cuidadosamente.

Con fines didácticos se utilizan variantes de modelos de IA.

7.1. Ejemplos de viviendas

Se verifican los puntos mínimos y se agregan los necesarios de proyecto de acuerdo al tipo de ejemplo.

7.1.1. Vivienda con Grado de Electrificación Mínimo

Se desea proyectar la instalación de una vivienda constituida por los siguientes ambientes y superficies para un total cubierto de 60 m^2:

Comedor: 7 m x 3 m.

Cocina: 3 m x 3 m.

Dos dormitorios: 3 m x 3 m cada uno.

Baño: 3 m x 2 m.

Balcón: 5 m x 1,2 m.

Total cubierto: 60 m^2

Grado de Electrificación a partir de los puntos mínimos de utilización

Se deben establecer los puntos mínimos de utilización, presuponer un Grado de Electrificación, verificar lo que se ha supuesto y corregir el proceso si fuera necesario. Suponemos en principio y sólo por la superficie que la vivienda tendrá Grado de Electrificación Mínimo.

Comedor (21 m^2): 2 bocas para IUG (una cada 18 m^2 o fracción) + 4 bocas para TUG (una cada 6 m^2 o fracción).

Cocina: 1 boca para IUG + 3 bocas para TUG.

Los dos dormitorios: 2 bocas para IUG + 6 bocas para TUG (uso habitual de 3 bocas por dormitorio).

Baño (con receptáculo para ducha): 1 boca para IUG + 1 boca para TUG (no conectada a IUG).

Balcón (La RIEI indica que se debe tratar como vestíbulo): 1 boca para IUG + 1 boca para TUG.

TOTALES: 7 bocas IUG + 15 bocas TUG

Número de circuitos mínimos

En principio, se dimensionan 2 circuitos terminales:

Uno de **IUG.**

Uno de **TUG.**

No se ha especificado ningún circuito IUE, pues no se ha previsto ninguna boca para un tomacorriente mayor de 10 A.

Grado de electrificación

7 x 40 VA + 2200 VA = 2480 VA < 3700 VA. Se verifica el supuesto Grado de Electrificación Mínimo para las cantidades de puntos de utilización y cantidades mínimas de circuitos.

Tipo de circuitos

C1 como circuito de IUG.

C2 como circuito de TUG.

Resumen de carga inicial en VA y en A, sección y tipo de circuito seccional y terminales y protección de circuitos:

TIPO	CARGA (VA)	CORRIENTE (A)	TIPO DE CONDUCTOR	SECCION (mm²)	PROTECCIÓN
TP-TS	2480[1]	11,27	Norma IRAM NM 247-3	4[3]	D25A
IUG	280	1,27	Norma IRAM NM 247-3	1,5	B10A
TUG	2200	10	Norma IRAM NM 247-3	2,5	C20A

Si se dimensionan circuitos IUG de secciones de 1,5 mm² se deben utilizar protecciones B10A de poder de corte a analizar pero en general de 3 kA o 4,5 kA y en circuitos TUG de 2,5 mm² se pueden utilizar modelos C20A de poder de corte a analizar pero en general de 3 kA, 4,5 kA, **siempre que el poder de corte este indicado en el IA.**

De todos modos hay que analizar la vinculación de la instalación con la red de BT para decidir seleccionar IA de poder de corte de 3 kA, pues a mi entender no es suficiente poder de corte ante la realidad actual de crecimiento de potencia en redes de BT.

De todos modos, en estos ejemplos supondremos con fines didácticos que podemos disponer de modelos de IA comerciales de curvas magnéticas B, C, D.

A la protección del circuito seccional la seleccionamos de modelo D25A. El valor nominal de esta protección establece la carga final que tendrá la vivienda que resulta de

$$25 \text{ A} \times 220 \text{ V} = 5500 \text{ VA} > 2893 \text{ VA}.$$

Sección mínima del conductor de protección (PE):

En los circuitos IUG y TUG, incluido tramos a interruptores de efecto, de sección 2,5 mm² (verde-amarillo).

Sección mínima de los conductores de las fases y del neutro:

Determinar (verificar) la sección **mínima** de los conductores si la ED nos informa que en el TP la Icc es 3000 A.

Al cálculo lo efectuamos con 3000 A en bornes de TP. No consideramos el amortiguamiento de la Icc por la impedancia del circuito seccional entre TP- TS.

Verificación por método: $k^2.\ S^2 \geq I^2.\ t$

a) Valores de $k^2.\ S^2$ en conductores IRAM NM 247-3 (k = 115)

S = 2,5 mm² (Circuito TUG).	S = 4 mm² (Circuito TP-TS).	S = 1,5 mm² (Circuito IUG).
$k^2.\ S^2$ = **82656** (A².s).	$k^2.\ S^2$ = **211600** (A².s).	$k^2.\ S^2$ = **29756** (A².s).

b) Valores de $I^2.\ t$ en protecciones IEC 60898.

Interruptor automático: clase de limitación 3, IEC 60898, Poder de corte = 4,5 kA.

---

1. A los efectos de dimensionar los conductores y las protecciones en el TP se debe considerar el valor de **la carga** total del inmueble (2480 VA).
3. El uso tradicional aconseja la sección de 4 mm², pero cabe aclarar que la AEA 90364 permite secciones de 2,5 mm² en circuitos seccionales. Por otro lado si se utilizan secciones de 2,5 mm² en circuitos terminales es aconsejable utilizar 4 mm² en el circuito seccional.

Algunos fabricantes ofrecen poder de corte 4,5 kA y otros ofrecen de poder de corte 3 kA y existen modelos que se comercializan libremente y donde se desconoce que poder de corte que ofrecen situación que veo absolutamente irregular del punto de vista técnico y legal y que en determinadas circunstancias originar un incendio en un tablero. .

Valores de I^2.t de Tabla 771-H.IX y 771-H.X.

El valor de I^2. t, a la misma corriente asignada, depende de la capacidad de corte y de la curva del interruptor automático.

Tipo		I^2. t $(A^2.s)$
B10A	3 kA	15000
C20A	3 kA	18000

Si se observan los valores de la Tabla 771-H.IX y 771-H.X.el valor de I^2. t $(A^2.s)$ que establece el IA es mayor con el poder de corte y con la curva magnética del modelo. Esta condición debe ser analizada sobre todo en conductores IRAM NM 247-3 de 1,5 mm^2 Más adelante se dan otras consideraciones de verificación entre IA y cableados.

Verificación de secciones respecto energía pasante para la corriente de cortocircuito de 4500 A.

Tipo		I^2. t $(A^2.s)$
D25A	6 kA	Valor estimado (no figura en tablas de la RIEI) en **60000 A^2.s**

Ejemplos de verificación de las secciones elegidas respecto de la energía pasante de sus protecciones asociadas.

Sección 2,5 mm² y protección C20A:	Sección 4 mm² y protección D25A	Sección 1,5 mm² y protección B10A:
82656 (A².s) ≥ 18000 (A².s)	211600 (A².s) ≥ **60000** (A².s)	29756 (A².s) ≥ 15000 (A².s)

Si se utilizan protecciones de Norma IEC y clase de limitación 3 la verificación de secciones mínimas en IA asociados se logra si se utilizan IA de poder de corte 3 kA. Si se necesita un poder de corte de 4,5 kA o 6 kA, las secciones de 1,5 mm^2 pueden no quedar verificadas como se indicará más adelante.

Indicar las protecciones y secciones de los circuitos

Circuitos IUG, TUG

Los conductores Norma IRAM NM 247-3 instalados con el método B52-2B1 a 40 ºC permiten transmitir en forma permanente la corriente máxima simultánea requerida por los circuitos.

- Protección de circuito seccional interruptor automático D25A-2P para circuito de conductores IRAM NM 247-3 de 4 mm^2.

Nota: En los circuitos seccionales conviene lograr la Clase II y conductores IRAM 2178, pero a los fines didácticos se proyectan en este ejemplo con conductores IRAM NM 247-3.

- Protección de circuito terminal IUG: interruptor automático B10A-3kA-2P para circuito de conductores IRAM NM 247-3 de 1,5 mm^2.

- Protección de circuito terminal TUG: interruptor automático C20-3kA-2P para circuito de conductores IRAM NM 247-3 de 2,5 mm^2

¿Qué se entiende por contacto indirecto y qué protecciones se deben colocar?

Es un contacto con partes metálicas (masas) puestas accidentalmente bajo tensión por una falla de aislación.

Para garantizar la seguridad se requiere una instalación de PATP equipotencial y de interruptores diferenciales en el TS.

La protección contra contactos indirectos en el circuito seccional debe responder a dos variantes:

- Interruptor diferencial selectivo de $I_{\Delta n} \leq 300 mA$ en TP o TS intermedio, para circuitos seccionales con posibilidad de puesta en tensión de masas.

- Clase II en circuito seccional.

En circuitos seccionales con cableado IRAM NM 247-3 para lograr la Clase II en el circuito se deberían instalar canalizaciones sintéticas en cada circuito seccional. También el TS debe ser de Clase II y esto se puede lograr con envolventes sintéticas o metálicas donde se utilicen cablecanales internos sintéticos.

¿Qué se entiende por contacto directo y qué protecciones se deben colocar?

Es el contacto con partes normalmente bajo tensión. Las protecciones a considerar se refieren a dos aspectos:

- Aislación y alejamiento de partes bajo tensión de acuerdo a lo establecido por el grado IP de Norma IRAM 2444.

- Protección complementaria con interruptor diferencial de corriente diferencial de $I_{\Delta n} \leq 30 mA$ para el corte general de tensión en el TS.

¿Cuál es el valor admisible máximo de PAT de protección?

El tema requiere de comentarios específicos:

La RIEI establece **para zonas "cubiertas" por la protección diferencial** el valor de máximo $40\,\Omega$ y ya se ha mencionado la seguridad que brinda un interruptor diferencial de $I_{\Delta n} \leq 30 mA$ que con el valor máximo de $40\,\Omega$ detecta tensiones de contacto indirecto desde 1,2 V.

La exigencia de resistencia máxima de PAT de protección de $40\,\Omega$ por la RIEI es altamente conveniente desde el punto de vista de la seguridad y posibilidad de realización.

Zonas "no cubiertas" por la protección diferencial

Se deben arbitrar los medios para lograr que la tensión de contacto indirecto no supere 24 V para ambientes secos y húmedos. Establecer esta condición implica en el tramo del circuito seccional TP-TS las siguientes opciones.

- Diseñar con tensión de alimentación de 24 V, concepto que no es posible con la alimentación habitual que ofrecen las empresas de distribución que como se sabe ofrecen 220 V o 380 V/220 V (según el tipo de suministro).

- Establecer la Clase II.

- Establecer una protección de interruptor automático en el tablero TP que garantice, por ejemplo, que ante una falla a tierra la tensión de contacto indirecto no supere los 24 V. Esta condición implica que la protección de sobrecarga debe actuar en modo instantáneo (accionamiento magnético). Por ejemplo, una protección modelo C25A requiere para actuar en modo instantáneo de corrientes del orden de 10 x 25 A = 250 A; lo que condiciona el valor máximo de PAT de protección al orden de 220 V / 250 A $\cong$ 1 Ω. *Esta condición es tan difícil de obtener y de mantener que lleva a la RIEI a definir, que no es posible en instalaciones de inmuebles garantizar la desconexión automática de contactos indirectos por medio de protecciones de sobrecarga y por ello, exige las protecciones diferenciales.*

Si no es posible la Clase II en el tramo TP-TS se debe diseñar en el TP una protección diferencial de $I_{\Delta n} \leq 300mA$ "selectiva" (evitar que su actuación se superponga con la protección diferencial de $I_{\Delta n} \leq 30mA$ ubicada "aguas abajo" en el TS). Esta protección de $I_{\Delta n} \leq 300mA$ y con la condición de resistencia máxima de PAT de protección de 40 Ω detectará con seguridad tensiones de 24 V o mayores pues:

24 V / 40 Ω = 600 mA (margen de seguridad de actuación aproximada del 100 %).

7.1.2. Casa con retiro de la línea de distribución

Se desea proyectar una instalación de una casa de fin de semana de dos plantas.

La planta baja conformada por:
 Comedor: 8 m x 4 m.
 Cocina: 6 m x 4 m.
 Baño – toilette: 2,5 m x 2 m.
 Garaje: 7 m x 3 m.

 La planta alta con:

 Dormitorio 1: 4 m x 4,5 m.
 Dormitorio 2: 3 m x 3 m.
 Dormitorio 3: 3 m x 3 m.
 Baño: 3,5 m x 3 m.
 Balcón-terraza: 6 m x 2 m.

 Total cubierto: 140,5 m^2.

Se ha establecido por proyecto que en los dormitorios y comedor se instalarán equipos de aire acondicionado. En la cocina está previsto la ubicación fija de un lavarropas automático de corriente mayor a 10 A y en el garaje un pequeño motor para el automatismo del portón.

Grado de Electrificación a partir de los puntos mínimos de utilización

Se presupone Grado de Electrificación Superior, más de 200 m^2 y más de 11 kVA de DPMS.

 Comedor (32 m^2): 4 bocas para IUG + 6 bocas para TUG + 1 boca para TUE.
 Cocina: 3 bocas para IUG + 7 bocas para TUG + 1 boca para TUE.
 Baño- toilette: 1 boca para IUG + 1 boca para TUG (no conectada al circuito IUG).
 Garaje: 4 bocas para IUG + 3 bocas para TUG + 1 boca para TUE.
 Dormitorio 1: 4 bocas para IUG + 3 bocas para TUG + 1 boca para TUE.
 Dormitorio 2: 1 boca para IUG + 3 bocas para TUG + 1 boca para TUE.
 Dormitorio 3: 1 boca para IUG + 3 bocas para TUG + 1 boca para TUE.
 Baño: 1 boca para IUG + 1 bocas para TUG (no conectada a IUG).
 Balcón-terraza: 1 boca para IUG + 2 bocas para TUG.

TOTALES: 20 bocas IUG + 29 bocas TUG + 6 bocas TUE.

Se dimensionan 6 circuitos terminales:

Dos circuitos **IUG.**

Dos circuitos **TUG.**

Un circuito **TUE1** (una boca en dormitorio 2 y una boca en dormitorio 3).

Un circuito **TUE2** (una boca en cocina, una boca en garaje, una boca en comedor y una boca en dormitorio 1).

Nota: si el proyectista conoce las cargas a conectar en los circuitos TUE, debe verificar que la suma de ellas no exceda los 32 A que es el límite máximo de la protección de circuitos TUE.

Denominamos a todos estos circuitos como:

C1: IUG1 (10 bocas).

C2: IUG2 (10 bocas).

C3: TUG1 (14 bocas).

C4: TUG2 (15 bocas).

C5: TUE1 (2 bocas).

C6: TUE2 (4 bocas).

Grado de electrificación

20 x 40 VA + 2 x 2200 VA + 2 x 3300 VA = 11800 VA por lo tanto de Grado de Electrificación Superior.

Conexión de suministro:

Trifásica más neutro.

Mínima cantidad y tipo de circuitos:

C1 y C2 son circuitos de IUG.

C3 y C4 son circuitos de TUG.

C5 y C6 son circuitos de TUE

Potencia de carga de cada circuito y secciones de conductores IRAM NM 247-3. En este proyecto se ha decidido utilizar 2,5 mm^2 en circuitos IUG.

C1 = 400 VA con 2 x 1,5 mm^2 más **2,5 mm^2.**

C2 = 400 VA con 2 x 1,5 mm^2 más **2,5 mm^2**

C3 = 2200 VA con 2 x 2,5 mm^2 más **2,5 mm^2**

C4 = 2200 VA con 2 x 2,5 mm^2 más **2,5 mm^2**

C5 = 3300 VA con 2 x 4 mm^2 más **2,5 mm^2**

C6 = 3300 VA con 2 x 4 mm^2 más **2,5 mm^2**

Sección mínima del conductor de protección IRAM NM 247-3, y en todos los circuitos incluidos tramos a interruptores de efecto, **2,5 mm^2** (verde-amarillo).

Verificar la sección MÍNIMA del circuito seccional y de los circuitos terminales

La ED no nos proporciona el dato de Icc. Suponemos con el objeto de presentar el cálculo que el valor es Icc = 3000 A en los bornes del medidor de energía o la entrada al TP

Como el sistema de alimentación es trifásico se debe establecer la corriente de la fase más cargada y de allí, elegir la sección mínima del circuito seccional (TP-TS) para lo cual le debemos asignar una fase a cada uno de los seis circuitos.

Como en esta instalación no se diseña con dos o más circuitos en la misma cañería, la designación de fases es para cada circuito la que más convenga al equilibrio de cargas.

La carga de los circuitos la fijamos en VA de acuerdo al método de la RIEI.

> C1 conectado a fase L1/ N con carga de 400 VA (1,82 A).
>
> C2 conectado a fase L2 / N con carga de 400 VA (1,82 A).
>
> C3 conectado a fase L3 / N con carga de 2200 VA (10 A).
>
> C4 conectado a fase L3 / N con carga de 2200 VA (10 A).
>
> C5 conectado a fase L2 / N con carga de 3300 VA (15 A).
>
> C6 conectado a fase L1/ N con carga de 3300 VA (15 A).

Corriente de fase más cargada: **20 A**.

Intensidad de corriente admisible de conductores en circuito seccional TP-TS.

Si seleccionamos un conductor IRAM 2178 (62266) de 4 x 10 mm^2 de PCV indicado en Tabla 771.16.V tipo tetrapolar en condición enterrado en cañería y método de instalación B52-4D1 a 25 ºC de temperatura de terreno, la corriente admisible que este conductor ofrece es:

> Iz = 58 A > 20 A (el conductor es apto para la carga).

El cálculo que sigue lo efectuamos considerando la corriente de cortocircuito de 3000 A en bornes de TP.

Verificación de: $k^2 . S^2 \geq I^2 . t$

Conductores IRAM 2178 en PVC:

> k = 115
>
> S = 10 mm^2.
>
> $k^2 . S^2 = 1322500 \ (A^2.s)$.
>
> Protecciones IEC 60898.

Interruptor automático: Clase de limitación 3, IEC 60898.

Tipo		$I^2 . t \ (A^2.s)$
D32A	6 kA	**65000** (valor aproximado de fabricante)
B16A	6 kA	35000 (Tabla 771-H.IX)
C20A	6 kA	55000 (Tabla 771-H.X)

Utilizando conductores IRAM NM 247-3 de mínimo 2,5 mm^2 se puede verificar (ver más adelante) la utilización en circuitos terminales modelos de IA de 3kA, 4,5 kA o 6 kA es decir que de alguna manera el proyectista se libera del cálculo de cortocircuito en el TS.

Verificación de circuito seccional

Cable IRAM 2178 de 4 x 10 mm^2 y protección D32A de poder de corte asignado 6 kA y clase 3. El dato de $I^2. t (A^2.s)$ del IA no figura en las Tablas 771-H.X de la RIEI. Se considera un valor aproximado relacionado con el valor de $I^2. t$ = 55000 (A^2.s) del IA modelo C32A de poder de corte asignado 6 kA y clase 3. En forma más exacta se debe trabajar con las curvas de limitación del fabricante, pero este trabajo no lo considero estrictamente necesario pues:

El margen de **65000** (A^2.s) respecto del valor de $k^2. S^2$ = 1322500 (A^2.s) es importante y la verificación de la relación entre el IA de clase 3 y las secciones y cableados en general se cumple en los circuitos seccionales de secciones mayores de 1,5 mm^2

> 1322500 (A^2.s) ≥ **65000** (A^2.s) aproximado interruptores automáticos D32A de poder de corte asignado 6 kA y clase 3.

> 1322500 (A^2.s) ≥ **55000** (A^2.s) aproximado interruptores automáticos C32A de poder de corte asignado 6 kA y clase 3.

Verificación de circuitos terminales de 2,5 mm^2 con interruptores automáticos B16A de poder de corte asignado 6 kA:

> 82656 (A^2.s) ≥ 35000 (A^2.s).

Verificación de circuitos terminales de 2,5 mm^2 con interruptores automáticos C20A de poder de corte asignado 6 kA:

> 82656 (A^2.s) ≥ 55000 (A^2.s).

Verificación de circuitos terminales de 4 mm^2 con interruptores automáticos C25A de poder de corte asignado 6 kA:

> 211600 (A^2.s) ≥ 55000 (A^2.s).

Verificación de la actuación de las protecciones por corriente mínima de cortocircuito:

Datos de proyecto:

> Distancia de circuito seccional TP-TS: 40 m.

> Distancia de TS hasta la última boca de circuito IUG: 20 m

> Distancia de TS hasta la última boca de circuito TUG: 30 m.

> Distancia de TS hasta la última boca de circuito TUE: 30 m.

Verificación de circuito seccional (TP-TS).

Utilizando la Tabla 771-H.VII con la protección D40A-6 kA, corriente de cortocircuito de 3000 A y conductores de aislación termoplástica o termoestable de 10 mm^2 resulta una distancia máxima de circuito seccional TP-TS:

> 52 m > 40 m (verifica).

Debemos calcular la corriente de cortocircuito en el TS.

Para este cálculo, las Tablas de la RIEI no aportan datos, por lo que intentamos un cálculo de cortocircuito trifásico con un método aproximado.

Cálculo aproximado de la corriente de cortocircuito en el TS (Iccts):

Si consideramos cortocircuitos trifásicos e incorporamos el circuito seccional como impedancia, podemos plantear la siguiente fórmula aproximada donde Zred es la impedancia de la red "aguas arriba" hasta el TP con un valor de cortocircuito de 3000 A.

Iccts = 220 V / (Z red + Z circuito seccional).

Iccts: Corriente de cortocircuito en TS y en kA.

Zred: Impedancia equivalente de red el TP y en miliohm, que resulta de:

220 V / 3000 A = 73 $m\Omega$.

Para la práctica de aplicación propongo la siguiente tabla aproximada. (Resistencias en mΩ / metro a 20 ºC en c.c).

TABLA APROXIMADA

Sección (mm²)	Resistencia ($m\Omega$ / metro)
1,5	13,30
2,5	7,98
4	4,95
6	3,30
10	1,91
16	1,21
25	0,727
35	0,524

Iccts = 220 V / (73 $m\Omega$ + 40 m x **1,91** $m\Omega$ / m) ≈ 1,5 kA = 1500 A.

En definitiva, el valor aproximado de corriente de cortocircuito trifásico en el TS es del orden de 1500 A.

Utilizando la Tabla 771-H.VIII y la protección B16A o C20A con corriente de cortocircuito de 1500 A y conductores de aislación termoplástica de 2,5 mm^2 resulta una distancia máxima para circuitos IUG de:

163 m > 20 m para IA modelo B16A

77 m > 20 m para IA modelo C16A (el resultado con IA modelo C20A no se presenta en la Tabla así que aceptamos el valor de 73 m pues el margen es suficiente).

Utilizando un método aproximado trataremos de verificar los valores de Tabla 771-H.VII

Ejemplo de cálculo de cortocircuito mínimo: lo suponemos entre una fase y neutro en 220 V, sólo considerando las resistencias de los conductores de ida y vuelta (**2** x R tramo) y sección de 2,5 mm^2. Pretendemos que un interruptor automático "lo vea" en su accionamiento magnético, por lo que planteamos la siguiente expresión aproximada (ejemplo para B16A de accionamiento magnético 5 x 16 A = 80 A).

R tramo = 220 V / 80 x **2** = 1375 $m\Omega$

Longitud de tramo = 1375 $m\Omega$ / (7,98 $m\Omega$ / metro) = 172 metros (aproximado al valor de Tabla de **163** m)

Apliquemos el método para un interruptor automático modelo C20A

R tramo = 220 V / 200 x **2** = 550 $m\Omega$

Longitud de tramo = 550 $m\Omega$ / (7,98 $m\Omega$ / metro) = 68 metros (aproximado al valor de Tabla de **73** m)

68 m > 30 m

Utilizando la Tabla 771-H.VIII con la IA modelo C25A, corriente de cortocircuito de 1500 A y conductores de aislación termoplástica de 4 mm^2 resulta una distancia máxima para circuitos TUE de:

73 m > 30 m

Verificación de secciones mínimas por caída de tensión máxima admisible:

Datos de proyecto:

Corriente del circuito seccional TP-TS: **20 A**

Corriente del circuito IUG ≈ **1,82 A**

Corriente del circuito TUG = **10A**

Corriente del circuito TUE: **15A**

Distancia máxima de circuito seccional TP-TS: 40 m

Distancia máxima de circuitos IUG: 20 m

Distancia máxima circuitos TUG: 30 m

Distancia máxima circuito TUE: 30 m

Verificación de caída de tensión en circuito seccional TP-TS:

GDP (I x L / S) (resultado en V)

GDP = 0,035 con factor de potencia = 0,8 y sistema trifásico

Caída de tensión en circuito seccional TP-TS (conductor 10 mm^2): 0,035 x (20 A x 40/ 10) = **2,8 V**

Verificación de máxima caída de tensión porcentual de tramo de circuito seccional:

2,8 V x 100/380 V = 0,73 % < 1 % (cumple lo establecido de máximo 1 % por la RIEI).

Discusión didáctica

¿Qué sucedería con la caída de tensión si nos ponemos en la posición de pretender que se cumpla lo requerido por la RIEI, incluso en la condición de máximo desequilibrio de cargas monofásicas de los circuitos de 220 V (que como se sabe son de uso eventual)? Considerando esa circunstancia con corriente de 20 A (utilización de un circuito TUE más un circuito IUE) con los restantes circuitos sin carga) resulta un circuito seccional monofásico de 20 A. Por lo tanto:

0,04 (20 A x 40/ 10) = **3,2 V**.

3,2 V x 100/220 V = 1.45 % > 1% (no cumple lo establecido máximo del 1%).

Esta variante fue realizada a los fines didácticos, el proyectista de acuerdo a sus condicionamientos de proyecto podrá establecer esta condición.

Verificación de caída de tensión en circuitos terminales IUG, TUG, TUE:

Circuito IUG:

$$(0,04 \times 1,82 \times 20 \times 100) / (2,5 \times 220 \text{ V}) \approx 0,26 \% < 2 \% \text{ (verifica).}$$

Circuito TUG:

$$(0,04 \times 10 \text{ A} \times 30 \times 100) / (2,5 \times 220.\text{V}) \approx 2,18 \% > 2 \% \text{ (no verifica).}$$

Para superar esta última situación del TUG habría que analizar el plano y buscar soluciones de recorrido y en última instancia reubicar el TS.

Circuito TUE:

$$(0,04 \times 15.\text{A} \times 30 \times 100) / (4 \times 220 \text{ V}) \approx 2 \% \text{ (verifica).}$$

Verificación de las protecciones diferenciales por corrientes de cortocircuito:

El interruptor diferencial modelo In= 40 A, $I_{\Delta n} \leq 30mA$ -4P ubicado en TS queda protegido a las sobrecargas si seleccionamos un interruptor automático "aguas arriba" de D40A-4P en el TP.

7.1.3. Local de 93 m2

Proyectar la instalación de una panadería (cañería y tableros instalados a la vista). La instalación corresponde al punto 771.8.3.2.1. de la RIEI.

LOCAL	DIMENSIONES (metros)	SUP (m²)	BOCAS		
			IUG	TUG	TUE
Fabrica	8 x 4	32	6	3	3
Venta	6 x 6	36	10	3	3
Pasillo	6 x 1,5	9	3	1	-
Baño-vestuario.	4 x 4	16	3	3	-
TOTALES		93	22	10	6

Grado de Electrificación a partir de los puntos mínimos de utilización

En principio y sólo por superficie cubierta de 93 m², se presupone Grado de Electrificación Elevado con superficie límite de aplicación hasta 150 m² y hasta 12,2 kVA.

Tipos de circuitos:

Circuitos IUG con conductores IRAM NM 247-3 de 2 (1 x 1,5) mm².

Circuitos TUG con conductores IRAM NM 247-3 de 2 (1 x 2,5) mm².

Circuito TUE con conductores IRAM NM 247-3 de 2 (1 x 4) mm².

Grado de Electrificación: 22 x 150 VA + 2 x 2200 VA + 3300 VA = 11.000 VA < 12.200 VA por lo tanto Grado de Electrificación Elevado.

Mínima cantidad y tipo de circuitos:

C1 y C2: Circuitos de IUG.

C3, C4: Circuitos de TUG

C5: Circuito TUE.

Potencia de carga de cada circuito, secciones de conductores IRAM NM 247-3 y fase de conexión:

C1 = 10 x 150 VA = 1500 VA en L1/N.

C2 = 12 x 150 VA = 1800 VA en L2/N.

C3 = 2200 VA en L1N.

C4 = 2200 VA en L2/N.

C5 = 3300 VA en L3/N.

Protecciones:

Circuitos C1,C2: modelo B16A, modelo 2 P.

Circuitos C3,C4: modelo C20A, modelo 2P.

Circuito C5: modelo C25A, modelo 2 P.

Explicar las previsiones para el TS y para las cañerías de material sintético en instalación a la vista

Para las canalizaciones eléctricas prefabricadas, la RIEI establece que deben cumplir con la IEC 60439-2. El grado de protección según IEC 60529 de envolventes (tableros y cañerías) debe cumplir con la condición mínima IP40.

La RIEI indica que la instalación a la vista debe resistir el ensayo de propagación de la llama establecido por IEC 60695-2-1 con grado de severidad 550 ºC y de condición adecuada (se refiere a que el instalador debe establecer el grado IP de IRAM 2444 o de Norma internacional equivalente).

Condición técnica del TS:

Debe cumplir con IEC 60439-1, por lo que el instalador es responsable de asegurar en la presentación de la documentación de conformidad que el proveedor del tablero disponga de la garantía de cumplimiento de las condiciones de grado de severidad de ensayo de resistencia al fuego.

En el país se comercializan numerosas marcas de tableros "tipo plástico", pero la mayoría de sus fabricantes no documentan o garantizan el cumplimiento de IEC 60439-1.

Material aislante autoextingible

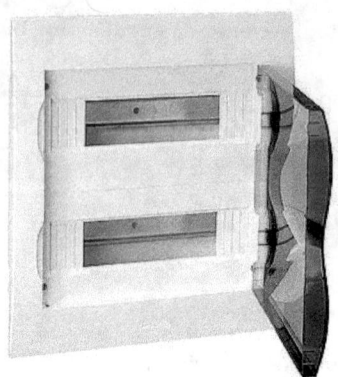

Modelo de montaje **embutido**, dos filas apertura y de puerta transparente de 180º, separación de filas en sentido vertical diseñadas en forma adecuada para permitir el montaje de interruptores automáticos mediante peines de conexión.

Condición que debe cumplir las envolventes o cañerías

La RIEI indica que la cañería a la vista debe resistir el ensayo de propagación de la llama establecido en IEC 60695-2-1 con grado de severidad 550 ºC. Esta condición, en general, la cumplen las cañerías metálicas o las de material sintético de calidad reconocida.

La tendencia es establecer claramente el uso obligatorio de cables y canalizaciones que soporten el ensayo de fuego y que no produzcan humos dañinos hacia las personas o los componentes de la instalación.

Es conocido que, en caso de existir llama en la instalación, el humo consecuente producido en general por los aislantes de PVC es el componente que origina más daño a las personas (emisión de gases clorhídricos).

7.1.4. Edificio de 8 pisos con oficinas, departamentos y servicios

Se desea proyectar una instalación de un edificio que tiene 9 plantas (8 pisos) con:

PLANTA	LOCAL	SUP. m²	NÚMERO DE BOCAS			CARGAS ESPECIFICAS
			IUG	TUG	TUE	
Planta Baja	**5 Oficinas**	40	5	6	1	0
	Cochera a nivel calle	300	20	9	-	-
Servicios Generales	Portería	9	1	1	0	0
	Palier PB	30	6	2	0	0
	Medidores y Serv.		2	1	1	0
	Terraza		12	9	-	0
	Tablero Bombeo	-	-	2	-	1500 VA[1]
	Palier de piso	8	2	0	0	0
	Escalera de piso	8	1	0	0	0
	Sala de máquinas	6	1	2	0	0
	Tablero de ascensores	-	-	-	-	8000 VA[2]
1 a 7 PISO	**7 Departamentos A**	90	16	21	3	0
	7 Departamentos B	60	6	14	1	0
	7 Departamentos C	45	4	10	0	0

Grado de Electrificación de cada unidad

5 OFICINAS

> C1: 5 x 150 VA x 1 = 750 VA
>
> C2: 2200 VA
>
> C3: 3300 VA

Grado de Electrificación: 750 VA+2200 VA+3300 VA=6250 VA (Medio, hasta 7800 VA y hasta 75m²).

1 COCHERA A NIVEL (771.8.3.3.1)

Bocas para luminarias a 2,50 m de altura y una cada 15 m², cantidad mínima con 300 m²/ 15 m² = 20 bocas (se diseñan dos circuitos terminales).

Bocas para tomacorrientes, una cada 9 m lineales de perímetro, cantidad mínima con 80 m / 9 m = 9 bocas.

> C1: 10 x 150 VA = 1500 VA
>
> C2: 10 x 150 VA = 1500 VA
>
> C3: 2200 VA

Grado de Electrificación: 1500 VA + 1500 VA + 2200 VA = 5200 VA (Medio, hasta 300 m²).

---

1. Carga del TS de bombeo: 1500VA.
2. Carga del TS de ascensores: 8000VA.

7 DEPARTAMENTOS "A"

> C1: 10 x 40 VA = 400 VA
>
> C2: 6 x 40 VA = 240 VA
>
> C3: 2200 VA
>
> C4: 2200 VA
>
> C5: 3300 VA

Grado de Electrificación: 8340 VA (Elevado hasta 11000 VA y hasta 130 m^2).

7 DEPARTAMENTOS "B"

> C1: 6 x 40 VA = 240 VA
>
> C2: 2200 VA

Grado de Electrificación: 2440 VA (Mínimo, hasta 3700 VA y hasta 60 m^2).

7 DEPARTAMENTOS "C"

> C1: 4 x 40 VA = 160 VA
>
> C2: 2200 VA

Grado de Electrificación: 2360 VA (Mínimo, hasta 3700 VA y hasta 60 m^2).

Secciones mínimas de conductores de circuitos:

5 OFICINAS

> C1: 2 x 1,5 mm^2 + 2,5 mm^2 (PE).
>
> C2: 2 x 2,5 mm^2 + 2,5 mm^2 (PE).
>
> C3: 2 x 4 mm^2 + 2,5 mm^2 (PE).

7 DEPARTAMENTOS "A"

> C1: 2 x 1,5 mm^2+ 2,5 mm^2 (PE).
>
> C2: 2 x 1,5 mm^2+ 2,5 mm^2 (PE).
>
> C3: 2 x 2,5 mm^2+ 2,5 mm^2 (PE).
>
> C4: 2 x 2,5 mm^2+ 2,5 mm^2 (PE).
>
> C5: 2 x 4 mm^2+ 2,5 mm^2 (PE).

7 DEPARTAMENTOS "B"

> C1: 2 x 1,5 mm^2+ 2,5 mm^2 (PE).
>
> C2: 2 x 2,5 mm^2+ 2,5 mm^2 (PE).

7 DEPARTAMENTOS "C"

> C1: 2 x 1,5 mm^2+ 2,5 mm^2 (PE).
>
> C2: 2 x 2,5 mm^2+ 2,5 mm^2 (PE).

Secciones de conductores de circuitos seccionales:

El cálculo de conductores de circuitos seccionales hasta cada TS se establece en departamentos y oficinas a partir de sus correspondientes cargas. Con la selección de las protecciones de los circuitos seccionales se puede determinar la corriente de carga final de cada circuito seccional.

OFICINAS

Iof = 6250 VA/ 220 V = 28 A.

DEPARTAMENTOS "A"

Ida = 8340 VA/ 1,73 x 380 V = 12,69 A (valor aproximado para suministro trifásico con neutro).

DEPARTAMENTOS "B"

Idb = 2440 VA/ 220 V = 11,1 A.

DEPARTAMENTOS "C"

Idc = 2360 VA/ 220 V = 10,73 A.

¿Qué Grado de Electrificación tienen los circuitos de servicios generales?

La RIEI indica que la clasificación en Grado de Electrificación sólo se debe aplicar para viviendas, locales, oficinas, garaje o local a nivel de calle, etc.

Entiendo que los circuitos para servicios generales de un edificio se deben considerar como cargas específicas con las potencias indicadas en el respectivo proyecto.

El resultado de la carga total del edificio comprende las cargas calculadas por el método del Grado de Electrificación más las cargas de servicios generales.

¿Puede considerarse la demanda de circuitos de servicios generales como la iluminación de palier o las cocheras, del mismo modo que para departamentos o sea con 150 VA?

En principio **no se debe realizar de este modo.** En el proyecto se debe indicar la carga específica de bocas de servicios de iluminación, de tomacorrientes y carga de sistemas de bombeo y de ascensores.

En definitiva, el proyectista debe asignar cargas a las bocas de iluminación y tomacorrientes de servicios generales. Para este ejemplo, consideramos a las bocas de iluminación de 60 VA y a las de tomacorrientes de 500 VA.

Dimensionar los circuitos de servicios generales.

Suponemos que las cocheras **no son** un servicio general de todos los propietarios, por lo tanto es una carga que se debe establecer con medición individual

Csc 1:   Circuito para iluminación de Portería, Palier PB y Servicios con 9 x 60 VA = 540 VA.

Csc 2:   Circuito para iluminación de terraza con 12 x 60 VA = 720 VA.

Csc 3:   Circuito para tomacorrientes Portería, Palier PB y Servicios con 8 x 500 VA = 4000 VA.

Csc 4:   Circuito de conexión fija a TS de equipo de bombeo con carga trifásica de 1500 VA.

Csc 5:   Circuito para iluminación de los cuatro palier (1 a 4 piso) mediante sistema horario de prendido-apagado en pisos, 4 x 2 x 60 VA = 480 VA.

Csc 6: Circuito para iluminación de los cuatro palier (5 a 8 piso) mediante sistema horario de prendido-apagado en pisos, 4 x 2 x 60 VA = 480 VA.

Csc 7: Circuito para iluminación de los tramos de escaleras (1 a 8 piso) mediante sistema horario de prendido-apagado en pisos, 8 x 1 x 60 VA = 480 VA.

Csc 8: Circuito de conexión fija a TS de sala de máquinas para equipos ascensores con carga trifásica de 8000 VA.

Carga de circuitos de servicios generales y fase de conexión:

Csc1: 540 VA / 220 V ≈ 3 A (L1/N).

Csc2: 720 VA / 220 V ≈ 4 A (L2/N).

Csc3: 4000 VA / 220 V ≈ **18 A** (L3/N).

Csc4: 1500 VA / (1,73 x 380 V) ≈ **3 A** (L1/L2/L3/N).

Csc5: 480 VA/ 220 V ≈ 3 A (L1/N).

Csc6: 480 VA/ 220 V ≈ 3 A (L1/N).

Csc7: 480 A / 220 V≈ 3 A (L2/N).

Csc8: 8000 VA / 1,73 x 380 V ≈ **13 A** (L1/L2/L3/N).

Determinación de la corriente trifásica máxima (fase más cargada L3)

18 A + 3 A + 13 A = 34 A

Carga trifásica máxima = 1,73 x 34 A x 380 V = **22351 VA.**

Carga total *aproximada* del edificio:

Carga total = (5 x 6250 VA + 7 x 8340 VA + 7 x 2440 VA + 7 x 2360 VA + 1 x 5200 VA) x **0,5** + 22351 VA.

I total = 86566 VA/ (1,73 x 380 V) ≈ 132 A.

* Se considera un coeficiente de simultaneidad para vivienda, oficinas y locales de **0,5**; para 27 unidades totales y la aplicación del método 771.9.4.2 y la Tabla 771.9.III.

Características de instalación de circuitos seccionales a departamentos y circuitos seccionales de servicios generales:

Cada uno de los circuitos seccionales para alimentar tableros seccionales de oficinas y departamentos proviene de medidores de energía diferentes. Si se decide un sistema en cañerías, se debe diseñar con caños independiente cada circuito seccional; o como alternativa elegir un sistema de bandejas por espacios comunes.

Los circuitos de servicios generales (un mismo medidor) pueden ser instalados en cañería común en todo su recorrido si pertenecen a la misma fase y en conjunto no superan las 15 bocas y la suma de las protecciones de los circuitos no supera los 36 A (771.12.3.13.2.d).

Para este proyecto puede convenir a los efectos prácticos analizar si se pueden instalar en cañería común los siguientes circuitos de servicios generales:

Revisemos los Cs1, Csc5 y Csc6: Son circuitos conectados en fase L1, pero superan en cualquier variante juntos más de 15 bocas, por lo tanto no se pueden instalar en cañería común.

Los **Csc4 y Csc8** son circuitos trifásicos dedicados a cargas específicas y por ello deben estar cada uno en su cañería independiente.

Características de proyecto y protecciones en los TS de oficinas y departamentos:

Cada TS debe contener la protección diferencial de 2P o de 4P, según el tipo de suministro, y los interruptores automáticos para proteger los conductores de los circuitos.

Cada TS debe cumplir con lo indicado por la RIEI, destacándose en un rápido resumen los aspectos de.

Protección adecuada a los contactos eléctricos directos (grado IP).

Instalación correcta de los dispositivos de protección de modo que sólo lo pueda remover personal autorizado.

No utilizar el TS como caja de paso de conductores.

Puesta a tierra adecuada y vinculada al sistema general de PAT de protección.

Identificación del TS en cuanto a fabricante responsable e indicación de características eléctricas y de corriente de cortocircuito.

7.1.5. Departamento de dos ambientes

Se considerará el Grado de Electrificación Mínimo y una variante con la previsión de un equipo de AA que lleva a Grado de Electrificación Medio.

Se dimensionan los circuitos terminales de acuerdo a puntos mínimos de utilización por ambiente agregando los necesarios según proyecto.

Los agregados según proyecto (S/PROY) resultan del análisis de ubicación probable o sugerida de muebles, equipos electrodomésticos o iluminación.

El ejemplo se utiliza para un cálculo de Grado de Electrificación Mínimo (Variante 1 con dos circuitos) y para Grado de Electrificación Medio (Variante 2 con tres circuitos).

Determinación de puntos mínimos de utilización según la RIEI o según PROYECTO.

AMBIENTE	BOCAS PARA IUG		BOCAS PARA TUG	
	S/ RIEI	S/ PROY	S/ RIEI	S/PROY
Cocina y lavadero	2	2	5	5
Estar - Comedor	2	2	3	3
Dormitorio	1	1	2 (*)	3
Baño	1	1	1	1 (**)
Ingreso	0	1		
Paso	1	1	-	-
Total	7	8	11	12

Por proyecto se han agregado más puntos de utilización que los mínimos recomendados por la RIEI.

(*).   La RIEI indica un mínimo de 2 bocas de iluminación para superficies menores a 10 m^2.

(**).   Este ambiente es un baño con ducha por lo tanto no correspondería que el tomacorriente estuviera en la caja del interruptor de efecto. Pero por otro lado, la RIEI en punto 771.8.5.p. permite instalar este tomacorriente al circuito de iluminación y en ese caso el tomacorriente debe estar identificado ideograma (lamparita). Pero de todos modos si este tomacorriente se conecta al circuito de iluminación se debe tomar una DPMS para el circuito IUG en 2200 VA y como esa decisión implica pasar a Grado de Electrificación Medio y tres circuitos mínimos no se considera esa decisión, y finalmente el tomacorriente indicado en plano como 1.5.1 se conecta al circuito TUG en una caja independiente de la caja del interruptor de efecto del baño.

Se dimensionan los circuitos terminales en base a los puntos de utilización indicados en proyecto.

Número de circuitos

Variante 1: 1 circuito de IUG + 1 circuito de TUG.

Variante 2: 1 circuito de IUG + 1 circuito de TUG + 1 circuito de TUE.

Todos los circuitos parten del TS de protecciones ubicado en la cocina, conveniencia que surge del acceso al TS desde la columna montante del edificio.

Circuito 1: 8 bocas para IUG < 15 bocas.

Circuito 2: 12 bocas para TUG < 15 bocas.

Circuito 3 (Variante 2) :1 boca para TUE (AA).

Determinación del Grado de Electrificación

Instalación con dos circuitos:

Circuito 1 (C1): 8 x 40 VA = 320 VA.

Circuito 2 (C2): 2200 VA.

Grado de electrificación: 320 VA + 2200 VA = 2520 VA y Grado Mínimo.

Instalación con tres circuitos:

C1: 320 VA.

C2: 2200 VA.

C3: 3300 VA.

Grado de Electrificación: 320 VA+ 2200 VA +3300 VA = 5820 VA y Grado Medio.

En este caso tampoco podemos conectar el tomacorriente del baño al circuito de iluminación, pues se llegaría a la DPMS de 2200 VA + 2200 VA + 3300 VA = 7700 VA > 7000 VA.

Tipo de suministro de proyecto:

Tomacorriente 1.5.1 (ver plano) se ha instalado independiente de los circuitos IUG, de otro modo el lector podrá comprobar que no se puede establecer el Grado de Electrificación Mínimo.

Se decide en sistema monofásico (220 V) **en ambos grados de electrificación**.

Recorrido y selección de conductores y cañería:

En el plano se indica en forma codificada cada boca o tomacorriente.

Al número de circuito que pertenece (por ejemplo circuito 1) se coloca a continuación un número para ubicar la bocas (1.1, 1.2, etc.).

La ubicación espacial de arriba-abajo de izquierda-derecha, que se propone, cumple un ordenamiento de ubicación de bocas en proyecto.

Una letra (a, b, etc.) indica las características de número de conductores, sección de conductores de cobre de fase, de neutro y de PAT de protección, y sección de cañería. Esta es una designación simplificada a los efectos didácticos. El proyectista deberá consultar las especificaciones establecidas al respecto.

Se seleccionan conductores de sección de 1,5 mm^2 para los circuitos IUG, y de 2,5 mm^2 para TUG y TUE.

En todos los circuitos se selecciona sección de 2,5 mm^2 para los conductores PE.

La RIEI permite en determinadas condiciones que los circuitos terminales IUG y TUG se ubiquen en una misma cañería, esto es cuestionado por los instaladores con el argumento de no poder asegurar la identificación **segura** de cada circuito cuando se realiza una tarea de mantenimiento en la instalación.

Además, cuando dos circuitos están contenidos en una misma cañería se debe afectar la corriente admisible del conductor IRAM NM 247-3 de un coeficiente indicado en tabla de la RIEI 771.16.II.b de 0,8. Es decir, en estas condiciones, por ejemplo, el circuito de 2,5 mm^2, que trasmite "estando solo" en un caño el valor de 21 A (IRAM NM 247-3 método de instalación B52-2B1) y estando con otro circuito en un mismo caño solo puede transmitir 0,8 x 21 = 16,8 A y perdemos capacidad de carga pues, el interruptor automático en este caso debe ser de modelo C16A.

En este proyecto **no** se instalaran circuitos IUG y TUG juntos en una misma cañería.

Protecciones de circuitos:

> C1: interruptor automático modelo **B10A**.
>
> C2: interruptor automático modelo **C20A**.
>
> C3: interruptor automático modelo **C20A.**

Características de los interruptores:

> 50 Hz.

Esquema de conexión

Temperatura de utilización.

Nombre y designación de fabricante.

Normas IRAM o IEC y poder de corte ante cortocircuito en kA.

Características del interruptor diferencial: Corriente asignada de selección considerando el Grado de Electrificación Mínimo:

> In = 2520 VA / 220 V ≈ 11 A.

Elegimos el modelo de interruptor diferencial de In = 25 A $I_{\Delta n} \leq 30mA$, Normas IRAM 2306 o IEC 61008. Según catálogo comercial, el interruptor diferencial se debe proteger ante sobrecarga y cortocircuito por interruptor antepuesto máximo de 25 A.

Corriente asignada de selección considerando Grado de Electrificación Medio:

> I n = 5820 VA / 220 V A ≈ 26 A.

Elegimos el modelo de interruptor diferencial de In= 40 A $I_{\Delta n} \leq 30mA$, Normas IRAM 2306 o IEC 61008. Según catalogo comercial, el interruptor diferencial se debe proteger ante sobrecarga y cortocircuito por interruptor automático antepuesto de corriente asignada máxima de 40 A.

Aquí conviene aclarar que los interruptores diferenciales se protegen a la sobrecarga y cortocircuitos con interruptores automáticos de corriente asignada menor o igual a la corriente asignada del interruptor diferencial.

Por ejemplo, el interruptor diferencial de In= 25 A con interruptor automático menor o igual de In= 25 A, el interruptor diferencial de In= 40 A con interruptor automático menor o igual de In= 40 A, etc.

En definitiva, el interruptor diferencial ubicado "aguas abajo" debe ser de corriente asignada mayor o igual al valor de corriente asignada del interruptor automático antepuesto.

Las relaciones entre valores nominales de conductores y protecciones ya se revisaron en Módulo 6.

Es probable que los conductores de los circuitos seccionales estén vinculados a un edificio que requiera modelos LSOH. Entonces se seleccionan conductores bipolares IRAM 2178 (62266) de sección mínima de 4 mm^2 de marca Afumex 1000 que, como disponen de aislación de XLPE, ofrecen el mismo valor indicado en Tabla 771.16.III método E (quinta columna) de 45 A de corriente admisible.

En esta variante se podrá seleccionar en el origen del circuito seccional del TP (Tablero general de medidores) un interruptor automático modelo D32A o C32A de acuerdo a las verificaciones de actuación por corriente mínima de cortocircuito y analizar, si fuera posible, una mejor selectividad mediante los modelos D32A.

Otro tema a resolver en los circuitos seccionales en edificios es la longitud máxima para cumplir los condicionamientos de caída de tensión máxima de 1%. Ese condicionamiento lleva al proyectista a considerar el servicio trifásico con neutro para valores de corriente del orden de 25 A o mayores y distancias del orden de 30 metros por la ventaja que representa el sistema de suministro trifásico con neutro.

Esquema eléctrico

Los planos que siguen son los de circuitos terminales IUG, TUG, TUE.

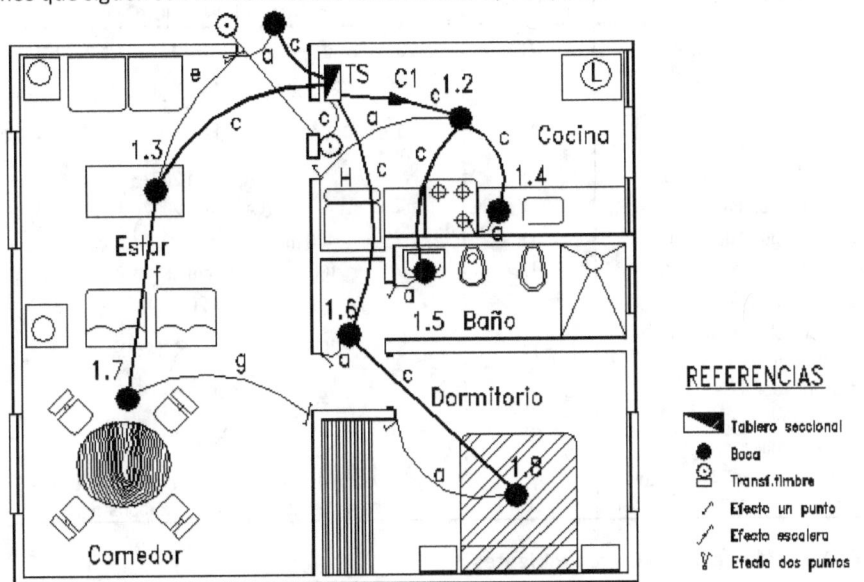

La conexión de circuitos de tomacorrientes conviene realizarlo en un plano separado como sigue:

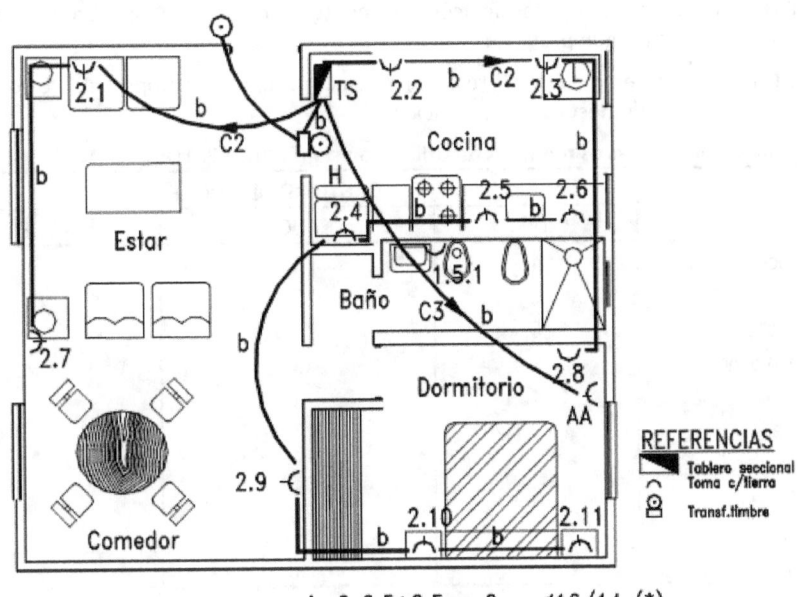

b=2x2,5+2,5mm2 — ⌀16/14 (*)

Materiales, características y Normas IRAM:

MATERIAL	UNIDAD	CARACTERÍSTICAS Y NORMA DE FABRICACIÓN
Interruptor diferencial	U	25 A -2P- $I_{\Delta n} \leq 30mA$, IRAM 2301 o IEC 61008,
Interruptor automático	U	2P- 230 V, IRAM 2169, IEC 60898
Tomacorriente bipolar con contacto a tierra	U	2P + T de 10 A en TUG o 20 A en TUE, según IRAM 2071
Interruptores de efectos	U	10 A, IRAM 2007
Pulsador timbre	U	10 A, IRAM 2007
Caja rectangular de embutir	U	100 mm x 50 mm., IRAM 2005
Caja octogonal de embutir	U	100 mm x 100 mm, IRAM 2005
Caño metálico	m	IRAM 2005
Conductor de cobre aislado unipolar de 2,5 mm², 4 mm²	m	IRAM NM 247-3- IRAM 62266
Transformador a campanilla	U	IRAM 2041
PAT de protección del edificio	GL	RIEI e IRAM 2181
Tablero modular para 3 interruptores automáticos y protección diferencial	U	Según código del fabricante, material de estructura (chapa, sintético con tapa policarbonato, etc.)

7.1.6. Departamento de cuatro ambientes

Se considerará el Grado de Electrificación Elevado con la previsión de dos equipos de AA de consumo aproximado de 6 A cada uno.

Se determinan los circuitos terminales de acuerdo a puntos mínimos de utilización por ambiente y se agregan los necesarios según proyecto.

Los agregados según proyecto (S/PROY) resultan del análisis de ubicación probable o sugerida de muebles, equipos electrodomésticos o iluminación.

Determinación de puntos mínimos de utilización según PROYECTO:

AMBIENTE.	CANTIDAD DE BOCAS		
	IUG	TUG	TUE
Cocina	4	4	
Lavadero	2	2	
Living-comedor-balcón	5	4	1
Dormitorio principal	1	3	1
Dormitorio	1	3	
Baño	1 + 1 (*)		
Vestidor	1		
Paso	3	2	
Ingreso			
Total	18	18	2

(*) Tomacorriente derivado de circuito IUG en la misma caja.

Número de circuitos:

Se dimensionan dos circuitos IUG, dos circuitos TUG y un circuito TUE.

Todos los circuitos parten del TS ubicado en la cocina.

> **Circuito 1**: IUG1 (2 x 1,5 + 2,5) mm^2.
>
> **Circuito 2**: IUG2 (2 x 2,5 + 2,5) mm^2
>
> **Circuito 3**: TUE (2 x 2,5 + 2,5) mm^2
>
> **Circuito 4**: TUG1 (2 x 2,5 + 2,5) mm^2
>
> **Circuito 5**: TUG2 (2 x 2,5 + 2,5) mm^2

Cálculo del Grado de Electrificación:

> **Circuito 1**: 10 x 40 VA = 400 VA.
>
> **Circuito 2**: 2200 VA (valor resultante por el tomacorriente del baño ubicado junto al interruptor efecto en una misma caja).
>
> **Circuito 3**: 3300 VA (para los dos equipos de AA se considera dimensiona como TUE).
>
> **Circuito 4**: 2200 VA.
>
> **Circuito 5**: 2200 VA.

G. de Electrificación: 400 VA+ 2200 VA+ 2200 VA+ 2200 VA+ 3300 VA=10300 VA <11000 VA.

El resultado es Grado de Electrificación Elevado (se sugiere alimentación trifásica más neutro que es lo que en general indica la ED).

Tipo de suministro de proyecto:

Se decide alimentación trifásica 380 V / 220 V para el circuito seccional.

Recorrido y selección de conductores y cañería:

En el plano mencionado, se indica en cada boca o toma el número de circuito al que pertenece y en cada tramo de circuito terminal una letra (a, b).

Protecciones de sobrecarga y/o cortocircuito:

> **C1, C2**: interruptores automáticos modelo B10A (*)
>
> **C3** mediante interruptor automático C20A.
>
> **C4, C5**: interruptores automáticos modelo C20A.

(*) Utilizar un interruptor automático B16A no representa, a mi entender, un peligro de sobrecarga no detectada; pero si debemos cumplir estrictamente la relación entre la corriente nominal del conductor IRAM NM 247-3 y tablas de la RIEI, el IA que corresponde al modelo es el B10A

Protección diferencial:

Modelo 4P.

En TS se debe diseñar un interruptor diferencial de corriente asignada 40 A, corriente diferencial $I_{\Delta n} \leq 30mA$, tetrapolar (4P), según IRAM 2301 o IEC 61008.

Algunos proyectistas consideran que los equipos de aire acondicionado no deben vincularse a las protecciones diferenciales, pues estos equipos en funcionamiento normal a veces originan pérdidas que hacen actuar al interruptor diferencial en forma intempestiva. Entiendo que se debe exigir que el aire acondicionado cumpla los requerimientos de especificaciones de seguridad o de Normas, o analizar para un equipo particular la instalación de un interruptor diferencial de $I_{\Delta n} \leq 300mA$. Si el equipo de aire acondicionado no tiene ficha de conexión y por lo tanto, no existe la posibilidad de contacto directo por personas "no autorizadas" se puede considerar el uso de un interruptor diferencial de $I_{\Delta n} \leq 300mA$, que como ya se comentó, es apto **sólo como protección de contacto indirecto**.

Planos de proyecto, circuitos IUG (C1 Y C2)

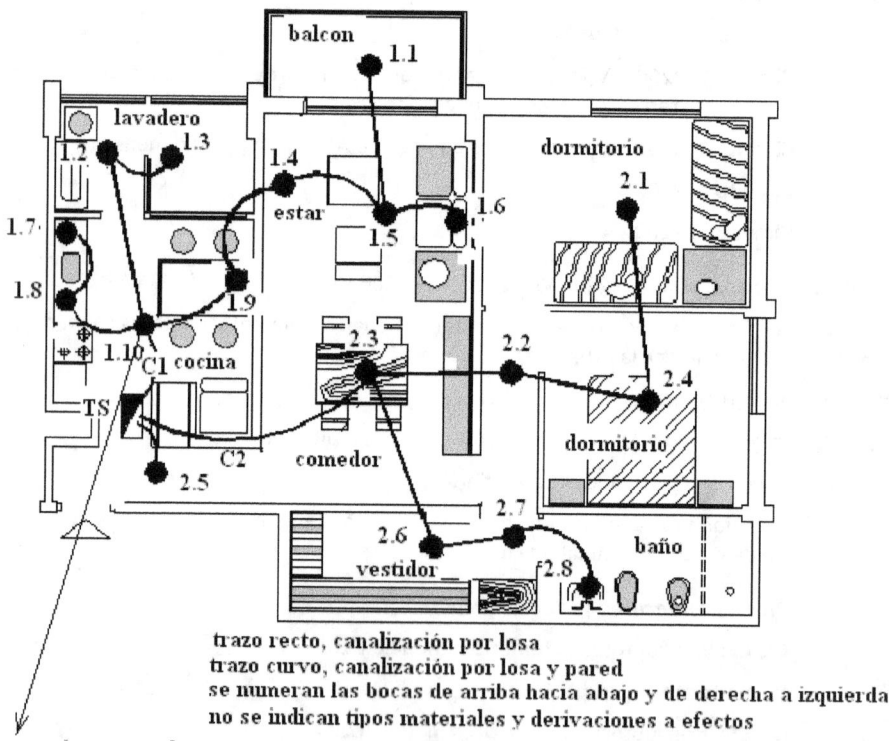

PLANO DIDACTICO DE BOCAS

trazo recto, canalización por losa
trazo curvo, canalización por losa y pared
se numeran las bocas de arriba hacia abajo y de derecha a izquierda
no se indican tipos materiales y derivaciones a efectos

no es conveniente más de cuatro entradas- salidas por boca

Planos de proyecto, circuitos TUG (C4 Y C5), TUE (C3)

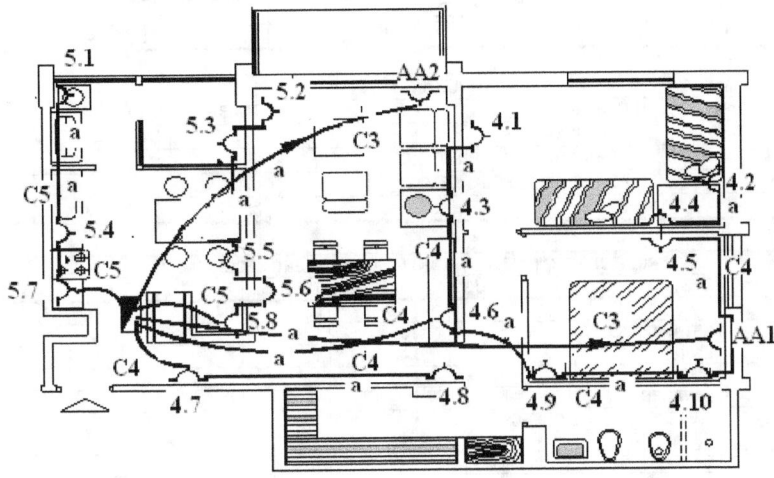

$$a = 2 \text{ x } 2,5 \text{ mm}^2 + 2,5 \text{ mm}^2 \text{ en canalizacion de } 3/4"$$

El circuito seccional llega hasta el TS donde está ubicado el interruptor diferencial y las protecciones de sobrecarga de cada circuito IUG, TUG y TUE.

No se ha analizado el resultado económico de inversión de conectar la carga del TS de este departamento a un suministro monofásico de 220 V, pues la variante de suministro trifásico implica corrientes menores y secciones menores de circuitos seccionales para cumplir las exigencias de caída de tensión (máximo 1% en circuitos seccionales) establecida en la RIEI.

La pregunta es ¿por qué diseña en inmuebles el suministro trifásico?, si el mismo está establecido como obligatorio en algunas ED ante cargas mayores a 5 kW que es un valor que se generalmente se supera en las actuales condiciones de consumo

Resultado de las alternativas de suministro:

Suministro monofásico: 10300 VA / 220 V = 47 A, y necesitamos conductores de 10 mm^2.

Suministro trifásico: 10300 VA / 1,73 x 380 V = 16 A, y podemos diseñar conductores de 4 mm^2.

Es de mayor costo un circuito seccional de 2 x 10 mm^2 que un circuito seccional de 4 x 4 mm^2 que además brinda menores caídas de tensión y mejor eficiencia energética (tema que excede este trabajo pero dada la importancia pongo a disposición del lector vía mail y a su requerimiento)

7.1.7. Vivienda de 210 m^2

Plano en CD adjunto

Proyectar la instalación de una vivienda de 210 m^2 cubiertos desarrollada en un subsuelo de cochera, planta baja, planta alta y espacio exterior de parque y jardín.

CANTIDAD DE BOCAS Y CIRCUITOS POR PROYECTO

SUBSUELO

CANTIDAD	SUPERFICIE (m²)	DESTINO	TUG1	IUG1	TUE1
		CIRCUITO	C1	C2	C3
1	40	COCHERA	5	7	1
1	8	ESCALERA	-	1	-
TOTALES	44	BOCAS TOTALES	5	8	1

PARQUE Y JARDIN				
CANT.	SUP.(m²)	DESTINO	TUE3	IUE1
		CIRCUITO	C13	C12
1		ESPACIOS DESCUBIERTOS	6	
1		ESPACIOS DESCUBIERTOS	-	6
DPMS (VA)			3300	6 x 500 VA x 0,66 = 1980 VA

CIRCUITOS TERMINALES EN PLANTA BAJA (TABLERO SECCIONAL TS 11)									
CANT.	SUP. (m²)	DESTINO	TUG1	IUG1	TUE1	TUG2	TUE2	TUG3	IUG2
			C1	C2	C3	C4	C5	C6	C7
1	22	ESTAR COMEDOR	-	3	1	5	-	-	-
1	30	LIVING	-	-	1	-	-	5	4
1	24	COCINA	-	3	3	9	TBTS1	-	-
1	8	LAVADERO	3	-		-	-		3
1	6	PALIER INGRESO ESCALERA	1	1	-	-			2
1	4	BAÑO	-		-	-	-	-	1+1(*)
1	8ml	PASILLO	-	-	-	-	-	-	3
TOT.	102	Número de bocas	4+5 (1)	8+ 7 (2)	5+1 (3)	14	1	5	14
DPMS (VA)			2200	600	3300	2200	500	2200	2200

CIRCUITOS TERMINALES EN PLANTA ALTA (TABLERO SECCIONAL TS 12)						
CANT.	SUP.(m²)	DESTINO	TUG4	TUE2	MBTS2	IUG3
			C8	C9	C10	C11
1	16	DORMITORIO PRINCIPAL	2	1		4+2 (*)
2	20	DORMITORIOS	6	2	-	2
1	7	BAÑO PRINCIPAL	1	1	TBTS2	--
1	5	BAÑO	1	-	-	1
1	7	VESTIDOR	-	-	-	2
1	4	PASILLO	1	-	-	1
TOT	59	Número de bocas	11	4	1	12
DPMS (VA)			2200	3300	500	2200

(*). Tomacorriente derivado de circuito de iluminación, entonces la DPMS del circuito es 2200 VA.

(1). Bocas de tomacorrientes de planta baja conectadas a bocas de tomacorrientes de garaje en TUG1 (3 tomacorrientes de lavadero más un tomacorriente de palier de ingreso).

(2). Bocas de iluminación de planta baja conectadas a bocas de iluminación de garaje en IUG1.

(3). Bocas TE1 de cocina más 1 boca de TE1 de estar comedor y boca de APM de garaje en circuito TUE1.

Los circuitos denominados **TBTS1** y **TBTS2** tienen como carga un transformador de seguridad de MBTS para la iluminación de muebles de cocina y baño principal. Por cada circuito se utiliza un transformador de MBTS de 220 V/ 12 V para una carga de 500 VA y luminarias de 12 V (7 luminarias en baño principal y 6 luminarias en cocina).

Tipo de circuitos y fase de conexión (no existen circuitos comunes en la misma cañería)

Circuito	Tipo	Fase	DPMS (VA)	Tablero
C1	TUG1	L1/N	2200	
C2	IUG1	L1/N	600	
C3	TUE1	L2/N	3300	
C4	TUG2	L3/N	2200	TS 11
C5	MBTS1	L2/N	500	
C6	TUG3	L1/N	2200	
C7	IUG2	L3/N	2200	
C8	TUG4	L3/N	2200	
C9	TUE2	L1/N	3300	TS 12
C10	MBTS2	L2/N	500	
C11	IUG3	L2/N	2200	
C12	IUE1	L2/N	1980	TS 1
C13	TUE3	L3/N	3300	

Potencias y corrientes aproximadas por tablero seccional y por fase

TABLERO	POTENCIA EN VA POR FASE		
	L1	L2	L3
TS11	5000	3800	4400
TS12	3300	2700	2200
TS1 (TS 11 + TS 12 + C12 (L2) + C13 (L3))	8800	8480	9900
TP	8800	8480	9900

CORRIENTE POR FASE EN TP	40 A	39 A	45 A
CORRIENTE POR FASE EN TS1	40 A	39 A	45 A
CORRIENTE POR FASE EN TS11	23 A	17 A	20 A
CORRIENTE POR FASE EN TS12	15 A	12 A	10 A

Grado de electrificación.

Como las corrientes por fase son diferentes, entiendo que el Grado de Electrificación se debe calcular en base a la corriente máxima, que en este caso es 45 A.

Grado de Electrificación: (1,73 x **45 A** x 380 V = **29583 VA,** Grado de Electrificación Superior por lo que el proyectista puede aplicar o no el factor **0,8** indicado en 771.9.II de la RIEI).

Carga de cada circuito y selección de conductores por corriente admisible:

TIPO	CARGA (VA)	CORRIENTE (A)	TIPO DE CONDUCTOR	SECCION (mm²)
TP-TS1	29583	45	IRAM 2178	4 x 16 + PE (*)
TS1-TS11	5000	23	IRAM 2178	4 (1 x 6) + PE (**)
TS1-TS12	3300	15	IRAM 2178	4 (1 x 6) + PE(**)
C1	2200	10	IRAM NM 247-3	2,5
C2	600	3	IRAM NM 247-3	2,.5 (#)
C3	3300	15	IRAM NM 247-3	4
C4	2200	10	IRAM NM 247-3	2,5
C5	500	2	IRAM NM 247-3	2,5
C6	2200	10	IRAM NM 247-3	2,5
C7	2200	10	IRAM NM 247-3	2,5
C8	2200	10	IRAM NM 247-3	2,5
C9	3300	15	IRAM NM 247-3	4
C10	500	2	IRAM NM 247-3	2,5
C11	2200	10	IRAM NM 247-3	2,5
C12	1980	9	IRAM NM 247-3	2,5
C13	3300	15	IRAM NM 247-3	2,5

(*) Conductor IRAM 2178 PVC tetrapolar instalado en cañería según método B2, Tabla 771.16.III.

(**) Conductor IRAM 2178 PVC unipolar instalado en cañería según método B2, Tabla 771.16.III.

(#) Se prefiere unificar sección

Conductores de circuitos terminales C1 hasta C13, tipo IRAM NM 247-3 de los colores de aislación indicados por la RIEI: marrón L1, negro L2, rojo L3, celeste N y conductor PE bicolor.

Selección de conductores por corriente nominal

CORRIENTE MAXIMA DE CIRCUITOS SECCIONALES (TABLERO A TABLERO)	CORRIENTE ADMISIBLE, A 40 °C, DEL CONDUCTOR SELECCIONADO
TP-TS1 = 45 A	54 A > 45 A
TS1-TS11= 23 A	33 A > 23 A
TS1-TS12 = 15 A	33 A > 15 A

CORRIENTE MAXIMA DE CIRCUITOS TERMINALES	CORRIENTE ADMISIBLE A 40 °C DEL CONDUCTOR SELECCIONADO
C3, C9 = 15 A	28 A > 15 A (1)
C1,C2,C4,C5,C6,C7,C8,C10,C11,C12,C13 = 10 A	21 A > 10 A (2)

(1) IRAM NM 247-3, de 4 mm², instalación en cañería según método B52-2B1, Tabla 771.16.I.

(2) IRAM NM 247-3, de 2,5 mm², instalación en cañería según método B52-2B1, Tabla 771.16.I

Cálculo de cortocircuito

Datos:

Transformador de distribución de 315 kVA.

Red de distribución: 51 m de línea preensamblada de 3 x 50 mm^2 Al + 50 mm^2 Al/Al.

Línea principal (*): 6,5 m de conductor IRAM 2178 de 4 x 16 mm^2 hasta TP.

Circuito seccional TP-TS1: 18 m de conductor IRAM 2178 de 4 x 16 mm^2.

Circuito seccional TS1-TS11: 6 m de conductor IRAM 2178 de 4 x 6 mm^2.

Circuito seccional TS1-TS12: 10 m de conductor IRAM 2178 de 4 x 6 mm^2.

(*) Es la única parte de la instalación eléctrica que se denomina "línea" pues es el tramo desde la caja de medidor hasta el TP

Resultado de cálculo:

Para aplicar las tablas de la RIEI, en algunos casos requiere realizar aproximaciones, pero la práctica es útil para aplicar el método sugerido por la RIEI.

a1)	Corriente máxima de cortocircuito en bornes de salida de transformador de 315 kVA: I"kt=11028 A (Tabla 771-H.II). Este valor no interviene en la selección de los componentes de la instalación eléctrica "aguas abajo" del TP.

a2)	Corriente máxima de cortocircuito en el punto de vinculación de la acometida a línea principal. Con la corriente 11000 A (aproximada de 11028 A) y la Tabla 771-H.III para 51 m de conductor IRAM 2263–Al de 3 x 50 + 50 mm^2 se obtiene el valor I"ka = 3892 A. Este valor no interviene en la selección de componentes de la instalación eléctrica aguas abajo" del TP.

a3)	Corriente máxima de cortocircuito en TP: con la corriente de 5000 A (aproximada en exceso de 3892 A) y desde la Tabla 771-H.V para 6,5 m de conductor IRAM 2178–Cu de 4 x 16 mm^2 se obtiene el valor de **I"ktp = 4117 A**. De considerar el proyectista el valor en defecto de 3000 A, el resultado sería **I"ktp = 2658 A**

Este valor interviene en la selección de la sección mínima de conductores del circuito seccional y en el poder de corte de las protecciones ubicadas en TP.

a4)	Corriente máxima de cortocircuito en TS1: Con el valor de 5000 A (aproximada de 4117 A) y la Tabla 771-H.V para 18,1 m de conductor IRAM 2178–Cu de 4x16 mm^2 se obtiene **I"kts1 = 3181 A**. Este valor interviene en la selección de la sección mínima de conductores de los circuitos y en el poder de corte de las protecciones ubicadas en TS1.

a4)	Corriente máxima de cortocircuito en TS11 y TS12: Solo es posible continuar con el método de la RIEI con **I"kts1 = 3000** *A* y con 8,2 m de conductor obtener el resultado de **I"kts11 = 2215 A**. Este valor interviene en la selección de la sección mínima de conductores de los circuitos seccionales y en el poder de corte de las protecciones ubicadas en TS11 y TS12.

Selección de las protecciones de conductores por medio de interruptores automáticos (IA)

DESIGNACIÓN DE IA	TABLERO DONDE ESTA UBICADO EL IA	CONDUCTOR ASOCIADO AL IA IRAM 2178	MODELO
IA en TP	TP	4 x 16 mm^2	D50A-6 kA-4P
IA en TS11	TS1	4 x 6 mm^2	D32A-6 kA-4P
IA2 en TS12	TS1	4 x 6 mm^2	D32A-6 kA-4P

DESIGNACIÓN DE IA	TABLERO DONDE ESTA UBICADO EL IA	CONDUCTOR ASOCIADO AL IA IRAM NM 247-3	MODELO DE IA
IA1 en C1	TS11	2,5 mm^2	C20A-6 kA-2P
IA2 en C2	TS11	2,5 mm^2	B16A-6 kA-2P
IA3 en C3	TS11	4 mm^2	C20A-6 kA-2P
IA4 en C4	TS11	2,5 mm^2	C20A-6 kA-2P
IA5 en C5	TS11	2,5 mm^2	B16A-6 kA-2P
IA6 en C6	TS11	2,5 mm^2	C20A-6 kA-2P
IA7 en C7	TS11	2,5 mm^2	B16A-6 kA-2P
IA8 en C8	TS12	4 mm^2	C20A-6 kA-2P
IA9 en C9	TS12	2,5 mm^2	C20A-6 kA-2P
IA10 en C10	TS12	2,5 mm^2	B16A-6 kA-2P
IA11 en C11	TS12	2,5 mm^2	B16A-6 kA-2P
IA12 en C12	TS1	2,5 mm^2	B16A-6 kA-2P
IA13 en C13	TS1	2,5 mm^2	C20A-6 kA-2P

En este ejemplo y para los circuitos que parten del TS11 y TS12, lo cálculos de cortocircuito nos permitirían utilizar modelos de IA de poder de corte 3 kA.

Si se han realizado los cálculos y el resultado de corriente de cortocircuito en los TS11 y TS12 es del orden de 2215 A sería razonable diseñar el poder de corte de 3 kA para los IA de los circuitos asociados a TS11 y TS12. En lo comercial, algunas marcas comerciales ofrecen dispositivos IA del menor costo posible y según dicen de poder de corte de 3 kA sin ningún dato más de la Norma de referencia de su dispositivo.

En definitiva creo que es una buena inversión instalar IA de poder de corte 6 kA que nos ofrece un buen margen de seguridad sobre los valores de cortocircuito calculados y tomamos una prudente distancia sobre marcas irregulares de IA de poder de corte de 3 kA. Pero hay que revisar, como se examinara más adelante, la relación del modelo de 6 kA respecto a la sección del conductor protegido.

Verificación de las secciones mínimas de conductores, con la utilización de dispositivos limitadores de la corriente de cortocircuito:

Verificación de circuitos por la relación de: $k^2 . S^2 \geq I^2 . t$

Conductores: IRAM 2178 de cobre y PVC (Tabla 771.19.II):

$k = 115$

$S = 16$ mm^2 (Circuito seccional TP-TS1 con protección de sobrecarga D32 A).

$k^2 . S^2 = 3385600$ (A^2.s) < 80000 (A^2.s).

S = 6 mm^2 (Circuito seccional TS1-TS11).

$k^2. S^2 = 476100 (A^2.s) < 65000 (A^2.s)$.

Protecciones IEC 60898.

Interruptor automático: Clase de limitación 3, IEC 60898.

$I^2. t$ (en la Tabla 771-H.IX no figuran los datos que se necesitan para este caso)

Tipo		$I^2. t (A^2.s)$
D50A	6 kA	80000 aproximado de fabricante
D32A	6 kA	**65000** dato aproximado de fabricante

Conductores IRAM NM 247-3:

k = 115

S= 2,5 mm^2 (Circuitos IUG, TUG, MBTS).

$k^2. S^2 = 82656 (A^2.s)$.

S = 4 mm^2 (Circuitos TUE1 y TUE2).

$k^2. S^2 = 211600 (A^2.s)$.

Protecciones IEC 60898.

Interruptor automático: Clase de limitación 3, IEC 60898.

$I^2. t$ (Tabla 771-H.IX).

Tipo		$I^2. t (A^2.s)$
B16A	6 kA	35000

$I^2. t$ (Tabla 771-H.X).

Tipo		$I^2. t (A^2.s)$
C20A	6 kA	55000

Verificación de sección 2,5 mm^2 en B16A:

82656 (A^2.s) ≥ 35000 (A^2.s)

Verificación de sección 2,5 mm^2 en C20A:

82656 (A^2.s) ≥ 55000 (A^2.s)

Verificación de sección 4 mm^2:

211600 (A^2.s) ≥ 55000 (A^2.s)

Verificación de la actuación de las protecciones por corriente mínima de cortocircuito:

Datos de proyecto:

Distancia de TP desde TS1: 18 m.

Distancia de TS1 hasta TS11: 6 m.

Distancia de TS1 hasta TS12: 10 m.

Resultados

Utilizando la Tabla 771-H.VII con la protección D50A, corriente de 4000 A (**I"ktp = 4117 A**) y conductores de aislación termoplástica de 16 mm² resulta una distancia máxima de TP-TS1:

67 m > 18 m (verifica).

Utilizando la Tabla 771-H.VII y protección D32A, corriente de 3000 A (**I"ktp=2225 A**) y conductores de aislación termoplástica de 6 mm², resulta una distancia máxima entre TS1-TS12 (distancia mayor):

43 m > 10 m (verifica).

Utilizando la Tabla 771-H.VIII con la protección B16A, corriente de cortocircuito de 1500 A y conductores de aislación termoplástica de 2,5 mm², resulta una distancia máxima para circuitos de iluminación de:

163 m > Verifica.

Verificación de la sección mínima por caída de tensión máxima admisible:

Datos de proyecto:

Corriente de circuito seccional TP-TS1: **45 A.**

Corriente de circuito seccional TS1-TS11: **23 A.**

Corriente de circuito seccional TS1-TS12: **15 A.**

Corriente de circuitos IUG con tomacorriente derivado ≈ **10 A.**

Corriente de circuitos TUG: **10 A**.

Corriente de circuitos TUE: **15 A**.

Distancia máxima TP-TS1: 18 m.

Distancia máxima TS1-TS11: 6 m.

Distancia máxima TS1-TS12: 10 m.

Distancia máxima de circuito de iluminación: 20 m.

Distancia máxima circuito tomacorrientes para usos generales: 20 m.

Distancia máxima circuito tomacorrientes para usos especiales: 30 m.

Verificación de caída de tensión en tramo TP-TS1:

GDP (I x L / S) (resultado en V).

GDP = 0,035 con factor de potencia = 0,8 y sistema trifásico.

1) Caída de tensión TP-TS1: 0,035 (45 x 18 /16) = **1,77 V**.

2) Caída de tensión TS1-TS11: 0,035 (26 x 6/ 6) = **0,91 V**.

3) Caída de tensión TS1-TS12: 0,035 (15 x 10/ 6) = **0,87 V**.

Verificación de máxima caída de tensión porcentual de la suma de los tramos de los circuitos seccionales desde TP hasta los TS:

1 + 2 = 2,68 V x 100/380 V = 0,71 % < 1 %

1 + 3 = 2,64 V x 100/380 V = 0,69 % < 1 %

Verificación de circuito TUG (el más cargado y alejado)

GDP = 0,04 con factor de potencia = 0,8 y sistema monofásico.

(0,04 x 10 A x 20 x 100) / (2,5 x 220 V) ≈ 1,45 % < 2 % (verifica).

Verificación de circuito TUE:

GDP = 0,04 con factor de potencia = 0,8 y sistema monofásico.

(0,04 x 15 A x 30 x 100) / (4 x 220 V) ≈ 2 % (verifica).

Verificación de las protecciones diferenciales al cortocircuito.

Los interruptores diferenciales de corriente asignada 40 A y corriente diferencial de $I_{\Delta n} \leq 30mA$ ubicados en TS11 y TS12 quedan protegidos por los interruptores automáticos de corriente asignada D32A ubicado en TS1 "aguas arriba".

<u>Fines didácticos</u>:

Anteriormente se ha insistido en la importancia de lograr la Clase II en el tramo entre el TP y el TS1. De todos modos y con fines didácticos, más adelante, indicare el interruptor diferencial que debería instalarse en el TP si no se puede lograr la Clase II o si existiera alguna exigencia desde la ED para instalarlo más allá de lograrse o no la Clase II.

Tengo entendido que en algunas ED exigen un interruptor diferencial de corriente diferencial $I_{\Delta n} \leq 30mA$ en el TP como instalación obligatoria para acceder al servicio. Ya he expresado por todos los medios y artículos técnicos que dispongo que es un error ubicar un interruptor diferencial de corriente diferencial de $I_{\Delta n} \leq 30mA$ en el TP pues en general no es un tablero apto para BA1 y se superpondrá inexorablemente con el interruptor diferencial instalado en el TS. Para evitar la falta de selectividad entre interruptores diferenciales en el TP se debe utilizar, si corresponde, el modelo de interruptor diferencial de corriente diferencial $I_{\Delta n} \leq 300mA$, selectivo.

Si corresponde un interruptor diferencial en el TP debería ser de corriente asignada 63 A, de corriente diferencial de $I_{\Delta n} \leq 300mA$, modelo selectivo y de 4P; ubicado en el TP y protegido a las sobrecargas por medio del interruptor automático D50A-4P. En cuanto a las protecciones de la acometida el proyectista deberá consultar con la ED.

7.2. Establecimientos escolares (771.8.4)

7.2.1. Dos aulas de 6 m x 7 m = 42 m² cada una en una planta (En Aulas para Jardines Maternales o similares ver condicionamientos de 771.8.4.j)

Datos de proyecto para Establecimientos Educacionales

Alimentación: Monofásico en 220 V. Sistema limitado hasta dos aulas (771.8.4.b).

Bocas mínimas de iluminación (IUG): Por la superficie de planta de cada aula: 42 m² /7,5 m² ≈ 6 bocas (771.8.4.h), se debe verificar en el proyecto de iluminación que se cumpla la condición de

300 lux en plano de trabajo. Los posibles ventiladores de techo pueden ser cargados a circuitos IUG por medio de tomacorrientes 2P + T (771.8.5.c).

Bocas mínimas para circuitos de tomacorrientes (TUG): Dos bocas con 2 tomacorrientes cada una en paredes laterales y dos bocas con 2 tomacorrientes cada una en la pared del pizarrón. En este proyecto y respecto al piso, se ubicarán las bocas a 2,3 m para ventiladores, una boca a 0,3 m en la zona del pizarrón y en la zona del pizarrón una a 2,3 m para equipos de video-TV.

Modelo de tomacorrientes: Tipo IRAM 2071 de 2 x 10 A+ T con pantalla de protección a la inserción de cuerpos extraños (IEC 60884-1).

La iluminación de pasillo y exterior se conforma con un circuito IUE.

Verificación de máxima cantidad de bocas de iluminación por circuito IUG: 6 < 15.

Verificación de máxima cantidad de bocas de tomacorrientes por circuito TUG: 4 < 15.

Verificación de máxima cantidad de bocas de tomacorrientes por circuito IUE: 4 < 12.

Cantidad mínima de circuitos IUG: Dos circuitos (C1 y C2) de 1,5 mm^2 por aula.

Cantidad mínima de circuitos TUG: Dos circuitos (C3 y C4) de 2,5 mm^2 por aula.

Cantidad mínima de circuitos IUE: Un circuito (C5) de 2,5 mm^2 para iluminación interior de pasillo y exterior.

Tablero en Caja Modular estanca con corriente asignada de ensayo por el fabricante y según medidas aptas para módulos de 18 mm.

Verificación térmica de tableros

Se busca el dato de corriente nominal del fabricante del tablero. La protección de entrada debe ser menor al valor consignado por el fabricante.

Cantidad y ubicación de tableros seccionales (TS). Un TS ubicado en un recinto fuera del acceso de los alumnos.

Protección máxima para circuitos IUG con B10A, TUG con C16A, IUE con B16A de modelo de dos polos protegidos. No se permite el uso de fusibles (771.8.4.g.).

Designación de circuitos IUG: C1 y C2.

Designación de circuitos TUG: C3 y C4.

Designación de circuitos IUE (interior y exterior de iluminación): C5.

Selección de protecciones para contactos eléctricos y fallas a tierra en circuitos IUG y TUG: En el TS interruptores diferenciales de modelo In= 40 A, $I_{\Delta n} \leq 30mA$ que no agregan un costo significativo (respecto de un modelo de 25 A, $I_{\Delta n} \leq 30mA$) y posibilitan ampliaciones por cada circuito terminal.

Selección de protección de sobrecargas y cortocircuitos en circuito seccional:

Interruptor automático modelo D32A–2P.

Selección de modelo de protección para contactos eléctricos indirectos y fallas a tierra en circuito seccional de cables IRAM 247-3 y cañería metálica (no son de Clase II)

En TP seleccionar modelos de interruptor diferencial "selectivo" (denominado "S" en planos) de corriente asignada 40 A- de corriente diferencial $I_{\Delta n} \leq 30mA$ -2P.

Cálculo de corrientes de cortocircuito máximas

Datos de proyecto

Transformador de distribución de 500 kVA.

Red de distribución: 20,4 m de línea preensamblada de 3 (1 x 50 mm^2) + 50 mm^2 Al/Al.

Línea principal: 8 m de conductor IRAM NM 247-3 de 2 (1 x 6 mm^2) hasta TP.

Circuito seccional: 8,2 m de conductor IRAM NM 247-3 de 2 (1 x 6 mm^2) hasta TS.

Resultado de cálculo de cortocircuito utilizando Anexo 771-H:

Corriente máxima de cortocircuito en bornes de salida de transformador de 500 kVA: *I"kt =17229 A* (Tabla 771-H.II). Este valor no interviene en la selección de los componentes de la instalación eléctrica "aguas abajo" del TP.

Corriente máxima de cortocircuito en el punto de vinculación de la acometida a línea principal:

Con la corriente 15000 A (aproximada de 17229 A) y la Tabla 771-H.III para 20,4 m de conductor IRAM 2263–Al de 3 (1 x 50 mm^2) + 50 mm^2 Al/Al se obtiene el valor *I"ka = 7514 A*: Este valor no interviene en la selección de componentes de la instalación eléctrica "aguas abajo" del TP.

Corriente máxima de cortocircuito en TP:

Con la corriente de 7000 A (aproximada de 7514 A) y la Tabla 771-H.VI para 8,2 m de conductor IRAM NM 247-3 –Cu de 2 (1 x 6) mm^2 (1) se obtiene el valor de I"ktp = 3832 A. Este valor interviene en la verificación de la sección mínima de conductores del circuito seccional y en el poder de corte de las protecciones ubicadas en TP.

(1): Las empresas de distribución a veces utilizan otros tipos de conductores, pero con fines didácticos estos cálculos cumplen el objetivo de utilizar todas las posibilidades que ofrece la RIEI.

Corriente máxima de cortocircuito en TS

Con la corriente de 5000 A (aproximada de 3832 A) y la Tabla 771-H.VI para 8,2 m de conductor IRAM NM 247-3–Cu de 2 (1 x 6) mm^2 se obtiene el valor de I"kts = 3144 A.

Este valor interviene en la verificación de la sección mínima de conductores de los circuitos y en el poder de corte de las protecciones de circuitos ubicadas en TS.

Protección de las instalaciones

Elección de los elementos de conducción, maniobra y protección (Tabla 771.19.I).

Circuito seccional:

En TP un interruptor automático modelo D32A-2P más un interruptor diferencial de In= 40 A, $I_{\Delta n} \leq 30mA$ -2P.

Circuitos terminales

En C1 interruptor automático modelo B10A-2P más un interruptor diferencial de modelo In= 40 A, $I_{\Delta n} \leq 30mA$ -2P.

En C2 interruptor automático modelo B10A-2P más interruptor diferencial In= 40 A, $I_{\Delta n} \leq 30mA$ -2P.

En C3 interruptor automático modelo C16A-2P más interruptor diferencial de In= 40 A, $I_{\Delta n} \leq 30mA$ -2P.

En C4 interruptor automático modelo C16A-2P más interruptor diferencial de In= 40A, $I_{\Delta n} \leq 30mA$ -2P.

En C5 interruptor automático modelo B16A-2P más interruptor diferencial de In= 40 A, $I_{\Delta n} \leq 30mA$ -2P.

PAT de protección y seguridad en acometida

En la acometida y el TP; la PAT de protección que indique la especificación técnica de la ED.

La PAT de protección del TS mediante el criterio de sistema equipotencial más la instalación de jabalinas ubicadas en cámara para la medición del valor de puesta a tierra.

No se deben vincular las puestas a tierra del TP y del TS.

Desde el TS los conductores PE de 2,5 mm^2 que vinculan la PAT de protección del TS con todas las partes metálicas asociadas a la instalación eléctrica.

Circuito seccional (TP –TS):

Conductor IRAM NM 247-3–Cu de 2 (1 x 6) mm^2 en cañería metálica.

Sobrecargas

Se deben interrumpir todo tipo de sobrecargas para evitar daños por calentamiento en conducto-res (preservar la aislación), en conexiones (evitar puntos calientes), en terminales o en el ambiente que rodea los conductores (evitar incendios). Todas las secciones de los conductores y las protec-ciones asociadas deben ser verificadas. Determinación de las corrientes de proyecto Ip:

Circuitos C1 y C2 (Ver plano con artefacto A1): (6 x 150 VA)/220 V ≈ 4 A.

Circuitos C3 y C4 (Tabla 771.9.I): 2200 VA/ 220 V = 10 A.

Circuito C5 (Ver plano): Con dos artefactos A2 de 150 VA, más dos artefactos A3 de 150 VA); que originan una corriente total de 600 VA/ 220 V ≈ 3 A.

Intensidad de corriente de circuito seccional: 4 A + 4 A + 10 A + 10 A + 3 A = 31 A.

Elección de la corriente asignada del dispositivo de protección: In ≥ Ip.

Se utilizarán interruptores automáticos de modelos que se detallarán más adelante.

Elección del conductor a partir de la corriente admisible:

Ic ≥ In

Condiciones de instalación de los conductores:

Los circuitos C1, C2, C3, C4, C5 con conductores IRAM NM 247-3 ubicados en cañería conjunta (factor **0,8**) los C1 + C2 y los C3 + C4; y el C5 en otra cañería. Considerando la temperatura de 40 °C y método de instalación B52-2B1, resulta:

I $_{c1, c2}$ =15 A x **0,8** = 12 A (Tabla 771.16.1 y factor Tabla 771.16.II.b) > 4 A.

I $_{c3, c4}$ = 21 A x **0,8** = 17 A (Tabla 771.16.1 y factor Tabla 771.16.II.b) > 10 A.

I $_{c5}$ = 21 A (Tabla 771.16.1) > 3 A.

El circuito seccional con conductores IRAM NM 247-3 de 2 x (1x 6) mm^2 ubicado en cañería. Considerando la temperatura de 40 °C y método de instalación B52-2B1, resulta:

I $_{secc}$ = 36 A (Tabla 771.16.I) > 31 A.

Verificación de la actuación de la protección de sobrecarga:

Considerando que se utilizarán interruptores automáticos menores a 63 A la condición 1,45 Ic ≥ If se cumple por Norma de producto.

Poder de corte de protecciones:

Con el dato de corriente de cortocircuito en TP y en TS:

I"ktp = 3832 A (I"k en TP).

I"kts = 3144 A (I"k en TS).

Capacidad de ruptura del órgano de protección:

Circuito seccional: Interruptor automático de 6 kA.

Circuitos terminales C1, C2, C3, C4, C5: Interruptor automático de 6 kA.

Verificación de las secciones mínimas de conductores

Aplicación de 771.19.2.2.3, (punto 1) por la utilización de dispositivos limitadores de la corriente de cortocircuito y método de: $k^2 . S^2 \geq I^2 . t$.

Conductores IRAM NM 247-3

k = 115.

S = 1,5 mm^2 (C1, C2).

$k^2 . S^2$ = 29756 (A^2.s).

S = 2,5 mm^2 (C3, C4, C5).

$k^2 . S^2$ = 82656 (A^2.s).

S = 6 mm^2 (Circuito seccional).

$k^2 . S^2$ = 476100 (A^2.s).

Protecciones IEC 60898- Interruptor automático: Clase de limitación 3, IEC 60898

$I^2 . t$ (Tabla 771-H.IX)

Tipo		$I^2 . t$ (A^2.s)
B10A	3 kA	15000
C16A	3 kA	**18000**

$I^2 . t$ (Tabla 771-H.X)

Tipo		$I^2 . t$ (A^2.s)
D32A	6 kA	65000 (dato aproximado)

Discusión didáctica: Si se utilizan conductores IRAM NM 247-3 de 1,5 mm^2 se puede observar que ofrecen el valor de S^2 = 29756 (A^{2}s). Si se observa la Tabla 771-H.IX se requiere un modelo de IA de Clase 3 que ofrezca un valor de limitación **menor** a 29756 (A^{2}s). En definitiva y para este caso la gama disponible es con modelos de poder de corte 3 kA tipo B o C para no exceder el valor de 29756 (A^{2}s).

Esta situación nos indica que si se pretende utilizar modelos de 6 kA y tipo C los cables IRAM NM 247-3 de 1,5 mm^2 no cumplirían la condición exigida en esta verificación.

Como en el mercado se ofrecen IA de poder de corte 4,5 kA **solo de tipo C, el fabricante debería aclarar** que su modelo no es apto para circuitos de cables IRAM NM 247-3 de 1,5 mm^2 pues:

$$I^2. t \, (A^2.s) > S^2 \text{, en este caso 30000 (A^{2}s).} > 29756 \, (A^2s).$$

He observado que en algunos proyectos se utilizan secciones mínimas de 2,5 mm^2 en circuitos terminales de cables IRAM NM 247-3, entonces estas verificaciones con IA de poder de corte 6 kA y Clase 3 se cumplirían tanto en modelos B como C.

Verificación de sección de conductores y sus protecciones asociadas:

C1, C2: 29756 (A^2.s) ≥ 15000 (A^2.s).

C3, C4, C5: 82656 (A^2.s) ≥ 18000 (A^2.s).

Circuito seccional: 476100 (A^2.s) ≥ 65000 (A^2.s).

Verificación de la actuación de las protecciones por corriente mínima de cortocircuito.

Datos de proyecto:

Distancia de C1 desde TS hasta la última boca de iluminación: 17 m.

Distancia de C2 desde TS hasta la última boca de iluminación: 15 m.

Distancia de C3 desde TS hasta la última boca de tomacorrientes: 16 m.

Distancia de C4 desde TS hasta la última boca de tomacorrientes: 13 m.

Distancia de C5 desde TS hasta la última boca de iluminación: 33 m.

Distancia de circuito seccional (TP–TS) = 8,2 m.

Verificación de las secciones de circuitos C1, C3, C5 (los más extensos):

Utilizando la Tabla 771-H.VIII con la protección B10A y corriente de cortocircuito de 3000 A y conductores IRAM NM 247-3 de 1,5 mm^2 resulta una distancia máxima de:

163 m > 33 m (verifica).

Verificación de las secciones de circuitos C3 y C5:

Utilizando la Tabla 771-H.VIII con la protección C16A y corriente de cortocircuito de 3000 A y conductores IRAM NM 247-3 de 2,5 mm^2, resulta una distancia máxima de:

81 m > 16 m (verifica).

Verificación de circuito seccional:

Utilizando la Tabla 771-H.VII con la protección D32A y corriente de cortocircuito de 4000 A y conductores IRAM NM 247-3 de 6 mm^2, resulta una distancia máxima de:

43 m > 8 m (verifica).

Verificación de la sección mínima por caída de tensión máxima admisible:

Datos de proyecto:

Corriente de circuitos C1, C2: 4 A.

Corriente de circuitos C3, C4: 10 A.

Corriente de circuito C5: 3 A.

Distancia de C1 (desde TS hasta la última boca de iluminación): 17 m.

Distancia de C2 (desde TS hasta la última boca de iluminación): 15 m.

Distancia de C3 (desde TS hasta la última boca de tomacorrientes): 16 m.

Distancia de C4 (desde TS hasta la última boca de tomacorrientes): 13 m.

Distancia de C5 (desde TS hasta la última boca de iluminación): 33 m.

Distancia de circuito seccional (TP –TS) = 8,2 m.

Utilización de la fórmula 771.19.7.c):

GDP (I x L / S) x 100/220 (resultado en %).

GDP = 0,04, factor de potencia = 0,8 y sistema monofásico.

Verificación de circuito seccional TP-TS

(0,04 x 31 A x 8,2 x 100) / (6 x 220 V) ≈ 0,75 % < 1 % (verifica).

Verificación de C1 (mayor longitud)

(0,04 x 4 A x 17 x 100) / (1,5 x 220 V) ≈ 0,82 % < 2 % (verifica).

Verificación de C3 (mayor longitud)

(0,04 x 10 A x 16 x 100) / (2,5 x 220 V) ≈ 1,16 % < 2 % (verifica).

Verificación de C5

(0,04 x 3 A x 33 x 100) / (2,5 x 220 V) ≈ 0,72 % < 2 % (verifica).

Verificación de las protecciones diferenciales al cortocircuito (771-H.2.5)

Los interruptores diferenciales de modelo de In= 40 A, $I_{\Delta n} \leq 30mA$ ubicados en TS para los circuitos C1, C2, C3, C4, C5 quedan protegidos por el interruptor automático de D32A ubicado en TP "aguas arriba".

El interruptor diferencial selectivo "S" de modelo In = 40 A, $I_{\Delta n} \leq 30mA$ -2P está protegido a las sobrecargas por medio del interruptor automático de D32A.

7.2.2. Cuatro aulas de 6 m x 7 m cada una en una planta (pasillo de por medio)

Datos generales y especificaciones detalladas de cumplimiento de lo establecido por la RIEI: las indicadas en el Ejemplo 7.2.1.

Alimentación: Trifásica más neutro. Sistema para más de dos aulas (771.8.4.b).

Verificación de máxima cantidad de bocas de iluminación por circuito IUG: 6 + 6 =12 < 15.

Verificación de máxima cantidad de bocas de tomacorrientes por circuito TUG: 4 + 4 < 15.

Cantidad mínima de circuitos IUG: Dos circuitos por aula (C1 y C2).

Cantidad mínima de circuitos terminales TUG: Dos circuitos por aula (C3 y C4).

Sección mínima de circuitos terminales IUG, 1, 5 mm^2 y TUG, IUE: 2,5 mm^2.

Tablero seccional: Según plano y ubicado en un recinto fuera del acceso de los alumnos.

Designación de circuitos IUG: C1 y C2.

Designación de circuitos TUG: C3 y C4.

Designación de circuitos IUE: C5 (6 bocas).

Selección inicial de protecciones de sobrecargas y cortocircuitos en circuitos C1, C2: Interruptores automáticos de modelos B10A–2P.

Selección inicial de protecciones de sobrecargas y cortocircuitos en circuitos C3, C4: Interruptores automáticos de modelo C16A–2P.

Selección inicial de protección de sobrecarga y cortocircuito en circuito C5: Interruptor automático modelo B16A–2P.

Selección inicial de protecciones para contactos eléctricos y fallas a tierra en circuitos IUG, TUG, IUE: En el TS interruptores diferenciales de modelo In= 40 A, $I_{\Delta n} \leq 30mA$ por cada circuito.

Selección inicial de protección de sobrecargas y cortocircuitos en circuito seccional: Interruptor automático modelo D32A–4P.

Selección inicial de protección para contactos eléctricos indirectos y fallas a tierra en circuito seccional: en TP un interruptor diferencial "selectivo" de modelo In= 40 A, $I_{\Delta n} \leq 300mA$ -4P.

Cálculo de corrientes de cortocircuito máximas

Datos de proyecto

Transformador de distribución de 630 kVA.

Red de distribución: 23 m de línea preensamblada de 3 (1 x 50 mm^2) + 50 mm^2 Al/Al.

Línea principal: 5,7 m de conductor IRAM 2178 de 4 x 10 mm^2 hasta TP.

Circuito seccional: 5,5 m de conductor IRAM NM 247-3 de 4 (1 x 4) mm^2 hasta TS.

Resultado de cálculo de cortocircuito utilizando Anexo 771-H.

Corriente máxima de cortocircuito en bornes de salida de transformador de 630 kVA: I"kt =21458 A (Tabla 771-H.II). Este valor no interviene en la selección de los componentes de la instalación eléctrica.

Corriente máxima de cortocircuito en el punto de vinculación de la acometida a línea principal

Con la corriente 21000 A (aproximada de 21458 A) y la Tabla 771-H.III para 23 m de conductor IRAM 2263–Al de 3 (1 x 50 mm^2) + 50 mm^2 Al/Al se obtiene el valor *I"ka = 8174 A*. Este valor no interviene en la selección de componentes de la instalación eléctrica.

Corriente máxima de cortocircuito en TP

Con la corriente de 7000 A (aproximada de 8174 A) y la Tabla 771-H.V para 5,7 m de conductor IRAM 2178 –Cu de 4 x 10 mm^2 se obtiene el valor de I"ktp = 4999 A. Este valor interviene en la verificación de la sección mínima de conductores del circuito seccional y en el poder de corte de las protecciones ubicadas en TP.

Corriente máxima de cortocircuito en TS

Con la corriente de 5000 A (aproximada de 4999 A) y la Tabla 771-H.VI para 5,5 m de conductor IRAM NM 247-3–Cu de 4 (1 x 4) mm^2 se obtiene el valor de I"kts = 3144 A. Este valor interviene en la verificación de la sección mínima de conductores de circuitos y en el poder de corte de las protecciones de circuitos ubicadas en TS.

Protección de las instalaciones (771.19)

Circuito seccional

En TP interruptor automático modelo D25A-4P más un interruptor diferencial de modelo In = 40 A, $I_{\Delta n} \leq 300mA$ -4P.

Circuitos terminales

En C1 interruptor automático modelo B10A-2P, más un interruptor diferencial de In = 40 A; $I_{\Delta n} \leq 30mA$ -2P.

En C2 interruptor automático modelo B10A-2P, más interruptor diferencial de In = 40 A, $I_{\Delta n} \leq 30mA$ -2P.

En C3 interruptor automático modelo C16A-2P, más interruptor diferencial de In = 40 A, $I_{\Delta n} \leq 30mA$ -2P.

En C4 interruptor automático modelo C16A-2P, más interruptor diferencial de In = 40 A, $I_{\Delta n} \leq 30mA$ -2P.

En C5 interruptor automático modelo B16A-2P, más interruptor diferencial de In = 40 A, $I_{\Delta n} \leq 30mA$ -2P.

Conductor del circuito seccional (TP –TS)

Conductor IRAM NM 247-3–Cu de 4 (1 x 4) mm^2 en cañería metálica.

Sobrecargas

Determinación de las corrientes de proyecto Ip.

Se puede observar que en esta configuración existe el doble de bocas de iluminación y de tomacorrientes. Sin embargo es posible dimensionar un sólo circuito IUG o TUG, pues las cantidades respectivas no superan las 15 bocas (ver planos).

Circuito C1: (12 x 150 VA)/220 V ≈ 8 A (fase L1).

Circuito C2: (12 x 150 VA)/220 V ≈ 8 A (fase L2).

Circuito C3: 2200 VA/220 V = 10 A (fase L3).

Circuito C4: 2200 VA/220 V = 10 A (fase L1).

Circuito C5: (900 VA/220 V ≈ 4 A (fase L2).

Circuito seccional: Fase L1 = 18 A, Fase L2 = 12 A, Fase L3 = 10 A.

Máxima corriente (fase L1) = 18 A.

Elección de la corriente asignada del dispositivo de protección: $In \geq Ip$

Se utilizarán interruptores automáticos que se detallaran más adelante.

Elección del conductor a partir de la corriente admisible:

Ic ≥ In

Selección de los conductores de los circuitos por corriente admisible y en las condiciones de su instalación:

Los circuitos C1+ C2 y C3 + C4 con conductores IRAM NM 247-3 y aplicando factor de Tabla 771.16.II.b:

$I_{c1,c2}$ = 15 A x 0,8 ≈ 12 A > 8 A.

$I_{c3,c4}$ = 21 A x 0,8 ≈ 17 A > 10 A.

I_{c5} = 21 A > 4 A.

El circuito seccional con conductores IRAM NM 247-3 de 4 x (1 x 4) mm^2 instalado en una cañería Clase II. Considerando método B52-2B1 a la temperatura de 40 °C resulta:

I_{secc} = 28 A (Tabla 771.16.I) > 18 A.

Poder de corte de las protecciones

Con el dato de corriente de cortocircuito en TP y TS:

I"ktp = 4999 A (I"k en TP).

I"kts = 3144 A (I"k en TS).

Capacidad de ruptura de las protecciones

Circuito seccional: Interruptor automático de 6 kA.

Circuitos terminales C1, C2, C3, C4, C5: Interruptor automático de 4,5 kA.

Verificación de la actuación de las protecciones por corriente mínima de cortocircuito

Datos de proyecto (Ver el plano de la instalación). Este cálculo es de similar resultado al ejemplo 7.2.1 pues si bien se duplican las bocas de iluminación y tomacorrientes, todos los circuitos parten del TS y se unen en el mismo TS.

Verificación de circuito seccional

Utilizando la Tabla 771-H.VII con la protección "ideal" de modelo D25A y corriente de cortocircuito de 6000 A y conductores IRAM NM 247-3 de 4 mm^2, resulta una distancia máxima de:

41 m > 5,5 m (verifica).

Nota: utilizando la Tabla 771-H.VII con la protección alternativa (más convencional) modelo C25A y corriente de cortocircuito de 6000 A y conductores IRAM NM 247-3 de 4 mm^2, resulta una distancia máxima de:

85 m > 5,5 m (verifica).

Verificación de la sección mínima por caída de tensión máxima admisible

Datos de proyecto (ver el plano de la instalación). Este cálculo es de similar resultado al ejemplo 7.2.1 pues si bien se duplican las bocas de iluminación y tomacorrientes, todos los circuitos parten del TS y se unen en el mismo TS.

Distancia de circuito seccional (TP – TS) = 5,5 m.

Verificación de circuito seccional (TP-TS)

(0,035 x 18 A x 5,5 x 100) / (4 x 380 V) ≈ 0,23% < 1 % (verifica)

Verificación de las protecciones diferenciales al cortocircuito (771-H.2.5)

Los interruptores diferenciales de modelo In= 40 A, $I_{\Delta n} \leq 30mA$ ubicados en TS para los circuitos C1, C2, C3, C4, C5 quedan protegidos por el interruptor automático de D25A ubicado en TP "aguas arriba".

El interruptor diferencial selectivo de modelo In= 40 A, $I_{\Delta n} \leq 300mA$-4P está protegido a las sobrecargas por medio del interruptor automático D25A.

7.2.3. Cuatro aulas de 6 m x 7 m cada una en planta 1 y cuatro aulas de 6 m x 7 m cada una en planta 2

Se define un TS1 en planta 1 con circuito seccional (TP- LS1) y un TS2 en planta 2 con circuito seccional (TP-LS2).

Alimentación: trifásica más neutro.

Datos de proyecto (Ver el plano de la instalación). Este cálculo en cuanto a las verificaciones para los circuitos es similar a los establecidos en ejemplos anteriores.

Sección mínima elegida de circuito seccional LS1 (TP-TS1): 6 mm^2 > 2,5 mm^2.

Sección mínima elegida de circuito seccional LS2 (TP-TS2): 6 mm^2 > 2,5 mm^2.

Cantidad y ubicación de tableros seccionales: Un TS1 en planta 1 y un TS2 en planta 2.

Protecciones de circuitos seccionales

En TP –TS1 interruptor automático modelo D32A-4P más un interruptor diferencial selectivo de In= 40 A, $I_{\Delta n} \leq 300mA$-4P.

En TP –TS2 interruptor automático modelo D32A-4P más un interruptor diferencial selectivo de In= 40 A, $I_{\Delta n} \leq 300mA$-4P.

Circuito seccional (TP –TS1):

Conductor IRAM NM 247-3–Cu de 4 (1 x 6) mm^2 en cañería metálica.

Circuito seccional (TP –TS2):

Conductor IRAM NM 247-3–Cu de 4 (1 x 6) mm^2 en cañería metálica.

Verificación a las sobrecargas:

Circuito seccional TP-TS1 (fase L1) = 18 A.

Circuito seccional TP-TS2 (fase L1) = 18 A.

I_{secc} = 32 A > 18 A. (Ver Tabla 771.16.I método B52-4B1 de la RIEI).

Verificación de la actuación de la protección elegida por sobrecarga

Considerando que se utilizarán interruptores automáticos menores a 63 A la condición *1,45 Ic ≥ If* se cumple por Norma de producto.

Verificación de las secciones mínimas de conductores y longitudes máximas para la acción instantánea de la protección asociada.

Verificación de circuitos seccionales (verificación para la sección de mayor longitud que es para LS2 y 20 m):

Utilizando la Tabla 771-H.VII con la protección D32A con corriente de cortocircuito de 6000 A y conductores IRAM NM 247-3 de 6 mm², resulta una distancia máxima de:

46 m > 20 m (verifica).

Verificación de la sección mínima por caída de tensión máxima admisible

Verificación de LS2 (mayor longitud):

(0,035 x 18 A x 20 x 100) / (6 x 380 V) ≈ 0,55 % < 1 % (verifica).

7.2.4. Cuatro aulas de 6 m x 7 m cada una en planta 1 y cuatro aulas de 6 m x 7 m cada una en planta 2. Aula de Centro de informática con tablero seccional TSC en planta 2

Se define un TS1 en planta 1 con circuito seccional LS1 (TP- LS1) y un TS2 en planta 2 con circuito seccional LS2 (TP-LS2) y un TSC y circuito seccional LS3 (TP-TSC).

Alimentación: trifásica más neutro.

Datos de proyecto (Ver el plano de la instalación). Este cálculo en cuanto a las verificaciones para los circuitos es similar a los establecidos en ejemplos anteriores.

Sección mínima elegida de circuito seccional LS1 (TP-TS1): 6 mm² > 2,5 mm².

Sección mínima elegida de circuito seccional LS2 (TP-TS2): 6 mm² > 2,5 mm².

Sección mínima elegida de circuito seccional LS3 (TP-TSC): 6 mm² > 2,5 mm².

Cantidad y ubicación de tableros seccionales: un TS1 en planta 1, un TS2 en planta 2 y un TSC en planta 2.

Selección inicial de protecciones de sobrecargas y cortocircuitos en circuitos seccionales: Interruptores automáticos selectivos modelo D32A–4P para cada circuito seccional LS1, LS2, LS3.

Selección inicial de protección para contactos eléctricos indirectos y fallas a tierra en cada circuito seccional: Interruptores diferenciales selectivos de modelo In= 40 A, $I_{\Delta n} \leq 300mA$ -4P en cada circuito seccional.

Circuitos TUG para sistemas informáticos (28 equipos de PC de 300 W cada uno por medio de tomacorrientes).

En este punto se debe decidir entre dos variantes de circuitos respecto a la protección diferencial asociada al circuito:

1 Variante: Utilización de interruptores diferenciales modelo $I_{\Delta n} \leq 30mA$ standard con la limitación que en cada circuito no se conecten más de 6 Pc's. En esta variante se deben dimensionar con

5 circuitos TUG para alimentar las 28 Pc's, con sus respectivos interruptores automáticos y diferenciales para cada circuito.

2 Variante: Utilización de interruptores diferenciales de modelo de $I_{\Delta n} \leq 30mA$ superinmunizado

Protección en circuitos seccionales

En TP–TS1 interruptor automático D32A-4P, más un interruptor diferencial selectivo de modelo In= 40 A, $I_{\Delta n} \leq 300mA$-4P.

En TP–TS2 interruptor automático D32A-4P, más un interruptor diferencial selectivo de modelo de In= 40 A, $I_{\Delta n} \leq 300mA$-4P.

En TP–TS3 interruptor automático D32A-4P, más un interruptor diferencial selectivo de modelo de In= 40 A, $I_{\Delta n} \leq 300mA$-4P.

Circuito seccional (TP –TS1):

Conductor IRAM NM 247-3–Cu de 4 (1 x 6) mm^2 en cañería metálica.

Circuito seccional (TP –TS2):

Conductor IRAM NM 247-3–Cu de 4 (1 x 6) mm^2 en cañería metálica.

Circuito seccional (TP –TSC):

Conductor IRAM NM 247-3–Cu de 4 (1 x 6) mm^2 en cañería metálica.

Sobrecargas:

Circuito seccional TP-TS1 (fase L1) = 18 A.

Circuito seccional TP-TS2 (fase L1) = 18 A.

Circuito seccional TP-TSC: 21 A (cálculo más adelante).

Registro de consumos y cargas:

Boca de iluminación denominada A (en planos) = 200 VA.

Boca para ventilador de techo denominada V (en planos) = 400 VA (se puede cargar al circuito de iluminación según 771.8.5.c).

Boca para Pc's = 300 VA.

CARGA POR CIRCUITO						
	C1	**C2**	**C3**	**C4**	**C5**	**C6**
N°	4	4	4	9	9	10
VA	800	1600	800	2700	2700	3000
Fase	L1	L2	L3	L1	L2	L3

Circuito C1 (TSC): (800 VA/ 220 V ≈ 4 A (fase L1).

Circuito C2 (TSC): (1600 VA)/ 220 V ≈ 8 A (fase L2).

Circuito C3: (TSC): (800 VA/ 220 V ≈ 4 A (fase L3).

Circuito C4 (TSC): (2700 VA/ 220 V ≈ 13 A (fase L1).

Circuito C5 (TSC): (2700 VA)/ 220 V ≈13 A (fase L2).

Circuito C6: (TSC): (3000 VA/ 220 V ≈ 15 A (fase L3).

Circuito seccional LS3: Fase L1 = 17 A, Fase L2 = 21 A, Fase L3 = 19 A.

Máxima corriente (fase L2) = 21 A.

Circuitos seccionales:

I $_{secc}$ = 32 A > 21 A.

Verificación de las secciones mínimas de conductores:

Verificación de circuitos seccionales para el de mayor longitud LS3 con 30 m:

Utilizando la Tabla 771-H.VII con la protección D32A con corriente de cortocircuito de 6000 A y conductores IRAM NM 247-3 de 6 mm^2, resulta una distancia máxima de:

46 m > 30 m (verifica).

Verificación de la sección mínima por caída de tensión máxima admisible:

Distancia de LS3 (TP – TS3) = 30 m.

(0,035 x 21 A x 30 x 100) / (6 x 380 V) ≈ 0,97 % > 1 % (verifica).

Por lo tanto, para el circuito seccional LS3, se adopta sección de 6 mm^2 en cañería metálica.

Módulo 8

Proyecto Eléctrico de un edificio de viviendas en PH
según método de la RIEI

Objetivo didácticos de este Módulo:

- Modelo de proyecto de un edificio de departamentos y locales comerciales en PH para aplicar lo conocido y plantear algunas ideas alternativas para la reflexión del lector. Este proyecto no es formal ni debe ser tomado como referencia ante alguna presentación y solo sirve como ejercitación de aplicación de temas técnicos para cumplir la RIEI. Incluso el lector podrá apreciar en lo particular que en los departamentos de un dormitorio no se considera la necesidad de instalar equipos para circuitos TUE siendo que la planta podría aconsejar esa necesidad.

- En la práctica cada modelo de cable y de instalación dispone de su tabla de selección y/ o corrección, en este ejemplo utilizaremos variantes pues se trata de ofrecer variantes didácticas. En un proyecto real a mi entender no se deben usar variantes de modelos de cableados que a veces están impuestos por exigencias legales y se relacionan con criterios de seguridad y funcionalidad eléctrica.

- En este ejemplo se utilizan cajas de borneras para derivar en cada piso los circuitos seccionales a los correspondientes TS, esta no es la única solución pues algunos proyectistas y asesores de proyectos prefieren que los circuitos seccionales de cables IRAM 2178 instalados en bandejas sean continuos es decir no se interrumpan en el piso, pues consideran que una caja de borneras puede ser fuente de fallas y/ calentamientos.

- El criterio es presentar alternativas de aplicación de la RIEI y, en definitiva, será la realidad del proyecto de arquitectura y las condiciones particulares la que aconsejará la mejor solución de aplicación.

- En este proyecto se verificarán algunas secciones de cables por medio del programa **DiCab 2 de Prysmian**, a modo de práctica de utilización.

Edificio de 48 departamentos en 13 plantas y 2 locales comerciales en planta baja.

8.0. MEMORIA DESCRIPTIVA

Es el proyecto de un edificio en PH que contiene 48 departamentos desarrollados en 12 pisos con 2 locales comerciales en planta baja, subsuelo de cocheras y servicios generales de bombeo de agua, ascensores e iluminación de espacios comunes (previstos para funcionar en forma automática horaria o en forma permanente).

La carga total para la selección del conductor de alimentación general se calculará mediante el método de la RIEI.

Los circuitos y medidores se ubican en gabinetes modulares ubicados en el subsuelo de cocheras y en un local adecuado a ese fin. Los medidores individuales de los departamentos, locales y el medidor trifásico de servicios generales deben responder a espacios definidos por la ED.

Reflexión: Se ha realizado un análisis de posibilidades técnicas y económicas para ubicar circuitos conjuntos en una misma cañería en departamentos y locales, para así poner en debate un tema que a veces se menciona como ventaja económica y de mano de obra.

El cuidado que se debe respetar en circuitos conjuntos (IUG + TUG) es, entre otras condiciones, no exceder las 15 bocas **en los tramos conjuntos.** De modo que propongo diseñar algunos circuitos en "varios ramales conjuntos" desde el TS como propuesta para que la condición de 15 bocas conjuntas máximas se cumpla.

Como se debe tomar una decisión final de proyecto y este trabajo tiene fines didácticos, me pareció de interés mostrar las situaciones que aporten al conocimiento de los lectores. Sobre el proyecto particular se podrán tomar otras decisiones si se considera que los circuitos conjuntos no son convenientes, por ejemplo, para el mantenimiento.

8.1. Puntos de utilización en departamentos y locales

Se determinan los puntos mínimos de utilización por ambiente y se agregan los equipos de aire acondicionado central (Local A) o individual (departamentos de dos dormitorios).

Los puntos de utilización responden a una ubicación probable para los muebles, equipos electrodomésticos e iluminación. También responde a la decisión de funcionalidad de los ambientes y usos de los espacios.

Los TS que contienen las protecciones en los departamentos, locales, cochera y servicios generales se ubicarán según necesidades.

En local A y departamentos de dos dormitorios, por su carga, se ha previsto instalación de suministro trifásico con neutro.

8.2. Carga de departamentos y locales

En este trabajo las cargas de todo tipo del edificio se calculan con los métodos de la RIEI.

8.3. Carga de servicios generales

Para la iluminación y tomacorrientes de servicios por proyecto se considera 100 VA por boca de iluminación (CS7) y 500 VA por tomacorriente de servicio (CS8).

Los valores de carga de motores y equipos auxiliares para ascensores y bombeo de agua se suponen que son datos de fabricantes de equipos similares con su correspondiente factor de potencia y rendimiento.

En este proyecto, los circuitos de servicios generales de iluminación automática de palier y escalera, los circuitos de servicios de iluminación y tomacorrientes de subsuelo (CS7 y CS8) y los circuitos seccionales de ascensores y bombeo de agua parten de un tablero de servicios generales ubicado en forma conjunta con los gabinetes de medidores en el subsuelo. En esta decisión se ha considerado un operador BA4 o BA5 como operador de los servicios generales como destinatario. Como suponemos que existe un encargado BA4 o BA5 en las tareas del edificio suponemos que la maniobra en el tablero de servicios no debería ser motivo de peligros. Si el proyectista considera que en sus datos la operación de los servicios generales será realizada por un operador BA1, debería proyectar con un tablero de servicios adecuado a ese operador y quizás en otro lugar físico

8.4. Carga del edificio

Se determina en cálculo más adelante.

8.5. Tipo de circuitos en departamentos

Se proyectan circuitos IUG, TUG y TUE (aire acondicionado con carga de 3300 VA en departamento de dos dormitorios).

Los circuitos parten de los correspondientes TS de departamentos, locales, cochera o servicios.

En el caso de instalar circuitos tipo IUG y TUG en la misma cañería, se debe corregir la corriente nominal de los conductores por el factor 0,8 lo que disminuye "la capacidad de carga" de cada circuito, por lo que también se debe disminuir la corriente asignada a la protección del circuito. Por ejemplo, seleccionando conductores de Tabla 771.16.I con instalación B52-2B1 de 1,5 mm^2 de corriente admisible de 15 A y con 2,5 mm^2 de corriente admisible 21 A, se deben utilizar interruptores automáticos modelos B10A y C16A.

De todos modos en este proyecto se decide para circuitos terminales la sección mínima de 2,5 mm^2.

Circuitos de bocas de iluminación y tomacorrientes

Circuitos de iluminación: No deben exceder las 15 bocas y los artefactos individuales previstos por boca de iluminación, no deben consumir más de 10 A.

Circuitos de iluminación con tomacorriente derivado: No deben exceder las 15 bocas y los artefactos individuales previstos por boca de iluminación, no deben consumir más de 10 A.

Circuitos de tomacorrientes: No deben exceder las 15 bocas y los artefactos individuales previstos por tomacorriente, no deben consumir más de 10 A.

Circuito de tomacorriente especial: Exclusivo para la alimentación del equipo de aire acondicionado (departamentos de dos dormitorios).

8.6. Cálculo de la carga en departamentos y locales

Departamentos de un dormitorio

> **Circuito 1 (C1)**: 2200 VA.
>
> **Circuito 2 (C2)**: 8 x 40 = 320 VA, pero como tiene tomacorrientes derivados de debe considerar con carga de 2200 VA.
>
> Carga por el método de la DPMS = 2200 VA + 2200 VA = **4400 VA**.

Departamentos de dos dormitorios

> **Circuito 1 (C1):** 2200 VA.

Circuito 2 (C2): 2200 VA (tiene tomacorrientes derivados).

Circuito 3 (C3): 2200 VA.

Circuito 4 (C4): 2200 VA (tiene tomacorrientes derivados).

Circuito 3 (C5): 3300 VA (este circuito se indica en plano para conectar el AA (sin tomacorriente) desde el TS).

Carga por el método de la DPMS = 2200 VA + 2200 VA + 2200 VA + 2200 VA+ 3300 VA = **12100 VA.**

Como se indicará más adelante y por la condición de caída de tensión en circuito seccional, este suministro se propone trifásico con neutro. Los circuitos C1 y C2 en una misma cañería y los C3 y C4 en una misma cañería.

Distribución de circuitos por cada fase:

Circuito 1+ Circuito 2 = 20 A en L1/N.

Circuito 3 + Circuito 4 = 20 A en L3/N.

Circuito 5 = 15 A. Este circuito se debe marcar en plano con un tomacorriente de 20 A para conectar el AA desde el TS) en L2/N.

Nota: Los circuitos en una misma cañería deben estar a una misma fase (ver plano).

Cocheras

Circuito 1 (C1): 13 x 100 VA = 1300 VA.

Circuito 2 (C2): 3300 VA (conexión a equipo eléctrico de accionamiento de portón acceso).

Carga = 4600 VA.

Local B

Circuito 1 (C1): 8 x 150 VA = 1200 VA (para locales comerciales no se aplica el factor 0,66).

Circuito 2 (C2): 2200 VA.

Circuito 3 (C3): 3300 VA (este circuito se debe marcar en plano con un tomacorriente de 20 A para conectar el AA desde el TS).

Carga por el método de la DPMS = 1200 VA + 2200 VA + 3300 VA = **6700 VA.**

Local A

De acuerdo a planos, se diseñan circuitos IUG, TUG y un circuito seccional (LAA) para AA central.

Circuito C1: 2200 VA (fase L1/N).

Circuito C2: 12 x 150 VA =1800 VA (fase L1/N).

Circuito C3: 2200 VA (fase L2/N).

Circuito C4: 2200 VA (fase L2/N), con tomacorrientes derivados.

Circuito C5: 2200 VA (fase L3/N).

Circuito C6: 2200 VA (fase L3/N, con tomacorrientes derivados.

Demanda de potencia máxima simultánea en fase L1:

2200 VA +1800 VA = 4000 VA (18 A).

Demanda de potencia máxima simultánea en fase L2:

2200 VA + 2200 VA = 4400 VA (20 A).

Demanda de potencia máxima simultánea en fase L3:

2200 VA + 2200 VA = 4400 VA (20 A)

Corriente en circuito LAA (carga trifásica) = 8000 VA / (1,73 x 380 V) = 12 A.

Carga total (fase más cargada):

(20 A + 12 A) x 1,73 x 380 V = **32 A** x 1,73 x 380 V = **21037 VA**.

Nota: los C1 y C2, o C3 y C4, o C5 y C6 en una misma fase por estar en una misma cañería.

8.7. Tipo de suministro para departamentos y local B

Suministro de 220 V.

8.8. Tipo de suministro para local A

Suministro trifásico más neutro de 3 x 380 V / 220 V.

8.9. Recorrido, tipo de conductores y canalización

En el plano se indica en cada boca de iluminación o tomacorriente el número de circuito al que pertenece. En los tramos se indica mediante una letra el número y sección de los conductores de fase, neutro, puesta a tierra y la sección de cañería.

Nota: La designación codificada es sólo al efecto de la presentación de los planos de esta propuesta y no quiere decir que sea la única forma de presentación.

DESIGNACIÓN DE TRAMOS DE CONDUCTORES, DE CANALIZACIÓN Y SECCIÓN DE CABLES DE PAT DE PROTECCIÓN EQUIPOTENCIAL.

TRAMO Y FUNCIÓN	TIPO y NORMA DE CONDUCTORES	TIPO DE CANALIZACIÓN	SECCION (mm²)
LÍNEA PRINCIPAL	IRAM 2178	Bandeja.	3 (1 x 120)+120 + T
CIRCUITOS SECCIONALES ENTRE TP-TSSG.	IRAM 2178	Interna entre gabinetes.	4 (1 x 16) + (1)
CIRCUITOS SECCIONALES DESDE TP-TS de departamentos y TLB.	IRAM 2178	Bandeja en SS, columna montante y cañería en planta baja y pisos.	Cables ver planilla. PAT de protección desde caja de cada piso (1).
CIRCUITO SECCIONAL DESDE TP y TLA.	IRAM 2178	Bandeja en SS, columna montante y cañería en planta baja y pisos.	Cables ver planilla. PAT de protección desde caja de piso (1).
CIRCUITOS SECCIONALES DESDE TP-TSCH.	IRAM 2178	Cañería en losa de SS.	2 (1 x 4) + (1).
CIRCUITOS SECCIONALES DESDE TP- TSAS.	IRAM 2178	Bandeja en SS, columna montante y cañería en terraza y sala de máquinas.	4 x 10 + (1).
CIRCUITO SECCIONAL DESDE TSG-TSI.	IRAM 2178	Cañería en SS y cañería en planta baja.	4 x 4 + (1).
CIRCUITO SECCIONAL DESDE TP-TSB.	IRAM 2178	Cañería en SS.	4 x 4 + (1).

CIRCUITOS DESDE TSSG para sistemas automáticos de iluminación.	IRAM NM 247-3	Columna montante en cañería embutida en espació técnico y cañería en pasillos.	3 x 2,5 + (1).
CIRCUITOS **en** Departamentos y locales.	IRAM NM 247-3	Cañería embutida.	2 x 2,5 + 2,5 4 x 4 + 2,5
PAT DE PROTECCIÓN DE BANDEJA.	De cobre desnudo	EN BANDEJA PORTACABLES	(2)

T: Conductor desnudo de cobre IRAM 2022 de 10 mm^2 (o lo que indique la ED).

(1).   Desde cajas de piso a TS con conductor de PAT de protección aislado de la sección mínima que imponga el conductor de fase.

(2).   Conductor de PAT de protección desnudo de 16 mm^2 para sistema equipotencial de puesta a tierra.

8.10. Protecciones en tableros seccionales

En los circuitos de iluminación y tomacorrientes se diseñaran interruptores automáticos Normas IRAM 2169, IEC 60898, aptos para proteger conductores de las secciones indicadas en planos.

Todos los modelos serán con enclavamiento mecánico de accionamiento simultáneo de los polos. De dos polos (2P) para los circuitos de 220 V y cuatro polos (4P) para circuitos de 380/220 V de tres fases y neutro.

La protección de los conductores de los circuitos seccionales entre el TP y los TS de departamentos y locales es cubierta mediante interruptores automáticos de los calibres indicados más adelante.

Se eligen protecciones diferenciales selectivas de 300 mA para cubrir el contacto indirecto en circuitos seccionales que contienen cajas metálicas de borneras (no se logra la Clase II).

Las características de curva de accionamiento de los circuitos IUG serán de curva B y para los TUG serán de curva C.

Los circuitos IUG de sección 2,5 mm^2 se protegen con interruptor automático modelo 2P- B16A.

Los circuitos TUG de sección 2,5 mm^2 se protegen con interruptor automático modelo 2P- C16A.

Los circuitos TUE para equipo de aire acondicionado con sección 2,5 mm^2 se protegen con interruptor automático modelo 2P- C20A.

En el local A el circuito terminal para alimentar el sistema de AA trifásico es de conductores IRAM NM 247-3 de 4 (1 x 2,5) mm^2 se protege mediante interruptor automático modelo C16A-4P.

8.11. Protecciones diferenciales instaladas en tableros seccionales y circuitos seccionales

Ver, más adelante, planilla de protecciones.

8.12. Esquema eléctrico. Normas de Materiales.

Se seleccionan para la columna montante de circuitos seccionales, conductores IRAM 2178 (o la variante IRAM 62266 si existen requerimientos legales) y de arquitectura (planilla de cables).

Mediante un sistema de bandeja metálica en subsuelo vinculada al TP se accede a la columna montante designada como CM. De la columna montante metálica y en cada piso, mediante caja de borneras de 500 mm x 500 mm, se derivan las alimentaciones de cables IRAM 2178 para cada TS de cada planta o piso.

Discusión didáctica:

¿Es técnicamente aceptable la variante de utilizar en circuitos seccionales tramos de cables IRAM 2178 y desde caja de borneras a tableros seccionales tramos de cables IRAM NM 247-3? La supuesta ventaja de este diseño es no tener que disponer de tramos completos de cables IRAM 2178; pero algunos proyectistas consideran que instalar tramos de circuitos secciónales completos debe ser cumplido.

Cambiar el modelo de cableado implica un cambio (en este caso una disminución) de la corriente admisible del conductor IRAM 247-3 a la misma sección respecto del conductor IRAM 2178. Esa situación debe ser contemplada en la corriente asignada de la protección de cabecera del circuito seccional.

El valor mínimo de sección de circuito seccional se considera de 4 mm² o mayor, de acuerdo a cálculos de caída de tensión que establezcan secciones mayores (ver más adelante y planos).

Características y normas de materiales

MATERIAL –ELEMENTO	CARACTERÍSTICAS y NORMAS
Interruptor diferencial.	IRAM 2301, IEC 61008.
Interruptor automático.	IRAM 2169, IEC 60898.
Tomacorriente bipolar con contacto a tierra.	IRAM 2071 de 10 A para TUG y 20 A para TUE.
Interruptor de efecto de uno o más puntos o tipo escalera.	10 A, IRAM 2007.
Llave pulsador timbre.	Ídem anterior
Caja rectangular de embutir.	100 mm x 50 mm., IRAM 2100, 2205, 2224, 2206.
Caja octogonal de embutir.	100 mm x 100 mm, IRAM ídem anterior.
Caño metálico.	IRAM 2005, 2100, 2205, 2224, 2206.
Conductor cobre aislado.	IRAM 2178.
Conductor cobre aislado unipolar tipo interior.	IRAM NM 247-3.
Transformador a campanilla para timbre de 12 V.	IRAM-IEC.
Sistema de PAT de protección del edificio.	IRAM 2184, 2281, 2309.
Tablero modular para interruptores automáticos e interruptor diferencial.	Según código del fabricante, material de estructura (chapa, sintético o con tapa policarbonato).

8.13. Cálculos de la carga

8.13.1. Carga de servicios generales

8.13.1.1. Carga de ascensores

Los datos de proyecto indican que se instalarán 2 equipos de 8 HP cada uno que establecen una corriente trifásica total de:

$$\text{I ascensores} = 2 \times 8 \text{ HP} \times 746 / 1,73 \times 380 \text{ V} \times 0,87 \times 0,91 = 23 \text{ A.}$$

(0,91 y 0,87 valores de rendimiento y factor de potencia).

Nota: Los cables para ascensores se han diseñado en dos circuitos seccionales, pero de modo de disponer en cada circuito la carga de los dos ascensores. Se debe tener en cuenta que la RIEI indica que cada ascensor debe tener su circuito seccional

Carga del sistema de ascensores = 23 A x 1,73 x 380 V = 15120 VA.

8.13.1.2. Carga de sistema de bombeo de agua

De datos de proyecto se instalará un equipo trifásico de 1,5 HP, lo que establece una corriente trifásica de:

I bombeo = 1,5 HP x 746 / 1,73 x 380 V x 0,86 x 0,88 =2,3 A.

Carga del sistema de bombeo = 2,3 A x 1,73 x 380 V = 1510 VA.

8.13.1.3. Carga de iluminación de servicios generales.

Por proyecto se ha previsto instalar iluminación automática en escaleras, palier y permanente en planta baja.

a) Circuitos de iluminación de escaleras (una luminaria de 100 VA, por rellano de escalera).

CS1 = 1 x 6 (pisos) x 100 VA = 600 VA.

CS2 = 1 x 6 x 100 = 600 VA.

b) Circuitos de iluminación de palier (dos luminarias de 100 VA por palier de piso).

CS3 = 12 x 100 VA = 1200 VA.

CS4 = 12 x 100 VA = 1200 VA.

c) Otros circuitos de servicios (iluminación y servicios en subsuelo)

CS7 = 4 x 100 VA para servicios de iluminación en subsuelo.

CS8 = 3 x 500 VA para servicios de tomacorrientes en subsuelo.

Tablero TSI: ubicado en la zona de entrada, se diseña con dos circuitos CS5 y CS6 y con criterio de ampliación de carga para posibles sistemas de iluminación de emergencia, sistemas de seguridad de acceso, iluminación de fachadas, etc. Está alimentado con el circuito seccional C015.

CS5 = 1500 VA (15 bocas totales de iluminación).

CS6 = 1000 VA (1 tomacorriente para sistema de PE).

8.13.2. Carga total del edificio

Corrientes de servicios generales

CS1 = 600 VA (L1/N) - 2,70 A.

CS2 = 600 VA (L2/N) - 2,70 A.

CS3 = 1200 VA (L3/N) -5,45 A.

CS4 = 1200 VA (L1N) – 5,45 A.

CS5 = 1500 VA (L2/N) –6,8 A.

CS6 = 1000 VA (L3/N) –4,5 A.

CS7 = 400 VA (L1/N) - 1,8 A.

CS8 = 1500 VA (L1/N) – 6,8 A.

Circuito seccional CSAS = 15120 VA (L1/L2/L3/N)- 23 A.

Circuito seccional CSB = 1510 VA (L1/L2/L3/N)- 2,29 A.

Total fase L1 = 2,70 A + 5,45 A + 1,8 A + 6,8 A + 23 A + 2,29 A = **42,04 A.**

Total fase L2 = 2,70 A + 6,80 A + 23 A + 2,29 A = 34,79 A.

Total fase L3 = 5,45 A + 4,50 A + 23 A+ 2,29 A = 35,24 A.

Carga total servicios generales = 42,04 A x 1,73 x 380 V ≈ **27637 VA**.

Con 48 departamentos (24 de 4400 VA) x **0,5** + (24 de 12100 VA) x 0,4. El local B con 6700 VA, el local A con 21037 VA, el TSCH (cocheras) de 4600 VA, y los servicios generales con 27637 VA resulta:

Corriente simultánea aproximada (valor máximo):

(24 x 4400 VA x 0,5)/ 1,73 x 380 V + (24 x 12100 VA x 0,4)/ 1,73 x 380 V + 6700 VA/ 220 V + 21037 VA/ 1,73 x 380 V + 4600 VA/ 220 V + 27637 VA/ 1,73 x 380 V.

Cálculo aproximado de corriente simultánea:

It ≈ **361 A**

En cuanto a coeficientes de simultaneidad y con fines didácticos, se han utilizado los establecidos por la Tabla 771.9.III para 25 departamentos cuando el límite para estos coeficientes es para 24 departamentos. El proyectista decidirá cuáles son los valores para su proyecto. En locales, cochera y servicios generales se ha utilizado simultaneidad unitaria como lo sugiere la RIEI en el punto 771.9.4.2.

Para obtener la corriente simultánea en forma rigurosa se debe tener en cuenta que las cargas monofásicas estarán en fases diferentes. El cálculo aproximado no dice que en los 24 departamentos la carga por fase se equilibrará por ser 24 un múltiplo de 3. Para las otras cargas monofásicas como el local B y la cochera se debe tomar la carga de la fase que está más cargada.

Con la corriente de **361 A** se seleccionará el tipo y sección de los conductores del alimentador del edificio.

La carga del edificio se suministrará al tablero general de medición mediante conductores IRAM 2178 (62266) en XLPE en un conjunto de cuatro unipolares (tres fases y neutro) de cobre de 120 mm² en un plano según Tabla 771.16. III (pag.99 RIEI) para método F de instalación en bandeja perforada (3 x 1 x plano) que en conjunto admiten **364 A > 361 A**.

La alimentación al edificio se realizará desde la red subterránea mediante una caja tipo normalizada por la ED y ubicada en línea municipal con fusibles NH para cada fase y libre acceso del personal de la ED.

En algunas provincias la Dirección de Bomberos exige que en "paralelo" con la caja de fusibles de la ED se instale una caja con medición de servicio de emergencia para bomberos y se derive desde esa caja la alimentación a sistema de bombeo de extinción de incendios; de modo que si se corta la alimentación general del edifico se disponga de energía de emergencia. Ver archivo denominado Pilar de Acometida.

8.14. Descripción general de la instalación

En un recinto adecuado en subsuelo, no vinculado al bombeo de agua y no inundable, se ubicarán los gabinetes denominados GM que contienen los medidores de energía. En planos, se observa que los gabinetes están separados 300 mm del suelo para cumplir con lo especificado al respecto.

Los medidores y protecciones están contenidos en gabinetes. También el TSG (tablero de servicios generales) está contenido en un GSG (gabinete de servicios generales).

Al gabinete que vincula la carga del edificio con la alimentación general se lo denomina genérica-mente GM.

Generalmente, en el tablero de medidores, la ED exige disponer de un dispositivo de corte general de la carga de tipo seccionador fusible bajo carga con fusibles tipo NH.

El tablero de medidores contiene los medidores monofásicos y trifásicos y el medidor trifásico de servicios generales.

En el módulo GSG se instalará una placa de montaje donde se ubicaran los elementos y dispositivos eléctricos que permiten establecer los circuitos seccionales de servicios generales de iluminación automática indicada anteriormente. De este módulo GSG, también parte el circuito seccional para ascensores (CSAS). Para el sistema de bombeo (CSBO), el circuito seccional CO15 al TSI que contiene los circuitos de servicios CS7 y CS8.

Luego del GSG, se montarán los cuatro gabinetes o tableros de medición de usuarios, uno para 16 medidores de medidas 830 mm x 1650 mm (GM3) y tres, para 12 medidores (denominados GM1, GM2, y GM4) de medidas 630 mm x 1650 mm.

Los fusibles **anteriores** a cada medidor son tipo NH "solo en fase" con sus correspondientes bases porta fusibles. Se ha implementado como protecciones de salida o posteriores a cada medidor de los departamentos, locales y servicios generales, interruptores automáticos e interruptores diferen-ciales de los valores indicados más adelante.

El uso de interruptores diferenciales de $I_{\Delta n} \leq 300mA$ (selectivos) modelo bipolar o tetrapolar garan-tiza la desconexión por falla a tierra en circuitos seccionales donde no se ha logrado, en este ejem-plo, la Clase II.

La acometida descripta de caja de fusibles NH en ingreso del edificio cumplirá con todo lo especifi-cado por la ED (tipo de materiales, disposición de elementos y sistema de puesta a tierra).

Desde el tablero de medidores parten los circuitos seccionales mediante conductores de tipo IRAM 2178, en columna montante con conjuntos de cables desde tablero de medidores hasta cajas de borneras ubicadas en cada piso (cajas de chapa de borneras de 500 mm x 500 mm) y continúan has-ta los correspondientes TS.

Los conjuntos tienen las siguientes características:

SECCIONES					
CONJUNTO	MONOFASICO	TRIFÁSICO	PISO	DEPTO 1 D	DEPTO 2 D
CO1	2 x (2 x 4+ 4)	2 x (4 x 4 + 4)	1	2 DEPTOS	2 DEPTOS
CO2	2 x (2 x 6+ 6)	2 x (4 x 4 +4)	2	2 DEPTOS	2 DEPTOS
CO3	2 x (2 x 6+ 6)	2 x (4 x 4 +4)	3	2 DEPTOS	2 DEPTOS
CO4	2 x (2 x 10+ 10)	2 x (4 x 4 +4)	4	2 DEPTOS	2 DEPTOS
CO5	2 x (2 x 10+ 10)	2 x (4 x 6 +6)	5	2 DEPTOS	2 DEPTOS
CO6	2 x (2 x 10 + 10)	2 x (4 x 6 + 6)	6	2 DEPTOS	2 DEPTOS
CO7	2 x (2 x 10 + 10)	2 x (4 x 6)	7	2 DEPTOS	2 DEPTOS
CO8	2 x (2 x 16+ 16)	2 x (4 x 6 +6)	8	2 DEPTOS	2 DEPTOS
CO9	2 x (2 x 16 + 16)	2 x (4 x 10 +10)	9	2 DEPTOS	2 DEPTOS
CO10	2 x (2 x 16 +16)	2 x (4 x 10 + 10)	10	2 DEPTOS	2 DEPTOS
CO11	2 x (2 x 16 +16)	2 x (4 x 10 +10)	11	2 DEPTOS	2 DEPTOS
CO12	2 x (2 x 16 +16)	2 x (4 x 10 +10)	12	2 DEPTOS	2 DEPTOS
CO13	-	4 x 10 +10	PB	LOCAL A	
CO14	2 x 6 + 6	-	PB	LOCAL B	
CO15	-	4 x 4 + 4	PB	TSI	
CO16	2 x 4 + 4	-	PB	TS DE COCHERAS	
CSB	-	4 x 4 + 4	SS	TS DE BOMBEO	
CSAS	-	2 x (4 x 10 +10)	TZA	TS DE ASCENSORES	

El Instalador debe respetar en los circuitos seccionales monofásicos que el conjunto de cada piso sea de una misma fase y neutro para evitar la posibilidad de falla en 380 V.

El conductor de PAT de protección conectado a la bandeja metálica **y la bandeja metálica con continuidad** establecen un sistema equipotencial de PAT de protección.

La adopción de conductores IRAM 2178 obedece a la decisión de implementar una columna montante "sin cañería". Los cables serán soportados en bandejas de tipo escalera en un "pleno" de espacio técnico (condición de edificación denominada de "difícil de evacuación"). Los conductores se atarán ordenadamente y por conjunto para facilitar el mantenimiento, cambio, o recambio a sistemas trifásicos futuros, si fuera esa la necesidad.

Desde la columna montante descripta se derivarán los circuitos seccionales correspondientes de cada piso mediante una caja de 500 mm x 500 mm y borneras de transición a conductores de IRAM 2178 para alimentar cada TS de departamento o local, según se indica en plano.

Nota: algunas especificaciones exigen una continuidad de los circuitos seccionales, es decir "sin empalmes", por lo que este sistema no sería válido y la caja de derivación no tendría borneras y sería sólo una caja de paso de conductores.

Este sistema de columna montante en bandeja es el que más se adapta a la ubicación del espacio técnico dispuesto en este proyecto particular.

Esta solución cumple con el requisito básico de instalar circuitos seccionales exclusivos para cada usuario, pues el consumo de potencia de cada uno se debe registrar en su exclusivo medidor.

Desde la caja de piso, los conductores irán contenidos en cañería hacia los correspondientes TS.

La cañería que contiene los conductores de circuitos internos en departamentos y locales será indicada en los planos. En cuanto a materiales sintéticos se debe consultar lo exigido por la Autoridad de Aplicación.

Las cañerías contenidas en paredes con bloques no deben quedar sueltas.

Las cajas de todo tipo se conectarán mediante conectores.

Cuando se utilice tuerca y boquilla, la boquilla debe ubicarse en la caja correspondiente de conexión.

Para los conectores sintéticos, las cajas serán del mismo tipo. Debe asegurarse la calidad de los mismos para la fijación de los futuros elementos.

Los conductores de los circuitos de usos generales y hasta la última boca serán de cobre 2,5 mm^2 (según planilla de materiales y planos de cableado) más un conductor de PAT de protección de cobre de color verde/ amarillo aislado de sección mínima 2,5 mm^2.

Códigos de designación de conjuntos indicado en planos (ejemplo de interpretación):

a: 2 x 2,5 + 2,5 mm^2 en caño RS16 o RL16 (5/8"). Indica que se instalaran conductores de fase y neutro de 2,5 mm^2 y uno más de 2,5 mm^2 (bicolor verde-amarillo) todos en un caño designado comúnmente como 5/8 de pulgadas.

Las conexiones a interruptores de efecto con conductores de 2,5 mm^2 y con PAT de protección 2,5 mm^2 (verde amarillo).

Se instalará entre el Gabinete de medición GM y el GSG conductores de IRAM 62267 de 4 (1 x 16) mm^2 que admite según Tabla 771.16.I, método B52-4B1 el valor de In = 59 A > 42 A. Este circuito seccional al medidor de energía trifásica de servicios generales ubicado en GSG, se protegerá mediante interruptor automático tetrapolar de tipo 4P- D50A.

Eventualmente, según lo requerido por la ED, el medidor se alimentará a través de transformadores de corriente con bobinado secundario de medición de 5 A.

8.15. Descripción del sistema de PAT de protección

El sistema de PAT de protección general del edificio que se propone es:

a) 4 Jabalinas (en sistema que permita la inspección de medición) de acero-cobre (IRAM 2309) instaladas en un lugar previsto de acometida a GM, conectadas con conductor de cobre desnudo de 10 mm².

b) En la bandeja metálica se verificará su continuidad metálica y se conectara a la PAT.

c) El conductor general de PAT de protección de bandeja de columna montante se conectará a un hierro de la estructura de modo de complementar el sistema de PAT de protección con la estructura del edificio.

8.16. Descripción del sistema de servicios generales

Del GSG salen los circuitos seccionales de alimentación al sistema de:

1. Bombeo de agua (CSB).

2. Sistema de ascensores con un sólo circuito seccional CSAS (algunas especificaciones exigen dos circuitos seccionales, uno para cada ascensor).

3. Circuito seccional CO15 a TSI (CS5+ CS6).

4. Circuitos de 220 V para iluminación automática de escaleras, de palier, de planta baja, de subsuelo, etc., según lo indicado en planos (CS1, CS2, CS3, CS4).

5. Circuito CS7 de iluminación de servicios en subsuelo y circuito CS8 de tomacorrientes de servicios en subsuelo.

Todos los circuitos se encuentran designados en planos y en la tabla de protecciones, se indican las correspondientes de cada circuito.

8.17. Descripción del sistema de protección

En cada departamento y local se instalará un TS de comando y protección ante sobrecarga y cortocircuitos de las instalaciones internas y un interruptor diferencial de $I_{\Delta n} \leq 30mA$ para despejar contactos directos e indirectos.

El uso obligatorio en TS de la protección diferencial, tanto monofásica como trifásica de $I_{\Delta n} \leq 30mA$, es la única garantía para evitar los peligros de los contactos directos o indirectos.

Las instalaciones cubiertas por protección diferencial deben ejecutarse, medirse y mantenerse en forma cuidadosa para evitar su accionamiento por fugas propias del uso, fallas o equivocaciones en la aislación de conexiones en cables y equipos.

Los circuitos que salen de los TS de departamentos, locales, etc., han sido calculados de modo a ofrecer la potencia de utilización prevista y futura de iluminación y tomacorrientes y evitar que la instalación tenga que modificarse y/o ampliarse originando mayores gastos y peligrosas extensiones exteriores.

8.18. Sistema de servicios

Para iluminación automática de palier y escalera con conductores de 2,5 mm² (IRAM NM 247-3).

Las canalizaciones se establecen por espacio técnico aledaño a zona de columna montante (ver plano).

En bajadas a llaves de efectos /o pulsadores de operación de artefactos de iluminación se establecen conductores de fase de 1,5 mm² y de 2,5 mm² verde/ amarillo de PAT de protección según IRAM NM 247-3, contenidos en cañería de 5/8".

Circuitos de sistema automático de iluminación

El sistema tiene un interruptor horario programable día-noche y el circuito es activado al operar cualquier pulsador del circuito.

Circuito CS1: Circuito de sistema de iluminación de escaleras (1 a 6 piso), con 6 bocas de iluminación y carga 600 VA.

Circuito CS2: Circuito de sistema de iluminación de escaleras (7 a 12 piso) con 6 bocas de iluminación y carga 600 VA.

El sistema automático de escaleras independiente del sistema de palier establece una alternativa más eficiente en edificios con ascensores, donde los usuarios que utilizan el palier no necesitan iluminar las escaleras en su desplazamiento.

Circuito CS3: Circuito de sistema horario de iluminación de palier de pisos 1 hasta 6 piso con 12 bocas de iluminación y carga 1200 VA.

Circuito CS4: Circuito de sistema horario de iluminación de palier de pisos 7 hasta 12 piso con 12 bocas de iluminación y carga 1200 VA.

Circuitos de conexión fija

Circuito seccional CSB:

Alimentación a TSB ubicado cercano a la cisterna de subsuelo. La carga del TSB se maneja por contactores y protección térmica de falta de fase con los accionamientos de la bobina de los contactores de acuerdo a la posición de los contactos específicos ubicados en cisterna y tanque elevado.

Se instalan protecciones de falta de fase para resolver y desconectar las faltas de fase en este circuito seccional de servicios.

Las protecciones de falta de fase en alimentación a motores trifásicos son indicadas por la RIEI.

Las señales de tensión al tanque elevado se realizarán con conductores de 2 x 1 mm² que recorre el espacio técnico disponible de columna montante. La alimentación al sistema de flotante es de MBTS (12 V) para así evitar accidentes de electrificación en este sistema relacionado con tanques de agua.

Circuito seccional CSAS:

Alimentación trifásica a TSAS en sala de máquinas dispuesto para ese fin que contiene un **interruptor bajo con carga** (no es una protección) para seguridad del personal mantenimiento de ascensores.

Sistema de TV:

Se ha previsto un sistema de canalización y bocas de conexión de aparatos desde una columna montante con canalizaciones verticales y horizontales según lo indicado en planos.

Sistema de portero eléctrico:

Se ha previsto instalar la cañería y bocas en departamentos (zona de cocina) y canalización general por espacio técnico de palier.

Líneas de teléfonos:

Se diseña por medio de un profesional matriculado en la empresa de telefonía, quien realizará las gestiones de proyecto de acuerdo a sus Normas y Especificaciones.

ESPECIFICACIONES TÉCNICAS

8.19. Materiales

Responderán a lo exigido en Normas IRAM respectivas y lo indicado en proyecto.

8.19.1. Conductores

Todos los conductores de salida de medidores serán según Normas IRAM y los de acometida de la ED serán según sus Especificaciones técnicas.

8.19.2. Canalización o cañería

Caños metálicos semipesados y caños sintéticos flexibles.

Cajas de modelo octogonal de 100 mm x 100 mm de embutir con ganchos normalizados para colocar artefactos.

Cajas rectangulares de 100 mm x 50 mm para tomacorrientes e interruptores de efecto.

Conectores de tipo sintético, metálico, etc.

8.19.3. Interruptores de efecto

Interruptores de efecto de uno, dos, tres efectos, de corriente asignada mínima 10 A.

8.19.4. Tomacorrientes

Para circuitos TUG tipo bipolar con toma de tierra denominado 2 P + T de 10 A. Los ubicados a menos de 0,9 m de piso terminado deben ser aptos para personas BA2 (niños) de modelos con bloqueo de inserción (ver los especificados en escuelas).

Para circuitos TUE tipo bipolar de 20 A con toma de tierra denominado 2 P + T.

8.19.5. Protecciones

a) **Interruptores automáticos**.

> Bipolares o tetrapolares de características según planilla de protecciones.

b) **Fusibles** (solo en línea de acometida).

> Tipo alto poder de ruptura, tipo NH descartables luego de la fusión.

c) **Interruptores diferenciales**.

> De corriente diferencial de $I_{\Delta n} \leq 30mA$ o $I_{\Delta n} \leq 300mA$ según planilla de protecciones.

8.19.6. Tableros

a) **De departamentos y locales**.

> Modulares aptos para interruptores automáticos e interruptor diferencial.

b) **De medidores**.

> En tamaño y construcción de acuerdo a Especificación Técnica de la ED.

c) **De servicios generales**.

> Contiene las protecciones de circuitos de servicios de ascensores, de bombeo y para circuitos de servicios.

CÁLCULO Y VERIFICACION DE CONDUCTORES.

8.20. Verificación de secciones mínimas de conductores por corriente admisible

Para esta verificación no consideramos el tramo de línea desde la caja de fusibles en la entrada del edificio hasta los tableros de medidores por entenderse que en este caso su valor será reducido (conductores de 120 mm²) y su cálculo no aporta mucho a los condicionamientos de caída de tensión establecidos por la RIEI. Deseo recalcar que el tema de verificar las condiciones de caída de tensión en forma precisa, llevaría a suponer esquemas de carga asimétricos en instalaciones de suministro trifásico, pues no podemos asegurar que los circuitos estarán siempre cargados de la manera que lo hemos establecido. Cubrir todas las circunstancias, entiendo, llevaría a complicar los cálculos de un tema donde sabemos no existen valores absolutos, pues la tensión de suministro, como se sabe, es variable (±5%) y depende de condiciones que maneja la ED.

8.20.1. Conductores de circuitos seccionales a departamentos, cochera y locales

Departamentos de un dormitorio: 20 A en 220 V.

Departamentos de dos dormitorios: 20 A en 380 V/ 220 V.

Cocheras: 21 A en 220 V

Local B: 30 A en 220 V.

Local A: 32 A en 380 V/220 V.

Con las corrientes de proyecto se verifican o establecen las secciones de conductores a partir de la **mínima establecida en este proyecto y de 4 mm²** (cable IRAM 2178 bipolar, pag.96, Tabla 771.16.III de PVC- LSOH método C (2 x o 2 x 1 x) que admite 31A.

Con la corriente de proyecto se verifica que el conductor seleccionado mínimo de 2 x 4 mm² cumple con lo exigido.

Se seleccionan, en principio, conductores IRAM 2178 de 2 x 4 mm² de sección mínima.

> Discusión didáctica: El lector puede observar que las Tablas de pág. 98 y 99 de la RIEI establecen secciones desde 25 mm² siendo que comercialmente existen secciones de cables unipolares de menores secciones. La explicación que he podido conocer en este tema es que las secciones de cables unipolares menores de 25 mm² instalados **en bandejas perforadas** pueden quedar atascados en los orificios de las bandejas, por eso no los permite el RIEI en esas condiciones de instalación.

Posteriormente se deberán resolver las otras condiciones de selección y establecer conductores de mayor sección para alimentar pisos más alejados y cumplir los requerimientos exigidos de caída de tensión.

En local A el suministro es trifásico más neutro para la corriente de 32 A, por lo tanto, la sección de inicio de cálculo debería ser 4 x 6 mm² (cable IRAM 2178 tripolar más neutro Tabla 771.16.III de PVC bandeja no perforada método C (3 x o 3 x 1 x) que admite 36 A.

8.20.2. Conductores de circuitos de servicios generales y línea de alimentación general del edificio

En los circuitos de servicios generales se utiliza conductores IRAM NM 247-3 de 2,5 mm².

Los circuitos seccionales CSAS y CSB en principio con conductores IRAM 2178 de 4 x 10 mm², y de 4 x 4 mm² respectivamente.

El conductor de alimentación al TSG según IRAM 2178 y de sección 4 x 16 mm².

El conductor general del edificio según IRAM 2178 de secciones 3 x (1 x 120) mm². + 120 mm².

8.21. Verificación de conductores por máxima caída de tensión (utilización de programa DiCab 2 de Prysmian)

Verificación (en el plano) de las distancias máximas de circuitos tipo IUG, TUE y TUE:

SECCION NOMINAL (mm²)	DISTANCIA MÁXIMA EN METROS PARA LOS CIRCUITOS CONSIDERANDO LA CORRIENTE MÁXIMA ESTABLECIDA POR BOCA O POR CIRCUITO Y EL LÍMITE DE 2 % EN LA CAIDA DE TENSIÓN.	
	DEPARTAMENTOS Y LOCALES	
	Los circuitos IUG de 2,5 mm² tipo tienen tomacorrientes derivados, por los tanto se consideran con corriente de **10 A**.	
	Circuitos IUG de 2,5 mm² con corriente de **10 A**.	
	Circuitos TUE de 4 mm² y corriente de **15 A**.	
	Método RIEI	**Programa DiCab 2**
2,5	**29,33 m**	**Cable Afux 750, 10 A, 28 m, caída 1,909 %**
4	29,33 m	**Cable Afux 750, 10 A, 28 m, caída 1,909 %**

Verificación en circuitos seccionales:

Corrientes de proyecto de la fase más cargada:

Departamentos de un dormitorio: 20 A en 220 V.

Departamentos de dos dormitorios: 20 A en 380/220 V.

Cocheras: 21 A en 220 V.

Local B: 30 A en 220 V.

Local A: 32 A en 380 V/220 V.

Se deben verificar las secciones de los circuitos seccionales para verificar una máxima caída de tensión de 1 %.

Caída de tensión límite de 1 % para circuitos seccionales a TS de departamentos de un dormitorio con corriente de 20 A en 220 V.

Por proyecto, el TS del departamento más alejado está a 36 m del tablero de medidores y la sección a verificar es, en principio, la de 4 mm².

X = 1 x 4 x 220 V / 0,04 x 20 A x 100 = 11 m (hasta 1° piso).

X (verificación Di Cab2): Con 20 A, 11 metros y cable Afux 750 de 4 mm², se obtiene el mismo valor de 11 m.

En este caso, **se verificaría sólo hasta 1° piso** la condición de máxima caída de tensión a la corriente y distancia de proyecto.

Debemos redimensionar los circuitos seccionales de los diversos tramos para cumplir lo requerido por la RIEI.

Distancias máximas de circuitos seccionales para máxima caída de tensión del 1% referida a la tensión de suministro de 220 V:

X = 1 x 6 x 220 V / 0,04 x 20 A x 100 = 16,5 m (verifica en tramos hasta pisos 2°, 3°).

X = 1 x 10 x 220 V /0,04 x 20 A x 100 = 27,5 m (verifica en tramos hasta pisos 4°, 5°, 6°, 7°).

X = 1 x 16 x 220 V /0,04 x 20 A x 100 = 44 m (verifica en tramos hasta pisos 8°, 9°, 10°, 11°, 12°).

X (verificación Di Cab2): Con 20 A, 16,5 metros y cable Afux 750 de 6 mm^2, se obtiene el valor de 16,8 m.

Para circuitos seccionales a TS de departamentos de dos dormitorios y carga de 12100 VA, las empresas de distribución exigen, en general, suministro trifásico.

Ante esta realidad, decidimos el suministro trifásico más neutro para departamentos de dos dormitorios, con corriente máxima por fase de 20 A.

Caída de tensión límite de 1 % para circuitos seccionales a TS de departamentos de dos dormitorios con corriente de 20 A y suministro de 380 V/220 V.

Distancias máximas de circuitos seccionales para máxima caída de tensión del 1% referida a la tensión de suministro de 380 V:

X = 1 x 4 x 380 V / 0,035 x 20 A x 100 = 21,8 m (verifica en tramos hasta pisos 1°, 2°, 3°, 4°).

X = 1 x 6 x 380 V / 0,035 x 20 A x 100 = 32,6 m (verifica en tramos hasta pisos 5°, 6°, 7°, 8°).

X = 1 x 10 x 380 V / 0,035 x 20 A x 100 = 54,3 m (verifica en tramos hasta pisos 9°, 10°, 11°, 12°).

Caída de tensión límite de 1 % para circuito seccional a TS de cocheras con corriente de 21 A en 220 V

Por proyecto, el TS de las cocheras está a 3 m del tablero de medidores y la sección a verificar es en principio la de 4 mm².

X = 1 x 4 x 220 V / 0,04 x 21 A x 100 = 10,5 m (esta sección de **4 mm²** verifica para tramo hasta el TS de cocheras).

Caída de tensión límite de 1 % para circuito seccional a TS de local B con corriente de 30 A en 220 V

Por proyecto, el TS del local B está a 10 m del tablero de medidores y la sección a verificar es:

X = 1 x 6 x 220 V / 0,04 x 30 A x 100 = 11 m (esta sección de **6 mm²** verifica para el tramo hasta el TS de Local B).

Caída de tensión límite de 1 % para circuito seccional a TS de local A con corriente de 32 A en 380 V / 220 V

Por proyecto, el TS de local A está a 13 m del tablero de medidores y la sección a verificar es:

X = 1 x 10 x 380 V / 0,035 x 32 A x 100 = 33,9 m (esta sección de **10 mm²** verifica para el tramo hasta el TS de local A).

Finalmente, en el diagrama de columna montante del edificio y con los recorridos de los circuitos seccionales, se indican las secciones definitivas de los conductores a utilizar para los distintos tramos.

Caída de tensión límite de 2,5 % para el circuito seccional al TSAS a 40 m con corriente de 23 A por fase en sistema tetrapolar de 380 V/ 220 V.

Corriente de proyecto de 23 A.

X = **2,5** x 10 x 380 V / 0,035 x 23 A x 100 = 118 m (esta sección de **10 mm²** verifica para el TS de ascensores).

Caída de tensión límite de 2,5 % para el circuito seccional al TSB a 10 m con corriente de 2,3 A por fase en sistema tetrapolar de 380 V/ 220 V.

Corriente de proyecto de 2,3 A.

X = **2,5** x 4 x 380 V / 0,035 x 2,3 A x 100 = 472 m (esta sección de **4 mm²** verifica para el TSBO de bombeo).

Se debe considerar que el valor de **2,5** % que intervino en las fórmulas anteriores obedece a garantizar que en el arranque de estos motores, donde suponemos un valor de corriente de arranque de 6 In que no origine una caída de tensión mayor al 15 %, es decir se cumpla la relación 15 %/ 6 = 2,5 %.

PLANILLA DE PROTECCIONES

PROTECCIONES (SEGÚN EMPRESA DE DISTRIBUCIÓN)			
Ubicación de la protección	Tipo y modelo de la protección	Tramo de cable protegido	Sección de cable protegido
Caja de acometida.	3XNH	Alimentador general	3 (1x 120) mm²+ 120 mm²
Ingreso a gabinetes	Seccionador fusible con 3 x NH	Nota: permite desconectar la acometida en los gabinetes para tareas de mantenimiento	Según ED.
Entrada a medidores de departamentos, cochera y Local B.	1 x NH (solo en fase)	Protege medidor de energía	Según ED.
Entrada de medidor de local A (trifásico)	3 x NH (no en el neutro)	Protege medidor de energía	Según ED.

PROTECCIONES EN CIRCUITOS SECCIONALES (INTERRUPTORES AUTOMÁTICOS Y DIFERENCIALES)				
CONJUNTO	**MONOFASICO**	**TRIFÁSICO**	**MONOFASICO**	**TRIFÁSICO**
	INTERRUPTORES AUTOMÁTICOS		**INTERRUPTORES DIFERENCIALES SELECTIVOS**	
CO1	D25A-2P	D25A-4P	40 A-300 mA −2P	40 A-300 mA −4P
CO2	D32A-2P	D25A-4P	40 A-300 mA −2P	40 A-300 mA −4P
CO3	D32A-2P	D25A-4P	40 A-300 mA −2P	40 A-300 mA −4P
CO4	D40A-2P	D25A-4P	40 A-300 mA −2P	40 A-300 mA −4P
CO5	D40A-2P	D25A-4P	40 A-300 mA −2P	40 A-300 mA −4P
CO6	D40A-2P	D25A-4P	40 A-300 mA −2P	40 A-300 mA −4P
CO7	D40A-2P	D32A-4P	40 A-300 mA −2P	40 A-300 mA −4P
CO8	D40A-2P	D32A-4P	40 A-300 mA −2P	40 A-300 mA −4P
CO9	D40A-2P	D32A-4P	40 A-300 mA −2P	40 A-300 mA −4P
CO10	D40A-2P	D32A-4P	40 A-300 mA −2P	40 A-300 mA −4P
CO11	D40A-2P	D40A-4P	40 A-300 mA −2P	40 A-300 mA −4P
CO12	D40A-2P	D40A-4P	40 A-300 mA −2P	40 A-300 mA −4P
CO13		D50A-4P	63 A-300 mA– 4P	
CO14	D32 A-2P		40 A-300 mA -2P	
CO15		D25A-4P	40 A-300 mA −4P	
CO16	D25A-2P		40 A-300 mA −2P	
LSBO		D25A-4P	40 A-300 mA −4P	
LSAS		D50A-4P	63 A-300 mA– 4P	

PROTECCIONES EN CIRCUITOS (INTERRUPTORES AUTOMÁTICOS)				
UNIDAD	**INTERRUPTORES AUTOMÁTICOS**			
	DEPARTAMENTOS Y COCHERAS	LOCAL A	LOCAL B	SERVICIOS
C1	B16A-2P			
C2	C16A-2P			
C3	B16A-2P			
C4	C16A-2P			
C5	C20A-2P			
C1		C16A-2P		
C2		B16A-2P		
C3		C16A-2P		
C4		B16A-2P		
C5		C16A-2P		
C6		B16A-2P		
LAA		C16A-4P		
C1			C16A-2P	
C2			B16A-2P	
C3			C20A-2P	
CS1				B16A-2P
CS2				B16A-2P
CS3				B16A-2P
CS4				B16A-2P
CS5				B16A-2P
CS6				B16A-2P
CS7				B16A-2P
CS8				C16A-2P

PROTECCIONES DIFERENCIALES EN TABLEROS SECCIONALES					
DEPTO 1D	DEPTO 2D	LOCAL A	LOCAL B	COCHERA	TSI
40 A-30mA-2P	40 A-30mA-4P	63 A-30mA-4P	40 A-30mA-2P	40 A-30mA-2P	40 A-30 mA-4P

REGLAS DE LA INSTALACIÓN

Canalización

Cajas de paso en tramos mayores a 12 m horizontal y 15 m vertical y cuando haya más de 3 curvas, una caja.

El curvado de caños metálicos no menor de 90 grados.

Si se cruzan con cañerías de instalaciones para agua se procurará que aquellas queden por debajo, sobre todo respecto a sus llaves de paso o maniobra.

Los caños de tipo sintético no quedarán sueltos en paredes o losas.

No plantear más de cuatro accesos en cajas octogonales en losas.

Los circuitos de 220 V que tengan cañería común deben ser identificados por diversos colores en la fase y el neutro de cada circuito (celeste) mediante identificación visible que evite mezclar los neutros.

La profundidad de canaletas debe ser suficiente de modo a quedar cubiertos por revoques (con las prevenciones exigidas por la RIEI para canalización en paredes) y las cajas instaladas debe ser suficiente de modo a que, con la aplicación de revestimientos, queden a nivel de losa o pared terminada.

Conductores

Código de colores asignado a fases, o neutro (no utilizar ni verde ni amarillo en conductores de fase y/o neutro pues el verde y/o amarillo se asignan al PE de la PAT de protección). En instalación interna de departamentos, sin empalmes dentro de caños.

La conexión desde medidores hasta tableros de departamentos y servicios será en un solo tramo hasta caja de borneras de cada piso.

Se dejará un bucle de 15 cm en cada caja de conexión y 30 cm si esta fuera de paso.

El pasaje de cables desde una boca de techo a una caja de pared se realizará desde la boca de techo y tirando desde la de pared.

Interruptores de efecto

Cortan la fase de 220 V, el neutro será permanente al artefacto de iluminación o portalámparas.

Colocación y obra

Los caños de tipo sintético flexible se colocarán siempre cortando la mampostería de ladrillo o de bloque y se tapará con mortero de cemento para evitar futuros accidentes por penetración de clavos.

Los conductores se colocarán una vez concluida las terminaciones superficiales de la obra...

Conexiones

Entre conductores mayores de 2,5 mm² mediante terminales, borneras, manguitos, etc.

Conexiones en tomacorrientes e interruptores automáticos, de efecto, etc. Se le quitará la aislación necesaria al cable de modo que, luego de efectuada la conexión, no queden partes desnudas fuera del borne de conexión o apriete del elemento conectado.

Empalmes de conductores. Se realizarán quitando la aislación en ambos en aproximadamente 2 cm; se arrollan en sentido opuesto, se aprietan con herramienta y se encintan de a dos capas super-puestas de tapado de media vuelta de cinta por vuelta.

Bibliografía

Legislación, Normativa, Bibliografía.

Reglamentación para la Ejecución de Instalaciones Eléctricas de Inmuebles AEA 90364, Parte 7 y Sección 771 Edición 2006.

Resoluciones del ENRE.

Normas Nacionales IRAM, e Internacionales IEC.

Resolución 92/98 de la ex Secretaria de Industria, Comercio y Minería relacionada al proceso y aplicación de un sistema de Certificación obligatorio de productos para asegurar que cumplan con los requisitos esenciales de seguridad eléctrica.

Reglamentación de Instalaciones eléctricas.

Los volúmenes completos de esta Reglamentación se pueden adquirir en la *Asociación Electrotécnica Argentina*, Posadas 1659, Ciudad de Buenos Aires TE: 011-4804-3454.

E-mail gerencia@aea.org.ar.

Contacto con el autor para intercambio de opiniones.

Legislación, Normativa, Bibliografía.

Reglamentación para la Ejecución de Instalaciones Eléctricas de Inmuebles AEA 90364 y sus partes relacionadas.

Los volúmenes completos de esta Reglamentación se pueden adquirir en la *Asociación Electrotécnica Argentina*, Posadas 1659, Ciudad de Buenos Aires TE: 011-4804-3454 gerencia@aea.org.ar.

Normas Nacionales IRAM, e Internacionales IEC .

Resolución 92/98 y sus actualizaciones de la ex Secretaria de Industria, Comercio y Minería relacionada al proceso y aplicación de un sistema de Certificación obligatorio de productos para asegurar que cumplan con los requisitos esenciales de seguridad eléctrica.

Diseño, Proyecto y Montaje de Instalaciones Eléctricas Seguras, Ing. Rubén R. Levy, Ed. Jorge Sarmiento 2015

Las Puestas a Tierra, Criterios de Seguridad Eléctrica y Técnica, Ing. Rubén R. Levy Ed Jorge Sarmiento 2015

Contacto con el autor para intercambio de opiniones.

Ing. Rubén Roberto LEVY

Email: buscapolocordoba@yahoo.com.ar

Email: buscapolocordoba@gmail.com

www.ingramcontent.com/pod-product-compliance
Lightning Source LLC
Chambersburg PA
CBHW070527220526
45467CB00003B/888